普通高等教育“十二五”规划教材
电子电气基础课程规划教材

模拟电路设计•仿真•测试

邹学玉 佘新平 主编

李 锐 覃洪英 颜国琼 李克举 副主编

電子工業出版社
Publishing House of Electronics Industry
北京 · BEIJING

内 容 简 介

本书参照高等学校电子信息类专业模拟电子技术实验教学要求和 CDIO 工程教育理念编写，全书共 6 章。第 1 章介绍模拟电子技术实验基础，包括误差分析与实验数据处理、电子电路设计方法、安装与调试技术等基本知识；第 2 章为模拟电路实验技术，实验项目分基本实验和设计性实验两个层次，实验内容包含基本内容和扩展提高内容两个部分的测试技术，共有 8 个实验子项；第 3 章介绍电子电路仿真与设计软件 Proteus 的使用，以及第 2 章相关实验内容的仿真探究实验；第 4 章为模拟电路综合设计实训；第 5 章简单介绍了模拟电子技术实验常用电子仪器的功能及使用方法；第 6 章为常用电子元器件。

本书可作为高等学校电子信息类专业及其他相近专业本科生模拟电子技术实验课程教材，也可供从事电子技术工作的工程技术人员参考。

图书在版编目（CIP）数据

模拟电路设计·仿真·测试 / 邹学玉，佘新平主编. —北京：电子工业出版社，2014.1
电子电气基础课程规划教材
ISBN 978-7-121-21693-0

I. ①模… II. ①邹… ②佘… III. ①模拟电路－高等学校－教材 IV. ①TN710

中国版本图书馆 CIP 数据核字（2013）第 246200 号

策划编辑：王羽佳
责任编辑：郝黎明
印　　刷：北京七彩京通数码快印有限公司
装　　订：北京七彩京通数码快印有限公司
出版发行：电子工业出版社
北京市海淀区万寿路 173 信箱　邮编：100036
开　　本：787×1092　1/16　印张：13.5　字数：346 千字
版　　次：2014 年 1 月第 1 版
印　　次：2018 年 12月第 4 次印刷
定　　价：29.90 元

凡所购买电子工业出版社图书有缺损问题，请向购买书店调换。若书店售缺，请与本社发行部联系，联系及邮购电话：（010）88254888。

质量投诉请发邮件至 zlts@phei.com.cn，盗版侵权举报请发邮件至 dbqq@phei.com.cn。

服务热线：（010）88258888。

前　言

以培养大学生开拓创新能力和实践动手能力为核心的素质教育是当前高等教育实行工程教育教学改革的重要目标，也是培养21世纪需求的复合型人才的重要举措。创新能力是在扎实理论和实践知识之上的创新意识，这样才能敏锐地发现问题，并正确分析和解决问题。因此，理论教学与实验教学，是培养学生创新能力的两个重要方面。

近年来，模拟电路课程的理论与实践教学改革和教材建设取得了一定的进展，但与数字电路相比却相对滞后，尤其缺乏教育CDIO工程实践教育理念的模拟电路实践课教材。目前，各工科院校正致力于工程认证与实践教育的改革，目的在于促进学生重视创新能力培养，为此，希望该教材的出版有助于推进模拟电路实践课程的改革

一、本教材的改革理念与定位

本教材将模拟电路实践课采用CDIO的工程教育理念对课程体系与课程内容进行重新设计与规划，以实现具有较强的趣味性和实用性的电子系统为项目驱动，将基本电子系统所需要的模拟电子技术的功能电路对应的工程实践活动分解为验证、设计、EDA仿真、电子产品开发4个层面的实践项目，但不局限于该电子系统所需要的功能电路，以进一步丰富实践学习内容。

本教材的4个层面分别定位于基础实验、设计性实验、EDA仿真实验和项目综合实训四大部分，每个实践项目又含有基本层和扩展层，分别包含适于普通高等学校工科专业模拟电路实验课程和开放实验教学的主教材或参考读物。

二、本教材的特点

（1）介绍常用模拟电子元器件和电子仪器的使用，让学生掌握其基本应用以及模拟电路的基本测试技术，提高实践动手能力。

（2）减少验证性实验，增加设计性项目，通过层次化的实践项目训练，做到因材施教、层次培养，引导学生创新意识，培养学生创新能力。

（3）以集成运算放大器为主，着重于应用设计；分立元件电路为辅，仅侧重于基本放大电路静态和动态分析测试；既保证了经典模拟电路基本理论与测试技术的学习，又强化了现代模拟电路设计与应用能力的培养。

（4）注重电子电路EDA工具辅导模拟电路的设计、仿真与测试，提高学生现代电子线路设计自动化水平。

（5）适当增加综合性设计实训项目，强化电子线路的“系统”设计意识和实践能力。

本书由武汉工程大学熊俊俏教授主审，在编写过程中，得到了长江大学教务处处长张光明教授，长江大学国家级电工电子实验教学示范中心主任余厚全教授、副主任陈永军教授，高秀娥、吴爱平、毛玉容、郑恭明、董翠敏教师以及其他同仁给予的关心和帮助，在此表示最衷心的感谢。

限于编者水平与时间仓促，书中难免有疏漏和不妥之处，敬请广大师生和读者提出批评和建议。

编　者

2013年12月

目 录

第 1 章 模拟电子技术实践基础知识

本章介绍模拟电子电路实验课的目的、意义、特点、基本要求和学习方法，以及电子电路的基本调试测试技术和数据处理方法，为较好地完成该课程的实践训练奠定良好的基础。

1.1 概 述

1.1.1 模拟电子技术实践的意义

模拟电子技术是电信类专业的一门实践性很强的专业基础课程，其对应的课程实践对学习和掌握该课程理论与技术有很重要的作用。模拟电子技术实验是根据教学、科研、生产的要求，培养学生掌握模拟电子电路的设计方法、安装与调测技术，它是将理论知识转化为实用电路或电子产品的过程。要想掌握好模拟电子技术，除了熟悉模拟电子电路的基本组成、基本原理及其分析方法外，还必须掌握模拟电子器件及其基本电路的应用技术。因此，模拟电子技术实践课是学习和掌握模拟电子技术不可缺少课程之一。

通过实践训练，促进掌握不同电子元器件构成功能电路的组成原则、电子元器件参数对模拟电路性能指标的影响规律，准确验证模拟电路理论和工程实用性，加深理解电子系统理论知识与体系结构；通过实践训练，促进掌握模拟电路的实验技术、测量技术、调试技术，进一步深化对模拟电路理论的条件性与局限性理解，促进形成解决新问题的新思路与创新意识。

信息技术的飞速发展，推动着电子信息技术高等教育的教学改革，侧重于验证性的传统模拟电子技术实验在帮助读者学习模拟电子技术基本理论、基本分析方法和基本实验技能方面发挥了重要作用，但不能满足 21 世纪对电信类宽口径、重工程实践、复合型技术人才的需求。为提高基于 CDIO（产品研发的构思 Conceive、设计 Design、实施 Implement 和运作 Operate）工程实践能力、综合实践能力和创新意识，本课程将分为验证性实验、设计性实验、系统设计性实验、EDA 仿真研究性实验几个层面。

1.1.2 模拟电子技术实践目的

通过模拟电子技术实践环节训练，旨在培养理论联系实际的优良作风、严谨求实的科学态度和勇于创新的工程素质，为成为合格的电子工程师奠定坚实的理论基础和实践能力。具体如下。

（1）熟悉并掌握基本电子实验仪器、仪表的性能、使用方法与测试技术。

（2）掌握模拟电子电路的调试方法、系统参数的测试和调整方法、应用方法。

（3）能够运用理论知识对实验现象、结果进行分析和处理，解决实验中遇到的问题。

（4）熟悉并掌握 EDA-Proteus 工具及其在模拟电子电路仿真实验的应用。

（5）熟悉模拟电子系统的组成与模块设计方法，掌握单元模块电路的设计、拟定实验步骤。

（6）能够综合实验数据，分析研究实验现象，撰写科学、严谨、求实的实验报告。

1.1.3 模拟电子技术实践要求

为取得良好的实验效果，应做好如下几个环节。

1．实验准备（构思与设计）

实验准备即为实验的预习阶段，是保证实验顺利进行的必要步骤。每次实验前都应先预习，从而提高实验质量和效率，避免在实验时不知如何下手，浪费时间，完不成实验，甚至损坏实验装置。因此，实验前应做到以下几点。

（1）了解本次单元实验的目的，预习本次实验内容，掌握本次实验的电路原理和方法；熟悉与本次单元实验相关的模拟电子技术理论知识，必要时用 EDA 工具进行课外仿真。

（2）写出预习报告，其中应包括实验的电子元器件清单及器件引脚图、详细电路接线图、实验步骤、数据记录表格等。

（3）按预习报告上的详细实验电子电路图在实验多功能板上合理布局电子元器件，完成电路的初步安装。

（4）熟悉实验所用的实验测试仪器、仪表的使用方法。

2．实验过程（实施与运作）

在完成实验准备环节后，就可进入实验实施阶段。实验时要做到以下几点。

（1）实验开始前，检查预习报告，预习报告合格者才能开展实验。

（2）认真听讲，要求熟悉本次实验使用的实验仪器仪表的功能与使用方法。

（3）完善实验接线后，在通电前，借助于万用表，对电路连接的正确性与可靠性进行必要的自查自纠，主要内容如下。

① 合理布局实验板上的“电源”与“地”。

② 串联回路从电源的某一端出发，按回路逐项检查各实验仪器仪表、电子器件的位置、极性等是否正确，合理。

③ 并联支路则检查其两端的连接点是否可靠连接。

④ 距离较近的两连接端尽可能用短导线，避免干扰。

⑤ 距离较远的两连接端尽量选用长导线直接连接，避免多根导线过渡连接。

⑥ 自查完成后，须经指导教师认可后方可通电实验。

（4）实验时，应按实验要求及步骤，逐项进行实验和操作。改接线路时，必须断开电源。实验中应观察实验现象，应用理论知识分析判断实验现象是否正常，实验测量数据是否合理，实验结果与理论是否一致。若不一致，分析解决问题。

完成实验内容后，应请指导教师签字确认。实验过程结束后整理好实验仪器、仪表。

3. 实验总结

即整理实验数据、绘制波形曲线和图表、分析实验现象与数据结果、撰写实验报告。

实验报告的撰写应严肃认真、实事求是。如实验结果与理论有较大出入时，不得修改实验数据和结果，不得用凑数据的方法来向理论靠近，而是用理论知识来分析实验数据和结果，解释实验现象，找到引起较大误差的原因。

实验总结报告分一般性实验报告和设计性实验报告两类。格式如表 1.1.1 所示。

表 1.1.1　实验总结报告格式内容

一般性实验总结报告	设计性实验总结报告
一、实验目的	一、实验目的
二、实验仪器与器件	二、设计任务与要求
三、实验原理简介	三、电路总体方案设计
四、实验内容、步骤与测量数据	四、电路设计与元器件选择
五、实验数据整理与分析 （包括绘图、制表、误差分析）	五、实验仪器与器件
六、问答题	六、电路主要特性参数测试 （包括实验内容、步骤与测量数据）
七、总结	七、实验数据整理与分析 （包括绘图、制表、误差分析）
	八、问答题
	九、总结

1.1.4 模拟电子技术实践课程特点

与其他实验相比较，模拟电子电路实验有以下几个显著特点。

1. 理论性强

在模拟电路实验中，如果没有正确理论指导，就不可能设计性能稳定、符合技术指标要求的电路，也不可能拟定正确的实验方法和步骤，也不可能分析判断实验数据结果的正确性，更不可能有效分析和解决实验中发生的故障。因此，要较好地完成模拟电路实验，首先应学好模拟电路理论课程。

2. 工艺性强

即使有了成熟的实验电路方案，但由于电子元器件的布局、共地、装配工艺等不合理，也很难取得满意的实验结果，甚至会导致实验失败（尤其是电路处理高频信号较为突出），因此需要认真掌握电子电路工艺等技术。

3. 测试技术要求高

模拟电路功能模块电路多，不同功能电路有不同的性能指标，对不同性能指标又有不同的测试方法和测试仪器，因此应熟练掌握基本测量技术和各种测量仪器的使用方法。

1.1.5　模拟电子技术实验的学习方法

1．掌握模拟电路实验课程的学习规律

实验课程是以实验为主体的课程，每个实验都有预习、实验、总结3个阶段。

（1）预习：弄清实验的目的、实验电路、实验方法和注意事项，拟定实验步骤，绘出实验记录表格，理论估计实验结果，以便评估实验结果是否达到预期结果。只有充分预习，实验才能顺利完成并取得收获。

（2）实验：按照预定的方案进行实验，其过程既是完成实验，也是锻炼实验能力、培养严谨实验态度的过程。在实验中，要善于动手、勤于动脑，做好原始数据的记录，用模拟电路理论知识解决实验中遇到的问题。

（3）总结：实验完成后，通过整理实验数据，分析数据结果，撰写实验报告；通过实验数据误差分析，深刻理解理论知识的重要性，培养科学求实的实验作风和创新意识。

2．应用模拟电路理论知识指导实践

在实验开始前，首先应从理论上研究实验电路的工作原理与功能特性，拟定出实验方案。在调测电路时，要用理论分析来评估实验数据的正确性与产生故障的原因，从而确定相应的调测措施。

3．注意模拟电路实践经验的积累

模拟电路的实践经验需要长期积累。在实验中，应熟悉电子仪器和元器件的使用方法，熟悉实验中出现的正常现象与故障特征，熟练掌握模拟电路实验的操作步骤与电子测量技术，对实验过程中的经验教训进行总结。

4．增强自觉提高实践工作能力的意识

要将实践工作能力的培养从被动转为主动。在实践中，通过单元模块电路实验和小型模拟电子系统实训项目培养自主学习能力，培养独立解决实验中的各种故障、困难、失败等问题，这是提高自己实践工作能力的最有效途径。

1.2　电子测量中的误差分析与测量数据处理

在电子测量中，被测量值有一个真实值，简称真值。测量的目的就是为了获取被测量真值，但由于受种种因素的影响，测量结果总是与被测量真实值不一致，即任何测量都不可避免存在测量误差。为减小和消除测量误差，需研究测量误差、测量不确定度及测量数据处理。

1.2.1　电子测量中的误差分析

电子测量是模拟电路实验的基础，它是用测量工具或仪器，通过一定的方法，直接或间接地得到所被测电参量的量值。

1．有关量值的几个基本概念

1）真值、理论真值和约定真值

真值是指在一定条件下，能够准确反映某一被测量值真实状态和属性的量值，是客观存在、实际具有的量值。真值有理论真值和约定真值两种。

理论真值是在理想情况下表征某一被测量值真实状态和属性的量值。理论真值是客观存在的，或是根据一定的理论所定义的。由于测量误差的普遍存在，一般情况下，被测量的理论真值是不可能通过测量得到的，但却是实际存在的。在模拟电路实验中，该值可用模拟电路理论分析方法估算。

约定真值就是指人们为了达到某种目的，按照约定的办法所确定的量值，通常为国际上公认的某个物理量的标准量值。例如，以高精度等级仪器的测量值约定为低精度等级仪器测量值的约定真值。

2）实际值

在满足实际测量精度需要的前提下，其测量误差可以忽略测量结果，称为实际值。实际值在规定的精确程度内用以代替被测量的真值。例如，在标定测量仪表时，把高精度等级的标准器所测得的量值作为实际值。

3）测量值和指示值

通过测量所得到的量值称为测量值。测量值一般是被测量真值的近似值。由测量仪表的显示部件直接显示出来测量值，称为指示值，简称示值。

4）标称值

测量仪表上标注的量值称为标称值。因受制造、测量条件和环境变化的影响，标称值并不一定是被测量的实际值，通常在给出标称值的同时，也给出它的误差范围或精度等级。

2．测量误差的定义

测量误差是测量结果与被测量的真值之间的差异，简称误差。

误差公理认为：在测量过程中，测量误差的产生不可避免，测量误差自始至终存在于测量过程中，一切测量结果都存在误差。随着科学技术的发展和认识水平的提高，可以将测量误差控制得越来越小，但测量误差的存在仍不可避免。

误差=测量值−真值

1）误差的表示方法

误差常用的表示方法有三种：绝对误差、相对误差和引用误差。

(1) 绝对误差。

绝对误差$\varDelta$为被测量的测量值 x 与真值 L 之差，即

$$\varDelta = x - L \tag{1.2.1}$$

绝对误差与被测量有相同单位。其值可为正，亦可为负。由于被测量的真值 L 往往无法得到，因此常用实际值 A 来代替真值，因此有

$$\varDelta = x - A \tag{1.2.2}$$

用校准仪表对测量结果进行修正时，常常使用的是修正值。修正值用来对测量值进行修正。修正值 C 定义为

$$C = A - x = -\Delta \tag{1.2.3}$$

修正值为绝对误差的负值。测量值加上修正值等于实际值，即 $x+C=A$。通过修正使测量结果更准确。

用绝对误差表示测量误差往往不能准确地表明测量质量的好坏。

（2）相对误差。相对误差 δ 为绝对误差 Δ 与真值 L 的比值，用百分数来表示，即

$$\delta = \frac{\Delta}{L} \times 100\% \tag{1.2.4}$$

实际测量中真值无法得到，可用实际值 A 或测量值 x 代替真值 L 来计算相对误差。用实际值 A 代替真值 L 计算的相对误差称为实际相对误差，用 δ_A 来表示，即

$$\delta_A = \frac{\Delta}{A} \times 100\% \tag{1.2.5}$$

用测量值 x 代替真值 L 计算的相对误差称为示值相对误差，用 δ_x 来表示，即

$$\delta_x = \frac{\Delta}{x} \times 100\% \tag{1.2.6}$$

在实际应用中，因测量值与实际值相差很小，即 $A \approx x$，故 $\delta_A \approx \delta_x$，一般 δ_A 与 δ_x 不加以区别。

采用相对误差来表示测量误差能够较确切地表明测量的精确程度。

（3）满度相对误差。绝对误差和相对误差仅能表明某个测量点的误差。实际测量仪表往往有一个测量范围，通常有一个满刻度值 x_m。用满刻度相对误差表示测量仪表的精确程度，为绝对误差 Δ 与满刻度值 x_m 比值，即

$$\gamma_m = \frac{\Delta}{x_m} \times 100\% \leqslant S\% \tag{1.2.7}$$

γ_m 不能超过测量仪表的准确度等级 S 的百分值 $S\%$（S 分为 0.1，0.2，0.5，1.0，1.5，2.5，5.0 共 7 级）。若仪表准确度等级为 S，被测量真值为 L，选满刻度测量 x_m，则测量的相对误差为

$$\gamma = \frac{\Delta}{L} \leqslant \frac{x_m S\%}{L} \tag{1.2.8}$$

上式表明，当仪表的等级 S 选定后，测量值越接近于 x_m，测量的相对误差越小。

2）测量误差的来源

根据测量误差的来源，测量误差归纳起来有如下几个方面。

（1）测量环境误差。任何测量都有一定环境条件，如温度、湿度、大气压、机械振动、电源波动、电磁干扰等。测量时，由于实际的环境条件与所使用的测量仪表要求的环境条件不一致，就会产生测量误差，这种测量误差就是测量环境误差。

（2）测量仪表误差。对测量中所使用的测量仪表性能指标有一定要求。由于实际测量所使用的测量仪表性能指标达不到要求，或安装、调整、接线不符合要求，或使用不当，或因内部噪声、元器件老化等使测量仪表的性能劣化等，都会引起测量误差，这种测量误差就是测量仪表误差。

（3）测量方法误差。由于测量方法的不合理或不完善，测量所依据的理论不严密等，也会产生测量误差，这种测量误差就是测量方法误差。例如，用电压表测量电压时，由于没有正确估计电压表内阻而引起的误差。

（4）测量人为误差。由于测量操作人员操作经验、知识水平、操作不规范和疏忽大意等原因，也会产生测量误差。

3）测量误差的类型

很多原因可以产生测量误差，按不同的角度进行分类。

（1）系统误差、随机误差和粗大误差。根据测量误差的性质和表现形式，可分为系统误差、随机误差和粗大误差。

① 系统误差。在相同的条件下，对同一被测量物进行多次重复测量时，所出现的数值大小和符号都保持不变的误差，或者在条件改变时，按某一确定规律变化的误差，称为系统误差。其主要特征是固定不变或按一定规律变化的误差。

系统误差的产生原因比较复杂，它可能是一个因素在起作用，也可能是多个因素同时起作用。主要是由测量仪表误差（如测量仪表制造和安装的不正确，没有将测量仪表调整到理想状态等）、环境误差（如环境温度、湿度变化等）造成的。

由于系统误差产生原因比较复杂，对测量的影响不易发现，因此首先应对测量仪表、测量对象和测量数据进行全面分析、检查和判定。若存在系统误差，应找出系统误差的根源，并采取一定的措施来消除或减小系统误差。

分析产生系统误差的根源，一般可从以下 5 个方面着手。

a．所采用的测量仪表是否准确可靠；

b．所应用的测量方法是否完善；

c．测量仪表的安装、调整、放置是否正确合理；

d．测量仪表的工作环境是否符合规定条件；

e．测量操作人员的操作是否合乎规范。

消除或削弱系统误差的方法如下。

a．从产生系统误差的根源上消除系统误差，这是最根本的方法。在测量之前，测量人员要详细检查测量仪表，并且调整到最佳状态。在测量过程中，应防止外界干扰，尽可能减少产生系统误差的环节。

b．在测量结果中利用修正值消除系统误差。对于已知的系统误差，通过对测量仪表的标定，事先求出修正值，实际测量时，将测量值加上相应的修正值就可得到被测量的实际值，消除或减小系统误差。对于变值系统误差，设法找出系统误差的变化规律，给出修正曲线或修正公式，实际测量时，用修正曲线或修正公式对测量结果进行修正。此种方法不能完全消除系统误差，但系统误差会被大大削弱。

c．采用能消除系统误差的典型测量方法。找出系统误差变化规律后，在测量过程中采用相应能消除或减小系统误差的方法进行测量，可以避免或减小系统误差。

② 随机误差。在相同的条件下，对同一被测量进行多次重复测量时，所出现的数值大小和符号以不确定方式变化的误差，称为随机误差。其主要特性是随机性。

在实际测量中，系统误差和随机误差之间不存在明显的界限，两者在一定条件下可以相互转化。如某项具体误差，在一定条件下为随机误差，在另一条件下可为系统误差，反之亦然。

随机误差是在测量过程中，许多独立、微小的随机因素对测量造成干扰而引起的综合结果。这些影响因素既有测量仪表因素，也有环境因素和人为因素。由于对这些影响因素很难把握，一般也无法控制。因而对随机误差不能用简单的修正值来校正，也不能用实验的方法来消除。

单个随机误差的出现具有随机性，即它的大小和符号都不可预知，但是，当重复测量次数足够多时，随机误差的出现遵循统计规律。由此可见，随机误差是随机变量，测量值也是随机变量，因此可借助概率论和数理统计原理对随机误差进行处理，做出恰当评价，并设法减小随机误差对测量结果的影响。

③ 粗大误差。明显偏离被测量真值的测量值所对应的误差，称为粗大误差。

粗大误差的产生，有操作人员的主观原因，如读错数、记错数、计算错误等，也有客观外界原因，如外界环境突然变化等。含有粗大误差的测量值称为坏值。坏值必然会歪曲测量结果。为避免或消除测量中产生粗大误差，首先要保证测量条件稳定，增强测量人员责任心并以严谨的态度对待测量任务。

对粗大误差的处理原则是：利用科学方法对可疑值做出正确判断，对确认的坏值予以剔除。

（2）基本误差和附加误差

任何测量仪表都有正常工作所要求的环境条件。根据测量仪表实际工作的条件，可将测量所产生的误差分为基本误差和附加误差。

① 基本误差：测量仪表在规定使用条件下工作所产生的误差。

② 附加误差：在实际工作中，由于外界条件变化，测量仪表不在规定使用条件下工作，从而产生额外的误差。

在实际测量过程中，应尽量避免产生附加误差。

（3）静态误差和动态误差

根据被测量随时间变化的速度，可将误差分为静态误差和动态误差。

① 静态误差：在测量过程中，测量误差稳定不变。

② 动态误差：在测量过程中，测量误差随时间发生变化。

在实际测量过程中，被测量往往是变化的。当被测量随时间变化很缓慢时，这时所产生的误差也近似可认为是静态误差。

3．测量的精度

为了定性描述测量结果与真值的接近程度和各个测量值分布的密集程度，引入了测量的精度。测量的精度包含了准确度、精密度和精确度这 3 个概念。

1）测量的准确度

测量的准确度表征了测量值和真值的接近程度。准确度越高则表征测量值越接近真值。准确度反映了测量结果中系统误差的大小程度，准确度越高，则系统误差越小。

2）测量的精密度

测量的精密度表征了多次重复测量时，各个测量值分布的密集程度。精密度越高则表征各测量值彼此越接近，即越密集。精密度反映了测量结果中随机误差的大小程度，精密度越高，则随机误差越小。

3）测量的精确度

测量的精确度是准确度和精密度的综合，精确度高则表征了准确度和精密度都高。精确度反映了系统误差和随机误差对测量结果的综合影响，精确度高，则反映测量结果系统误差和随机误差都小。

对于具体测量，精密度高的准确度不一定高；准确度高的，精密度不一定高；但是精确度高的，精密度和准确度都高。

在应用准确度、精密度和精确度时，应注意它们都是定性概念，不能用数值作定量表示。

1.2.2　测量数据的处理

1．直接测量数据的有效数字及近似数运算

在进行各种测量和数字计算时，大多数测量值和数字计算的结果均是近似数，其中包含有误差，应该用几位数字来表示测量值和数字计算的结果，这是一个有效数字的问题。在测量数据时，不能简单认为小数点后面位数越多就越准确。

1）有效数字

当用一个数来表示某测量值时，若误差不超过其末位数字单位的一半，那么，从该数左起第一个非零数字起到最末一位数字止，都称为有效数字。

显然，在一个数的有效数字中，仅最末一位数字是欠准确的，其余数字都是准确的。

一个数的全部有效数字所占有的位数称为该数的有效位数。

对于“0”这个数字，可能是有效数字，也可能不是有效数字。“0”是否是有效数字的判定准则是：处于数中间位置的“0”是有效数字；处于第一个非零数字前的“0”不是有效数字；处于数后面位置的“0”则难以确定，这时应采用科学记数法。

例如，0.524mH、2.06V、98.7Hz、1.20mA、1.30×10^{-3}F 均为 3 位有效数字。尤其是 1.20mA 和 1.30×10^{-3}F 的末位“0”不能随意删除。

有效数位不能因单位变化而变化。2.06V 不能记作为 2060mV，而应该记为 2.06×10^{3}mV。

2）数据的舍入规则

判定数据应取的有效位数后，就应把数据中的多余数字舍弃。为减小因舍弃多余数字引起误差，应按有效数字舍入原则进行舍弃。基本原则是 4 舍 6 入 5 凑偶，具体做法如下。

（1）若判定应舍弃数字的第一位数字小于 5，则将应舍弃该舍弃数字（即 4 舍）；

（2）若判定应舍弃数字的第一位数字大于 5，则将应舍弃该舍弃数字，并把应保留部分的末位数字加 1（即 6 入）；

（3）若判定应舍弃数字的第一位数字是 5，则要按不同情况区别对待：

① 若 5 后面的数字不全是 0，则将应舍弃数字舍弃，并把应保留部分的末位数字加 1；

② 若 5 后面的数字全是 0 或 5 后面没有数字，则要看应保留部分的末位数字是奇数还是偶数。若为奇数，则将应舍弃数字舍弃，并把应保留部分的末位数字加 1，使有效数字末位

成为偶数；若为偶数，则将应舍弃数字舍弃，应保留部分的末位数字不加 1，使有效数字末位仍为偶数（即 5 凑偶）。

（4）要一次性舍弃，不能逐位舍弃。

3）有效数字的运算规则

在不同有效数字运算中，数据的有效位数应按以下几条准则来判定。

（1）多项有效数字的加、减运算，应以数据中有效数字末位数的数量级最大者为准，其余各数均向后多取一位有效数字，项数过多时可向后多取两位有效数字，最终结果的有效数字末位数的数量级应该与有效数字末位数的数量级最大者一致。

例如，求 987.5+0.2354≈987.5+0.24=987.74≈987.7。

（2）近似数进行乘、除运算，应以数据中有效位数最少者为准，其余各数多取一位有效数字，最终结果的有效位数应该与有效位数最少者一致。

例如，求 15.235×4.52≈15.24×4.52=68.8848≈68.9。

（3）对一个有效数进行开方或乘方运算时，运算结果的位数应比原数的有效位数多 1 位。

（4）进行近似数对数运算时，所取对数的位数应与原数的有效位数相等。

2．间接测量的误差传递

在实际测量中，对于不能直接测量的量，采用间接测量的方法，即通过对与被测量有确定函数关系的几个量进行直接测量，然后将测量结果代入函数关系式，经过计算得到所需要的测量结果。由于直接测量的测量结果含有测量误差，则根据函数关系计算得到的测量结果中也有一定的误差。误差的传递实质上就是要解决间接测量的误差问题，即如何根据各直接测量量的误差来评定间接测量结果的误差。

在间接测量中，被测量和直接测量量之间的函数关系可以表示为

$$y = f(x_1, x_2, \cdots, x_m) \tag{1.2.9}$$

式中，y 是间接测量的被测量；x_j 是各个直接测量量。

由微分知识可得

$$\mathrm{d}y = \frac{\partial f}{\partial x_1}\mathrm{d}x_1 + \frac{\partial f}{\partial x_2}\mathrm{d}x_2 + \cdots + \frac{\partial f}{\partial x_m}\mathrm{d}x_m$$

用间接测量量 y 的误差 Δy 代替 $\mathrm{d}y$，用直接测量量 x_j 的误差 Δx_j 代替 $\mathrm{d}x_j$，则有

$$\Delta y = \frac{\partial f}{\partial x_1}\Delta x_1 + \frac{\partial f}{\partial x_2}\Delta x_2 + \cdots + \frac{\partial f}{\partial x_m}\Delta x_m = \sum_{j=1}^{m}\frac{\partial f}{\partial x_j}\Delta x_j = \sum_{j=1}^{m} f'_{xj}\Delta x_j = \sum_{j=1}^{m} D_j \tag{1.2.10}$$

该式称为间接测量误差传递的基本公式，$f'_{xj} = \dfrac{\partial f}{\partial x_j}$ 称为 x_j 的误差传递系数，$D_j = f'_{xj}\Delta x_j = \dfrac{\partial f}{\partial x_j}\Delta x_j$ 称为 x_j 的部分误差。

如果将式（1.2.10）用相对的形式表示，则有：

$$\frac{\Delta y}{y} = \frac{\partial f}{\partial x_1}\frac{\Delta x_1}{y} + \frac{\partial f}{\partial x_2}\frac{\Delta x_2}{y} + \cdots + \frac{\partial f}{\partial x_n}\frac{\Delta x_n}{y} = \frac{1}{y}\sum_{j=1}^{m} f'_{xj}\Delta x_j = \frac{1}{y}\sum_{j=1}^{m} D_j \tag{1.2.11}$$

1.3 电子电路设计的基本方法

1. 电子电路设计的基本原则

电子电路设计是指根据设计任务、要求和条件，选择合适的方案，确定电路的总体组成框图，然后对各单元模块进行电路设计，最后得到满足功能和技术指标要求的完整电路过程。

通常，电路设计除了完全满足功能和技术指标要求外，还要求电路简单可靠，电磁兼容性好，性能价格比高，安装调试方便，另外，还可能同时要求系统集成度高，系统功耗小等。因此，电子电路设计需要综合考虑各项需求。

2. 电子电路设计的一般步骤

电子电路设计不是一个简单的、一次就能完成的过程，而是一个逐步改进电路性能的探索过程（图 1.3.1）。通常采用自顶向下的设计方法，下面介绍其基本步骤。

（1）需求分析：仔细分析技术指标要求和附加要求。

接到设计任务后，仔细分析任务的要求、各项性能指标的含义，明确电子系统要完成的功能与技术指标。

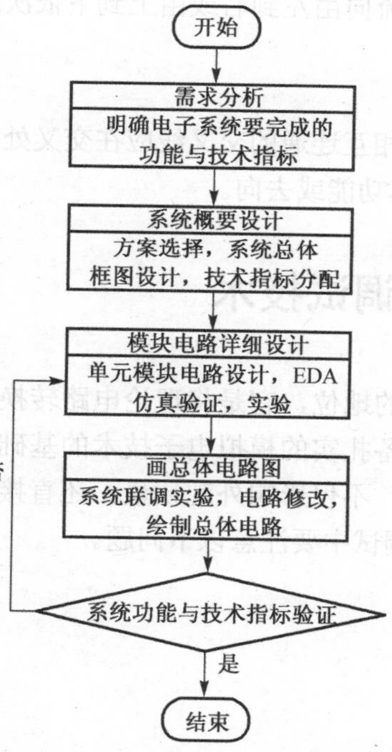

图 1.3.1　电子电路设计的一般流程

（2）系统概要设计：包括方案选择、系统总体框图设计、技术指标分配。

通过需求分析弄清系统的功能需求，然后进行总体方案设计。该过程可以通过网络或图书检索相关参考资料，可以参考一些与设计课题相近的电路方案，对于同一个课题，实现方案可能有多个，通过方案的可行性对比分析，根据现有条件选择一种可行方案。

根据选择的方案，把系统要完成的任务按照功能划分为若干个相互联系的单元模块，然后将技术指标和功能分配给各个单元模块，并画出一个能表示系统基本组成和相互关系的总体组成框图。

（3）模块电路详细设计：包括单元模块的电路设计、EDA 仿真验证和实验。

单元模块的电路设计可以参考一些典型的实用电路，或电路改进，或者几个电路巧妙结合实现某个功能。通常包括电路选择、元器件选择与参数计算、EDA 仿真验证和实验调试等步骤。在电路形式确定后，还要根据公式计算出各元件的参数，由于电子元器件标称规格分级且存在误差，故元器件参数的计算常称为估算，估算的参数需要经过仿真验证或实验才能确定。特别指出，现代电子电路设计借助于 EDA 仿真实验可以提高电子电路的设计效率，避免连接硬件电路、重复测试的烦琐过程。

在设计单元电路时，在保证电路性能指标的前提下，要尽量减少元器件品种、规格，要尽量选用集成电路进行设计。在选择元器件时，要注意以下几点。

① 合理选择集成芯片。除了考虑集成电路的功能和性能指标外，还要注意芯片的供电电压、功耗、速度和价格等因素。

② 正确选择电阻和电容。电阻和电容种类繁多，设计时要根据电路的要求选择性能和参数合适的阻容元件，并要注意标称值、精度、功耗、工作频率、耐压范围、极性、损耗等是否满足要求。如电阻值大时，其误差和噪声会大，因此选择电阻时，其阻值一般不应超过10MΩ，并尽量选择阻值小于 1MΩ 的电阻。对于电容，如电解电容容值较大，而非电解电容容值较小，需要根据设计要求及电路工作情况选择电容种类，其数值应在常用电容器标称系列之内，选择非电解电容其容值最好在 100pF～0.1μF。

（4）画总体电路图。

在完成单元模块电路设计后，应画出能反映各单元模块连接关系的完整的电路原理图。该原理图是一个初步设计草图，还需要经过反复联调实验、修改、验证通过后，才能成为正式的总体电路图。绘制电路图时，要注意以下几点。

① 布局合理、排列均匀、图面清晰，便于读图和理解。对于比较复杂的电路，应尽量把主要电路绘制在一张图纸上，而把次要的或比较独立电路绘在其他图纸上，并在图的断口处做好标记，标识出信号不同图纸上引出点和引入点，以说明各图纸之间的电路边线的连接关系。

② 约定信号流向，一般从输入端或信号源画起，按信号流向由左到右或由上到下依次画出各单元电路，反馈通路信号流向与此相反。

③ 图形符号要符合国内或国际规定的通用符号。

④ 连接线画成水平线或垂直线，尽量减少交叉或拐弯。相互连通的交叉线应在交叉处用实心点表示。连接线可以根据需要加注信号名或标记，表示其功能或去向。

1.4 模拟电子电路的组装与调试技术

电子电路的组装与焊接在电子技术实验中具有非常重要的地位，它是将理论电路转换为实际电路的过程，要设计完善、可靠的电子电路，除了要具备扎实的模拟电子技术的基础知识外，安装调试也是很重要的实践环节，组装及焊接的优劣，不仅影响外观质量，还直接影响电路的性能。具体地说，在用面包板或电路实验板上组装调试中要注意以下问题。

1.4.1 电子电路的组装

1. 面包板

面包板是用于搭接电路的重要工具，了解面包板的结构和使用方法有利于提高实验效率，减少实验故障。面包板外观如图 1.4.1 所示，常见的最小单元面包板分上、中、下三部分，上、下部分一般是由一行或两行插孔构成的窄条，中间部分是由中间一条隔离凹槽和上下多列插孔构成的宽条。

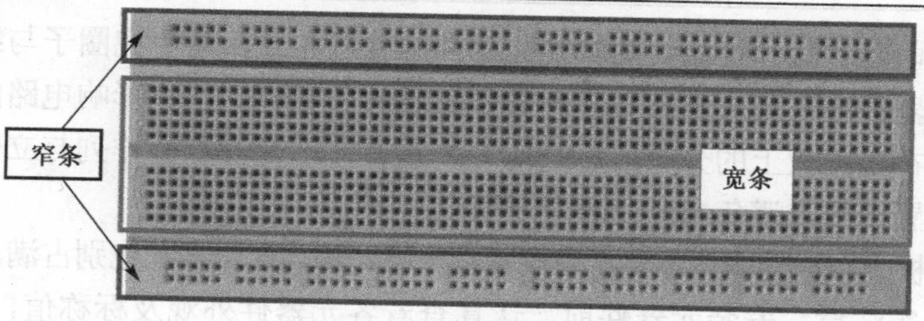

图 1.4.1　面包板结构示意图

窄条（图 1.4.2）上下两行之间电气不连通，每 5 个插孔为一组，通常的面包板上有 10 组或 11 组。组间的电气连接有 5-5、3-4-3 和 4-3-4 三种结构。例如，5-5 结构有 10 组，其中，左边 5 组内部电气连通，右边 5 组内部电气连通，但左右两边之间不连通，如图 1.4.2 所示。3-4-3 结构有 10 组，其中，左边 3 组内部电气连通，中间 4 组内部电气连通，右边 3 组内部电气连通，但左边 3 组、中间 4 组以及右边 3 组之间是不连通的。4-3-4 结构有 11 组，其中，左边 4 组内部电气连通，中间 3 组内部电气连通，右边 4 组内部电气连通，但左边 4 组、中间 3 组以及右边 4 组之间是不连通的。窄条一般用来布置电源和地线。

宽条（图 1.4.3）是布置元器件的地方，每列由上、下各 5 个插孔组成，上列 5 个插孔内部电气连通，下列 5 个插孔内部也是电气连通，但是列与列之间，凹槽上半部分和下半部分之间没有电气连通，由板子中央的一条凹槽隔断。

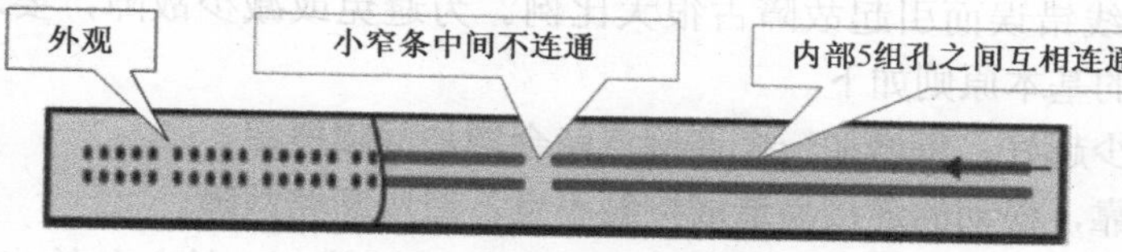

图 1.4.2　面包板窄条结构示意图

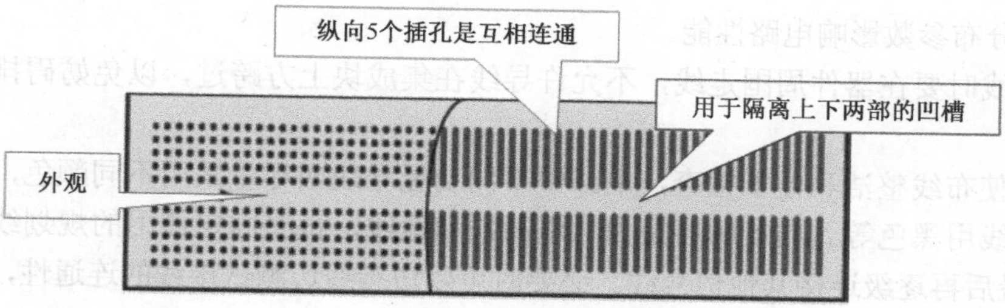

图 1.4.3　面包板宽条结构示意图

在面包板上搭接实验电路无须焊接，只要将元件插入孔中，连接少量的导线即可，使用方便。使用前应明确哪些元件引脚连在一起，再将要连接在一起的引脚插入同一组的 5 个小孔中。

2．布局、安装

电子元器件的布局应尽量紧凑、合理，要便于检测、调试及维修。一般应遵循以下几条原则。

（1）按电路信号流向布置集成电路和晶体管等，避免输入输出、高低电平的交叉。

（2）与集成电路和晶体管相关的其他元器件应就近布置，避免兜圈子与绕远。

（3）发热元器件应与集成电路和晶体管保持足够的距离，以免影响电路的正常工作。

（4）元器件在电路板上的分布应尽量均匀、整齐，不允许重叠排列与立体交叉排列。

（5）合理布置地线，避免电路间相互干扰。

（6）在面包板上布局元器件不要扎堆放置在一起，每列 5 个插孔也别占满，以便于测试。

安装元器件需注意：安装元器件前，认真查看各元器件外观及标称值，通过仪器检查元器件参数与性能，确保电子元器件没有损坏；用镊子等工具弯曲元器件引脚，不得随意弯曲，以免损伤元器件；对所安装的元器件，应能方便地查看到元器件表面所标注的重要参数信息；有安装高度的元器件要符合规定要求，同规格的元器件应尽量有同一高度面；元器件安装顺序应先低后高、先轻后重、先易后难、先一般后特殊。

为防止集成电路芯片受损，在插入和拔出芯片时要细心。插入时应与器件方向一致，缺口朝左，使所有引脚均对准插座板上的小孔，均匀用力按下；拔出时，必须用专用拔钳，夹住集成块两端，垂直向上拔起，或用小起子对撬，以避免使其引脚因受力不匀而弯曲或断裂。

3. 布线

导线一般应选用直径为 $\phi0.5 \sim 0.8$mm 的单股导线，长度适中，两端绝缘皮剥去 5～10mm，并剪成 45°角。

电子电路因布线错误而引起故障占很大比例。为避免或减少故障，要求布线合理和准确。布线应该遵循的基本原则如下。

（1）连接点越少越好，每增加一个连接点就会增加故障概率。

（2）接线要牢靠，松动的连接易造成接触不良，造成断路故障。

（3）元器件和连线要排列整齐，一般按电路顺序直线排列，输入与输出线要远离。在高频电路中，导线不宜平行，以防止寄生耦合引起电路自激。元器件插脚和连线要尽量短而直，以防止分布参数影响电路性能。

（4）布线时要在器件周围走线，不允许导线在集成块上方跨过，以免妨碍排除故障或调换器件。

（5）为使布线整洁和便于检查，电路中不同功能导线应尽量采用不同颜色，如电源线用红色，接地线用黑色等。布线顺序是先布电源线和地线，再布固定使用的规划线（如固定接地线等），最后再逐级连接其他信号线。必要时可以边接线边测试接线的连通性，逐级进行。走线应尽可能避免遮盖其他插孔，以免影响其他导线的插入。

1.4.2 电子电路的焊接

焊接是在电路板上进行电子电路的装配工艺，它也是连接各电子元器件及导线的主要方式，焊接质量直接影响电路的性能。焊接一般分为手工焊接与自动焊接。

1. 手工焊接

手工焊接是最常使用的焊接方法。手工焊接质量要求是：焊接牢固，焊点光亮、圆滑、饱满。焊接质量主要取决于焊接工具、焊料、焊剂和焊接技术。

1）电烙铁

焊接晶体管、集成电路和小型元器件时，一般选用 15～30W 的电烙铁。新购电烙铁首次使用时，需将电烙铁加热后，用其融化松香焊锡丝，使电烙铁头部的表面附上一层焊锡，俗称上锡；烙铁头长期使用会使其头部表面氧化，俗称烧死，此时可先用锐器清除氧化层，然后重新上锡。

在使用中应保持烙铁头的清洁，尽量缩短电烙铁的通电时间，烙铁头的温度通常可通过改变烙铁头伸出的长度进行调节。

2）焊料与焊剂

最常用的焊料是松香焊锡丝，又称为焊锡丝，其在管状焊料的内部灌满松香焊剂。最常用的焊剂是松香或松香酒精溶剂，松香是无腐蚀的中性物质，加热后可清除金属表面的氧化物，提高焊接质量。焊锡膏也是一种常用的助焊剂，由于其为酸性物质，用于去掉电子元器件引脚上的氧化层，使其便于上锡、焊接，但会腐蚀元器件。一般情况下，新的电子元器件引脚均有镀银层，引脚比较光亮，不需要使用助焊剂，可以直接进行焊接。

3）焊接操作

焊剂加热后所挥发的物质可能对人体有害，焊接时焊点与口鼻的距离应大于 30cm。

电烙铁的手持方法，可根据电烙铁功率、焊接物的热容量及焊接物位置确定。对于电子电路一般采用类似于握笔的姿势，这样可做到拿得稳对得准。

在焊接前，要对焊接部位和元器件进行清洁处理。焊接后，清洁焊点、鉴别焊接质量，并检查是否虚焊、错焊与漏焊。

4）焊接步骤

掌握好电烙铁的温度和焊接时间，选择恰当的烙铁头和焊点接触位置。焊接过程可分 5 个步骤。

（1）准备施焊：左手拿焊丝，右手握电烙铁，进入备焊状态。

（2）加热焊件：用电烙铁头部加热焊件连接处，尽量扩大焊件的加热面，以缩短加热时间，保护铜箔不被烫坏。

（3）送入焊丝：焊件加热到一定温度后，焊丝从电烙铁对面接触焊件，使焊丝熔化并浸湿焊点。注意不要把焊丝送到烙铁头上。

（4）移开焊丝：焊点浸湿后，及时撤离焊丝，以保证焊点不出现堆锡。

（5）移开电烙铁。

为了能焊出高质量的焊点，焊接时还需注意：及时清除烙铁头上的残留物，随时保持烙铁头的洁净；及时清除元器件引脚表面的氧化层；在焊锡凝固前一定要保持焊件的静止，焊接后要检查元器件有无松动；焊接晶体管时，用镊子夹住引脚焊接可预防温度过高损坏晶体管；对特殊元器件焊接应按元器件焊接要求进行，如焊接 MOS 管时，要求电烙铁不带电焊接或电烙铁金属外壳加接地线。

5）克服虚焊

虚焊会造成电子电路工作不稳定，造成虚焊的原因有元器件引脚表面氧化、焊接时焊锡丝未浸湿焊点等。

6）拆焊操作

拆焊电路板上的元器件比焊接元器件困难，拆焊不当会损坏电路板焊盘与元器件。若引脚不多且每个引脚可相对活动，可用电烙铁直接进行拆焊；对引脚多的集成电路和贴片元器件通常采用专用工具进行拆焊，常用的有吸锡电烙铁、吸锡器、吸锡绳及排焊管等工具。

2．贴片元件的手工焊接

手工焊接贴片元件的一般过程为施加焊膏、手工贴装、手工焊接、焊接检查等。

手工焊接静电敏感器件时，需要佩戴接地良好的防静电腕带，并在接地良好的防静电工作台上进行焊接。

焊装顺序为：先焊装小元件，后焊装大元件；先焊装低元件，后焊装高元件。

1）用电烙铁焊接

若贴片元件引脚少，可采用电烙铁直接焊接，焊接前在电路板的焊盘上滴涂焊膏，将贴片元器件的焊端或引脚以不小于 1/2 厚度浸入焊膏中，一般选用直径 0.5～0.8mm 的焊锡丝。然后用电烙铁蘸少量焊锡和松香进行焊接。

2）用热风枪焊接

当贴片元件引脚多而密时，用电烙铁直接焊接就比较困难，此时一般采用热风枪焊接。风枪焊接过程为置锡、点胶、贴片、焊接、清洗、检查等。

3）贴片元件的手工拆焊

手工拆焊贴片元件一般采用热风枪或电烙铁。

热风枪拆焊：用热风枪吹元件引脚上的焊锡，使其熔化，然后用镊子取下元件。

电烙铁拆焊：用电烙铁加热贴片元件焊锡，熔化后用吸锡器或吸锡绳去掉焊锡，然后用镊子取下元件。

3．焊接技术

1）浸焊

浸焊是将插装好元器件的电路板放在熔化有焊锡的锡槽内，同时对印制电路板上所有焊点进行焊接。浸焊具有生产效率高、生产程序简单的特点。浸焊可分为手工浸焊和机器自动浸焊两种方式。

手工浸焊：将已插好元器件的印制电路板浸入锡槽进行焊点焊接。手工浸焊的过程为：锡槽加热→电路板前期处理→浸焊→冷却→检查。

机器自动浸焊：自动完成印制电路板上全部元器件的焊接。机器自动浸焊的过程为：待焊电路板涂焊剂→电路板烘干→电路板在锡槽中浸焊→用振动器振去多余的焊锡→切除多余引脚。

2）波峰焊

波峰焊是将插装好元器件的电路板与熔融焊料的波峰相接触实现焊接。其具有焊接速度快、质量高、操作方便的优点，适用于大面积、大批量电路板的焊接，是电子产品进行焊接的主要方式，可用于贴片元件的焊接。

3）回流焊

与波峰焊相比，回流焊在焊接过程中，元器件不直接浸渍在熔融的焊料中，所以元器件受到的热冲击小；能在前导工序里控制焊料的施加量，减少了虚焊、桥接等焊接缺陷，所以焊接质量好，焊点一致性好，可靠性高。它广泛应用于贴片元件的焊接。

1.4.3　电子电路调试和故障的检查与排除

任何一台电子、电气设备组装完毕后，一般都要通过调试，才能达到规定的技术指标要求；另外，设备发生故障，需要维修。这些技术工作均离不开电子电路的调试工作。因此掌握电子电路调试技术十分重要。

调试包括测试和调整两部分。调试又可分为整机调试和电子电路调试。整机调试是对整机内可调元器件及与电气指标有关的机械传动部分等进行调整，同时对整机电气性能进行测试，使其性能参数达到规定值。调试过程中，应先进行电子电路调试，再进行整机调试。

1．电子电路调试前的准备工作

1）拟定调试方案

（1）根据测试电路的参数指标要求选定测试方法及步骤。

（2）根据测试电路的参数指标要求拟定测试所需的仪器仪表。

（3）根据调试步骤拟定必需的测量数据记录表格及其参照数据。

（4）测试条件与有关注意事项。

（5）调试安全操作规程。

2）检查连线情况

实验电子电路安装完毕，不能急于通电。先要认真检查电路接线是否正确，包括错线，少线和多线。多线一般是因接线时看错引脚，这种情况在实验中经常发生，尤其在面包板上进行实验时更易发生。

接线检查通常采用以下两种方法：一种是按照电路图检查。把电路图中的连线按一定顺序在安装好的线路中逐一对应检查，这种方法较容易找出错线与少线。另一种是按照实际线路来对照电路原理图，把每一元件引脚连线去向一次查清，检查每个去处在电路图上是否存在，这种方法不但可查出错线和少线，还易查出多线。不论采用何种方法，一定要在电路图上将已查过的线做出标记，同时检查元器件引脚的使用端数是否与图样相符。

检查连线：最好用指针式万用表“Ω×1”挡或用数字万用表“◦))”挡蜂鸣器测量，尽可能直接测元器件引脚，这样可发现引脚与连线接触不良的故障。注意“Ω×1”为大电流挡，不能用两表笔同时去碰接同一半导体器件的两引脚，以防过电流损坏半导体器件。

检查元器件：重点要查集成电路、三极管、二极管、电解电容等外引线与极性是否接错，以及外引线间是否短路，同时还须检查元器件焊接处是否可靠。这里需要指出，在焊接前，必须对元器件进行筛选，以免给调试带来麻烦。

检查电源：在通电前，还需用万用表检查电源输入端与地之间是否存短路，若有则须进一步检查其原因。在完成了以上各项检查并确认无误后，才可通电调试，此时还应注意电源的正、负极性不能接反。

3）调试仪器仪表准备

调试前要做好调试用仪器仪表的选用准备工作。

（1）使用前检查仪器仪表是否调节方便、能否正常工作等。

（2）量程和精度必须满足调试要求。

（3）仪器仪表必须放置整齐，较大较重的放下部，较小较轻的放上部，经常用来监视信号的仪器仪表应放置在便于观察的位置上。

4）注意调试安全措施

调试过程必须做到安全第一，确保人身和仪器设备的安全。调试时要采取以下安全措施。

（1）仪器、设备的金属外壳都必须接地。一般设备的外壳可通过三芯插头与交流电网的地线连接。

（2）不允许带电操作。如确需与带电部分接触，必须使用带有绝缘保护的工具进行操作。

（3）注意强电的安全使用。

（4）大容量滤波电容器、延时用电容器储有大量电荷，在调试或更换电路的元器件时，应先将其储存的电荷释放完毕后，再进行操作。

5）调试工具准备

做好常用工具的准备工作。常用工具有剪刀、镊子、相应规格螺钉旋具等。

2．电子电路的调试方法与步骤

电子电路调试包括测试与调整两个方面。测试是在安装后对电路的参数进行测量。调整是在测试的基础上，对电子电路参数进行修正，使之满足设计要求。

电子电路调试的方法有以下两种。

第一种是采用边安装边调试的方法。将复杂电子电路系统按功能分块进行安装和调试，在分块调试的基础上逐步扩大安装和调试的范围，最后完成整机调试。这种方法一般适用于新设计电路，以便及时发现问题并予解决。

第二种方法是整个电子电路安装完毕后，一次性调试。这种方法一般适用于定型产品和需要相互配合才能运行的产品。

电子电路包括模拟电路、数字电路和微机电路。一般不允许直接连接，因它们的输出电压大小和波形各异，且对输入信号的要求也各不相同，如盲目连接在一起，会造成不应有的故障，甚至损坏元器件。因而，一般情况下按设计指标先对各部分予以独立调试合格后，再加上接口电路进行整机电子电路联调。

以上是调试的基本原则，具体调试步骤如下。

1）通电观察

在电路与电源连线检查无误后，方可接通电源。电源接通后，不要急于测量数据和观察结果，首先观察稳压电压源的指示是否正常，若电流过大或输出电压下降过大，说明电路有故障，应该立即关断电源，排除电路故障；电压源指示正常后，再观察电路有无异常现象，包括有无打火冒烟、是否闻到异常气味、手摸元器件、集成块是否发烫现象等。如发现异常，应立即关断电源，等排除故障后方可重新通电。然后测量各路总电源电压及各元器件引脚的工作电压，以保证各元器件正常工作。

2）分块调试

分块调试是把电路按功能不同分成不同部分，把每部分看作一个模块进行调试，在分块调试进行过程中逐渐扩大范围，最后实现整机调试。

分块调试顺序一般按信号流向进行，这样可把前面调试过的输出信号作为后一级的输入信号，为最后联调创造有利条件。

分块调试包括静态调试和动态调试。一般应先进行静态调试，后进行动态调试。

（1）静态调试是指无外加信号的条件下测试电路各点的静态电位并加以调整，达到设计值。静态调试的目的是保证电路在动态情况下正常工作，并达到设计指标。通过静态测试可及时发现已损坏和处于临界状态的元器件。

（2）动态调试是在静态调试的基础上进行的，利用自身的信号或在输入端加入合适的测试信号，按信号的流向，逐级顺序检测检查功能块各测试点的输出信号，判断其各种动态指标是否满足设计要求（包括电压信号幅值、波形形状、频率、相位关系、放大倍数等），若发现不正常现象，应分析其原因，并排除故障，再进行调试，直到满足要求。

3）整机联调

在分块调试的过程中，因是逐步扩大调试范围的，实际上已完成某些局部电路间的联调工作。在联调前，先要做好各功能之间接口电路的调试工作，再把全部电路连通，进行整机联调。

整机联调就是检测整机动态指标，把各种测量仪器测量出的参数指标与设计指标逐一核对。若不一致，找出问题，然后进一步修改、调整电路的参数，直至完全符合设计要求为止。

调试过程中，要始终借助仪器仪表观察，而不能凭感觉和印象。使用示波器时，最好把示波器信号输入方式置于“DC”挡，它是直流耦合方式。可同时观察被测信号的交直流成分。被测信号的频率应在示波器能稳定显示的范围内，如频率太低，观察不到稳定波形时，应改变电路参数后再测量。例如，观察只有几赫兹的信号时，通过改变电路参数，使频率提高到几百赫兹以上，就能在示波器观察到稳定信号并可记录各点的波形形状及相互间的相位关系，测量完毕，再恢复到原来参数继续测试其他指标。采取抗干扰措施是调试技术重要内容，即在电子产品试制过程和维修调试过程中，如有干扰存在，影响正常工作，需采用抗干扰措施，在调试中予以解决。详细内容参阅有关文献。

4）整机性能指标测试

对整机装配调试质量进一步检查后，进行全部性能指标参数的测试，测试结果均应达到技术指标的要求。经过调试达标后，最后紧固调整元件。

5）环境试验

有些电子设备在调试完成后，需要进行环境试验，以检查相应环境下的正常工作能力。环境实验有温度、湿度、气压、振动、冲击等试验。

6）整机通电老化

大多数电子仪器设备在测试完成之后，均进行整机通电老化试验，这可提前暴露产品隐含的缺陷，提高电子仪器设备可靠性。

7）参数复调

经整机通电老化后，产品的各项技术性能指标会有一定程度的变化，通常应进行参数复调，使出厂的产品具有最佳的技术状态。

8）调试注意事项

在电子电路调试过程中应注意如下问题。

（1）调试前，应仔细阅读调试工艺文件，熟悉整机工作原理、技术条件及性能指标。

（2）调试用仪器设备，一定要符合技术监督局规定，定期送检。要注意测量仪器的输入阻抗必须远大于被测电路输入阻抗。测量仪器带宽应等于或大于被测电路带宽的 3 倍。调试前要熟悉各种仪器的使用方法，并加以检查，避免使用不当。

（3）测量中所有仪器的地线应与被测电路地线连在一起，使之建立一个公共参考点，测量结果才能正确。

（4）调试过程中，发现器件或接线有问题，需要更换修改时，应先关断电源。更换完毕，经认真检查后，才可重新通电。

（5）在信号比较弱的输入端，尽可能使用屏蔽线连接。屏蔽线的外屏蔽层要接到公共地线上。在频率较高时要设法隔离（消除）连接线分布参数的影响。例如，用示波器测量时应使用有探头的测量线，以减小分布电容的影响。

（6）要正确选择测量点，用同一台测量仪器进行测量时，测量点不同，仪器内阻引起的误差大小将不同。

（7）测量方法要方便可行。如在印制电路板（PCB）中测电流，一般尽可能用测电阻两端电压而换算成电流，若用电流表测电流很不方便。

（8）调试过程中，不但要认真观察和测量，还要认真记录。记录观察的现象、测量的数据、波形及相位关系等，必要时在记录中附加说明，尤其是那些和设计不符的现象，更是记录的重点。依据记录数据把实际观察现象和理论预计结果加以定量比较，从中发现设计和安装上的问题，加以改进，进一步完善设计方案。

（9）调试过程中自始至终要有严谨细致的科学作风，不能存在侥幸心理。出现故障时认真查找故障原因，仔细分析。在实践中，切忌一遇故障、问题就拆掉线路重新安装。因重新安装线路仍可能存在问题，原理上的问题不是重新安装就能解决的。

3. 电子电路故障排除

在电子电路的设计、安装与调试过程中，不可避免地会出现各种各样的故障，所以检查和排除故障是电子工程师必备的实践技能。面对一个整机电路，要从大量的元器件和线路中迅速、准确地找出故障，这确实不太容易，而且故障又是五花八门，这就需要掌握正确的方法。一般来说，故障诊断过程是：从故障现象出发，通过反复测试，作出分析判断，逐步找出故障原因。下面在具体讨论排除故障方法之前，不防先了解一些常见故障。

1）常见故障

（1）测试仪器仪表本身就有故障，功能不灵或测试棒损坏使之无法测试；还有可能操作者对仪器使用不正确引起故障，如示波器旋钮选择不对，造成波形异常。

（2）电路元器件本身原因引起的故障。例如，电阻、电容、晶体管及集成器件等特性不良或损坏。这种原因引起的故障现象是电路有输入而无输出或输出异常。

（3）人为引起故障。例如，操作者将连线接错或漏接、无接，元器件参数选错，三极管管型搞错，二极管或电解电容极性接反等，都可能导致电路不能正常工作。

（4）电路接触不良引起的故障。例如，焊接虚焊、插接点接触不牢靠、电位器滑动端接触不良、接地不良、引线断线等。这些原因引起的故障一般是间歇或瞬时，或者突然停止工作。

（5）各种干扰引起的故障。所谓干扰，是指外界因素对电路有信号产生的扰动。

2）电子电路干扰

干扰源种类很多，常见的有以下几种。

（1）接地处不当引进的干扰。例如，接地线的电阻太大，电路和各部分电流以流过接地线会产生一个干扰信号，影响电路的正常工作。减少该干扰的有效措施是降低地线电阻，一般采用比较粗的铜线。

（2）"共地"是抑制噪声和防止干扰的重要手段。所谓"共地"，是将电路中所有接地的元器件都要接在电源的电位参考点上。在正极性单电源供电电路中，电源的负极是电位参考点；在负极性单电源供电电路中，电源的正极是电位参考点；而在正负双电源供电电路中，两个电源的正负极串接点作为电位参考点。

（3）直流电源滤波不佳引入的干扰。各种电子设备一般都是用 50Hz 电压经过整流、滤波及稳压得到直流电压源。可是此直流电压包含频率为 50Hz 或 100Hz 的纹波电压，如果纹波电压幅度过大，必然会给电路引入干扰。这种干扰是有规律性的，要减少这种干扰，必须采用纹波电压幅值小的稳压电源或引入滤波网络。

（4）感应干扰。干扰源通过分布电容耦合到电路，形成电场耦合干扰；干扰源通过电感耦合到电路，形成磁场耦合，形成磁场耦合干扰。这些干扰均属于感应干扰。它将导致电子电路产生寄生振荡。排除和避免这类干扰的方法有：采用屏蔽措施，屏蔽壳要接地；引入补偿网络，抑制由干扰引起的寄生振荡，具体做法是在电路的适当位置接入单一电容或电阻与电容相串联网络，实际参数大小可通过实验调试来确定。

3）检查排除故障的基本方法

（1）直接观察法：指不使用任何仪器，而只利用人的视觉、听觉、嗅觉以及直接碰摸元器件来发现问题，寻找和分析故障。直接观察又包括通电前检查和通电观察两个方面。

通电前主要检查仪器的选用和使用是否正确；电源电压的数值和极性是否符合要求；三极管、二极管和引脚以及集成电路的引脚有无错接；电解电容的极性是否接反；元器件间有没有互碰短路；布线是否合理；印刷板有无断线等。

通电后主要观察直流稳压电源上提电流指示值有否超出电路额定值；元器件有无发烫、冒烟；变压器有无焦味等。此法比较简单，也比较有效，可作为电路初步检查。

（2）参数测试法：借助仪器发现问题，并应用理论知识找出故障。例如，利用万用表检查电路的静态工作点就是测试法的运用。当发现测量值与设计值相差悬殊时，就可针对问题进行分析，直至解决。

（3）信号跟踪法：在被调试电路的输入端接入适当幅度与频率的信号（如在模拟电路中常用 $f = 1\text{kHz}$ 的正弦波信号），利用示波器，并按信号的流向，由前级到后级逐级观察电压波形及幅值的变化情况，如哪一级异常，则故障就在该级，然后即可有的放矢地作进一步检查。这种方法对各种电路普遍适用。在动态调试中应用更为广泛。

（4）对比法：怀疑某一电路存在问题时，可将此电路的参数与工作状态和相同的正常电路进行对比，从中分析故障原因判断故障点。

（5）部件替换法：就是利用与故障电路同类型的电路部件、元器件或插件板来替换故障电路中怀疑部分，从而可缩小故障范围，以便快速、准确地找出故障点。

（6）断路法：用于检查短路故障最有效。也是一种逐步缩小故障范围的方法。

在一般情况下，寻找故障的常规做法是：首先采用直接观察法，排除明显的故障；进而采用万能用表（或示波器）检查静态工作点；最后可用信号跟踪法对电路作动态检查。

第 2 章　模拟电路实验技术

2.1　常用仪器使用与练习

2.1.1　实验目的

（1）熟悉 S3323 可跟踪直流稳压电源的正负电源的调节与使用方法。
（2）熟悉 TFG6920A 函数/任意波形发生器的测试信号的调节与使用方法。
（3）熟悉 TDS1002 型示波器在模拟电子技术实验中常规测量的规范与操作方法。
（4）学习模拟电子技术实验中电压、频率、周期、相位等基本测量技术。

2.1.2　实验仪器

（1）TFG6920A 函数/任意波形发生器。
（2）TDS1002 型示波器。
（3）S3323 可跟踪直流稳压电源。

2.1.3　预习要求

（1）仔细阅读 TFG6920A 函数/任意波形发生器和 TDS1002 型示波器的使用说明。
（2）了解仪器练习内容和需要掌握的操作技能。
（3）预习时可对思考题内容有所了解和分析，带着问题阅读仪器的操作说明和技巧。

2.1.4　基本原理

在模拟电子技术实验过程中，熟练的仪器操作是顺利完成实验和保证实验结果的精准最基本的要求，也是学生实践动手能力的重要体现。信号源、直流电压源、示波器是模拟电子技术实践课程的常用仪器，因此除了要熟悉这 3 种仪器的基本操作和测量方法外，还需要掌握如下主要技能。

（1）熟练掌握 S3323 可跟踪直流稳定电源独立输出操作模式和串联跟踪输出正负模式。

（2）熟练掌握 TFG6920A 函数/任意波形发生器基本波形选择、参数的输入方式，包括键盘输入和旋钮连续调节两种参数输入方法。

（3）重点掌握 TDS1002 型示波器测量时耦合方式的选择、触发源的选择原则和对有附加噪声的小信号测量方法。

（4）熟练掌握设备状况的检查方法，掌握判断仪器设备、连接线好坏的方法，掌握调整仪器测试准备状态的方法。

（5）熟练掌握连接实验电路和设备的基本原则与操作规范，要特别注意仪器的共地问题。

仪器操作练习的参考接线原理图如图 2.1.1 所示。

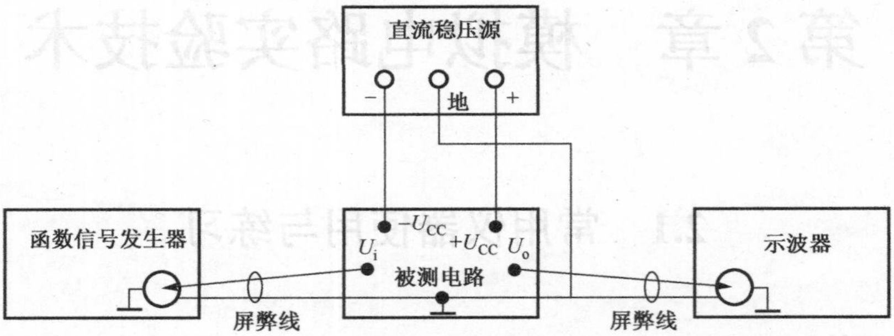

图 2.1.1　仪器接线原理图

仪器实物接线如图 2.1.2 所示。

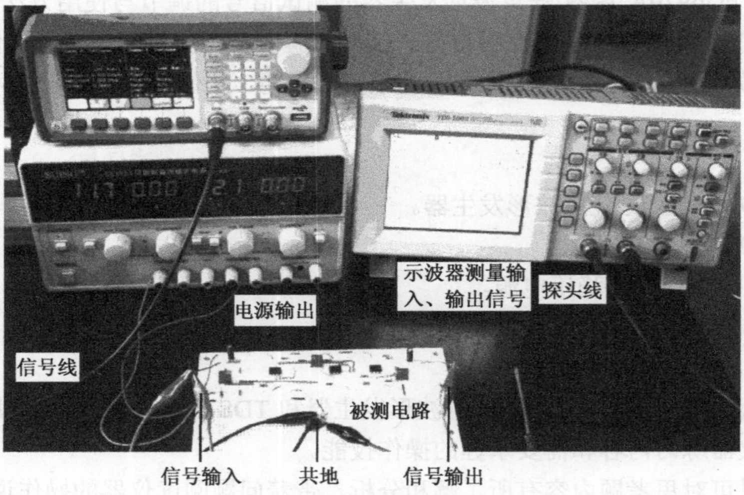

图 2.1.2　仪器实物接线图

2.1.5　仪器的面板介绍

（1）S3323 可跟踪直流稳定电源的面板结构参见图 5.3.1。

（2）TFG6920A 函数/任意波形发生器的面板结构参见图 5.2.1。

（3）TDS1002 型数字式存储示波器的面板结构参见图 5.1.1。

2.1.6　实验内容

1．S3323 可跟踪直流稳定电源

以操作 12V 的直流电源为例来练习电源的 3 种输出模式操作，先将电源 CH1 和 CH2 两组电源都调到 12 V，再按下面步骤对电源的独立输出、串联跟踪、并联跟踪 3 种输出模式进行练习。

1）独立输出模式

CH1 和 CH2 两路电源在额定电流时，分别可供给 0～30V 额定值的电压输出。当设定在独立模式时，CH1 和 CH2 为完全独立的两组电源，可单独或两组同时使用。

（1）打开电源，同时将两个 TRACKING 选择按键按下，将电源供应器设定在独立操作模式。

（2）调整电压旋钮调到 12 V 和电流旋钮调至 1A。

（3）打开 OUTPUT 开关，用万用表分别测出电源 CH1 和 CH2 两组电源的电压。

独立输出模式接线图如图 2.1.3 所示。

2）串联跟踪正负双电源输出模式

当选择串联跟踪模式时，CH2 输出正端将自动与 CH1 输出端子的负极相连接。这时最大输出电压（串联）是二组（CH1 和 CH2）输出电压之和。调整 CH1 电压控制旋钮既可实现 CH2 输出电压与 CH1 输出电压同时变化。其操纵程序如下。

（1）按下 TRACKING 左边的选择按键，松开右边按键，电源设定在串联跟踪模式。

（2）要求 CH2 电流控制旋钮顺时针旋转到最大以便跟踪 CH1 的电流。调整 CH1 调流旋钮至 2A，CH1 和 CH2 电源的过载保护电流都为 2A。实际输出电流值则为 CH1 或 CH2 电流表头读数。

（3）使用 CH1 电压控制旋钮调整所需的输出电压为 12V。

（4）如要获得正负对称直流电源±12V，可将 CH1 输出负端（黑色端子）当作共地点，则 CH1 输出端正极相对共地点，可得到正电压+12V，而 CH2 输出负极对共地点，则可得到与 CH1 输出电压值相同的负电压−12V。串联跟踪输出模式接线图如图 2.1.4 所示。

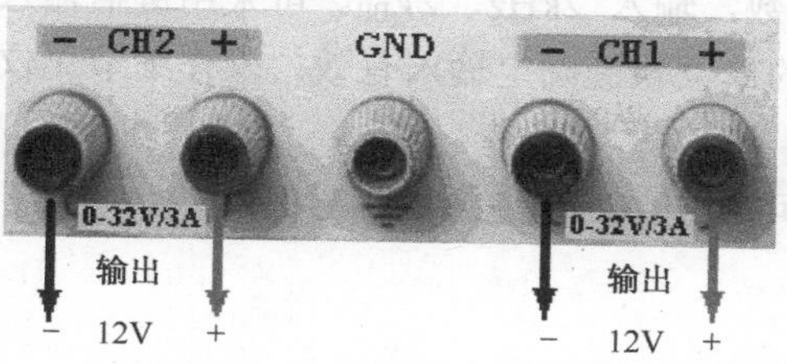

图 2.1.3　独立输出模式接线图

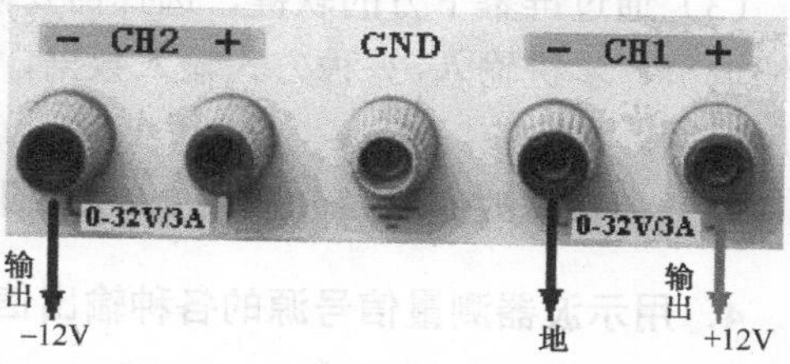

图 2.1.4　串联跟踪输出模式接线图

3）并联跟踪输出模式

在并联跟踪模式时，CH1 输出端正极和负极会自动的和 CH2 输出端正极和负极两两相互连接在一起。

（1）将 TRACKING 的两个按钮都按下，设定为并联模式。

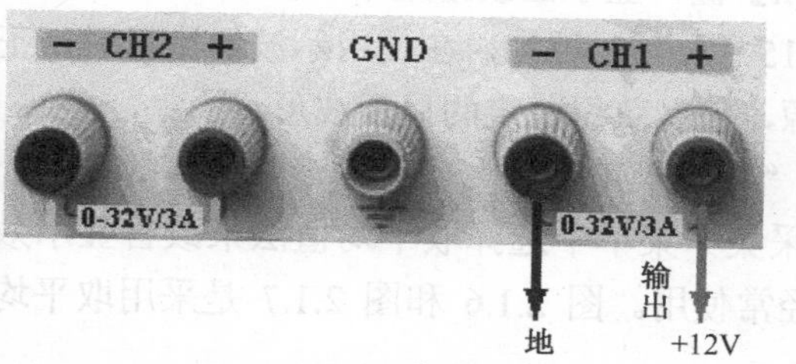

图 2.1.5　并联跟踪输出模式接线图

（2）在并联模式时，CH2 的输出电压完全由 CH1 的电压旋钮控制，并且跟踪于 CH1 输出电压。

（3）在并联模式时，CH2 的输出电流完全由 CH1 的电流旋钮控制，并且跟踪于 CH1 输出电流。电源的实际输出电流为 CH1 和 CH2 两个电流表指示值之和。并联跟踪输出模式接线图如图 2.1.5 所示。

4）CH3 输出操作

CH3 输出端可提供 3～6V 直流电压及 3A 输出电流，一般设定为专用 5V 电压源。

按下 CH1/CH3 键，使电压表显示 CH3 电压值。根据电路的需要可调整 CH3 的调压旋钮。打开 OUTPUT 开关，测量 CH3 的输出电压值。

2．TDS1002 型数字示波器基本操作

学习示波器自校准和基本测量方法。

（1）开机自检结束后，将示波器探头线连接到示波器自带的 V_{pp}=5V，f = 1kHz 方波校准信号输出端。

（2）按 AUTOSET（自动设定）键，校准信号出现在示波器的显示屏上，调整 CH1、CH2 的探头参数为 X1 挡，其他测量参数也应做相应调整，并能准确找到示波器的零位，读出其测量的方波信号的峰峰值、频率是否与校准信号一致，判断示波器是否正常工作，为实验测量做好仪器的准备工作。

（3）记录测量波形。

3．TFG6920A 函数/任意波形发生器基本操作

（1）按【CHA/CHB】键可以循环选择两个通道。

（2）按【Waveform】键，在显示屏下面的页面选择正弦。

（3）通过屏幕下方的软键，选择需要修改的参数，输入 2kHz、2V_{PP}。可采用键盘输入、旋钮调节、步进输入 3 种方式输入数据，按下方的单位软键确定输入有效。操作细节见仪器使用说明。

（4）参数修改完成，分别按【Output】键，即可输出 A、B 通道的信号。

4．用示波器测量信号源的各种输出信号

（1）通过探头线将信号源 A、B 通道信号送入示波器的 CH1、CH2 通道。适当调整示波器的垂直灵敏度和水平灵敏度旋钮，使两列波形显示大小、周期合适，应尽量少用 AUTOSET 键。

（2）对于周期性的信号要使用 MEASURE（测量）菜单读参数，保障测量精度，养成良好的操作习惯。

（3）改变信号源的 CHB 信号，按【Waveform】键，显示出波形菜单，按〖第 x 页〗软键，选择各种波形，可以循环显示输出波形（共 15 页，60 种），在使用示波器测量时，正确地选择触发源，原则是选择低频大信号作触发源，使之获得稳定的显示波形。

（4）信号源的 CHB 信号选择〖第 11 页〗的“附加噪声信号”，为了消除噪声的影响，更好地显示有用信号，可在示波器 ACQUIRE（采集）菜单中选择取平均值法来改善显示效果，这一功能在模电实验中对小信号的声处理上经常使用。图 2.1.6 和图 2.1.7 是采用取平均值法的前后比较图。

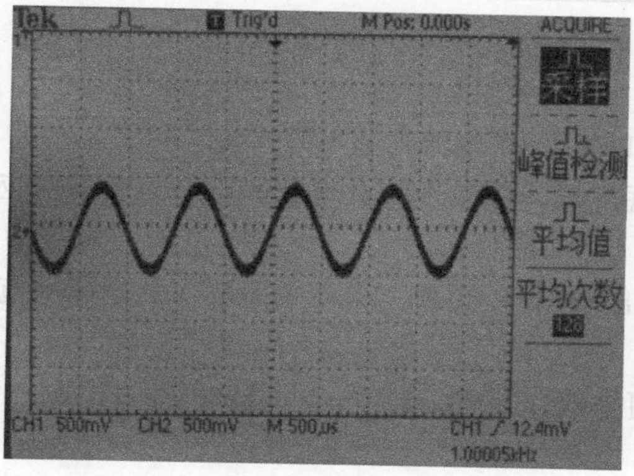

图 2.1.6　取平均值前附加噪声的波形图

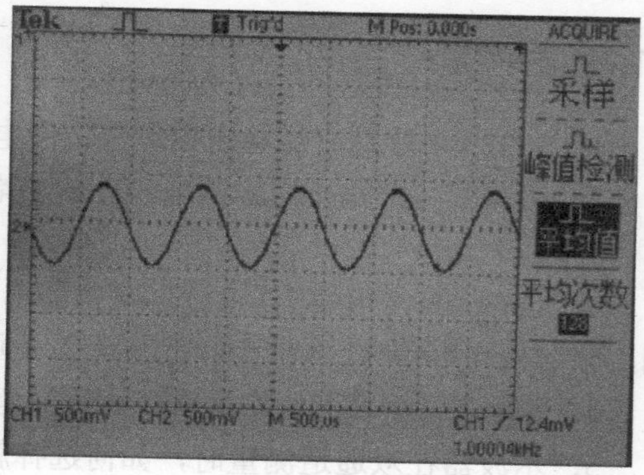

图 2.1.7　取平均值后附加噪声的波形图

（5）信号源的 CHB 信号选择〖第 12 页〗的“附加三次谐波”，用光标测量法对谐波的幅度和周期进行测量，光标测量法只适用于测量信号的局部增量测量。测量误差比自动测量要大。具体测量操作如图 2.1.8 和图 2.1.9 所示。

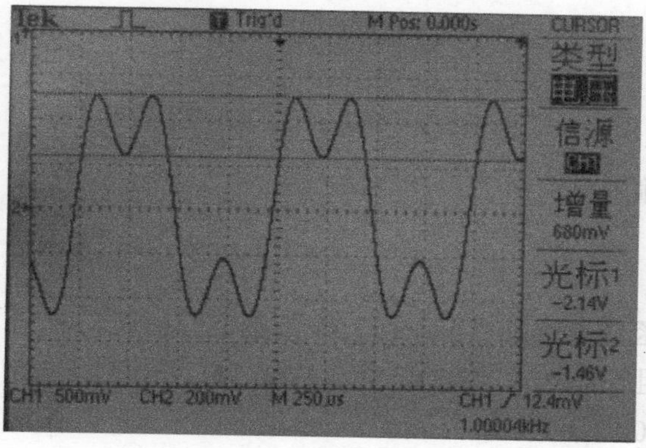

图 2.1.8　光标法测电压

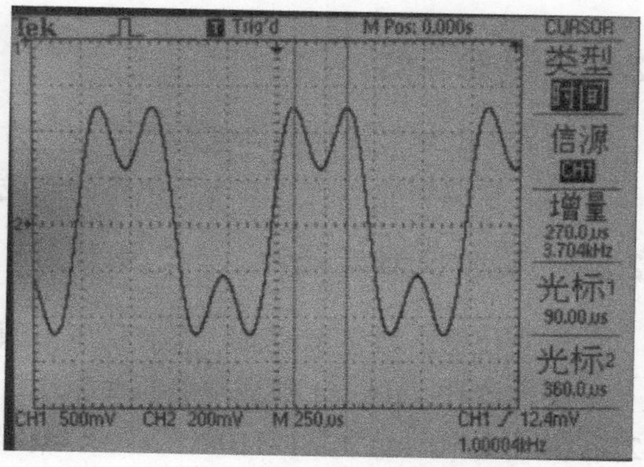

图 2.1.9　光标法测时间

（6）信号源的 CHB 信号选择正弦，改变相位角 Phase 为 xx，用光标测量 A、B 通道信号的相位差，测量结果如图 2.1.10 所示。

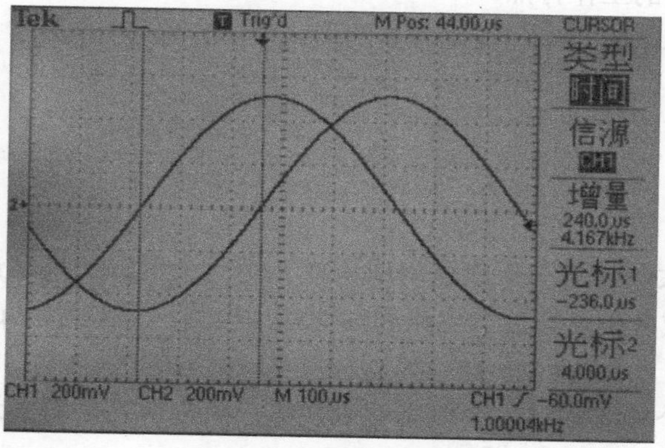

1kHz 正弦信号的周期 T=1ms，A、B 两信号的时间增量为Δt=240μs，A、B 两信号相位差$\varphi = \Delta t/T\times 360°$

图 2.1.10　A、B 信号的相位差图

2.1.7 思考题

1．S3323 可跟踪直流稳压电源设定的电流值和实际工作电流有何不同。

2．S3323 可跟踪直流稳压电源在输出端出现短路时，会出现什么现象和可能的后果，应如何处理。

3．TFG6920A 函数/任意波形发生器出现《输出端口 x 超载，自动关闭》，《数据超出范围，限制到允许值》，并有声音报警是怎么回事。

4．测量 10Hz 以下的方波信号时示波器选择何种耦合方式。

5．示波器在双通道测量时，如何选择触发源。

6．在非周期性信号的测量中，使用 AUTOSET（自动设定）键，是否可使测量波形稳定。

2.2 集成运放的应用

2.2.1 实验目的

（1）了解集成运放的外部特性和使用方法。

（2）掌握集成运放基本应用电路的组成、输入与输出关系及测试方法。

2.2.2 实验仪器与器件

实验仪器：数字示波器，直流稳压电源，函数信号发生器，面包板，数字万用表。

实验器件：μA741 集成电路芯片 2 片、电阻 51Ω 2 只、2kΩ 2 只、1kΩ 2 只、10kΩ 2 只、22kΩ 4 只、100kΩ 2 只、110kΩ 2 只、电位器 10kΩ 2 只。

2.2.3 预习要求

（1）熟悉集成电路芯片 μA741 的引脚图及功能。

（2）掌握集成运放的工作特点。

（3）掌握基本运算电路及单门限比较器的形式及工作原理。

2.2.4 实验原理

1．集成运放简介

集成电路运算放大器（简称集成运放或运放）是一个集成的高增益直接耦合放大器，通过外接反馈网络可构成各种运算放大电路和其他应用电路。集成运放 μA741 的电路符号及引脚图如图 2.2.1 所示。

集成运放均有两个输入端，一个输出端以及正、负电源端。有的运放还有补偿端和调零端等。

（1）电源端：通常是正、负双电源供电，典型电源电压为±15V、±12V 等。例如，μA741 的 7 脚和 4 脚。也可以单电源供电。

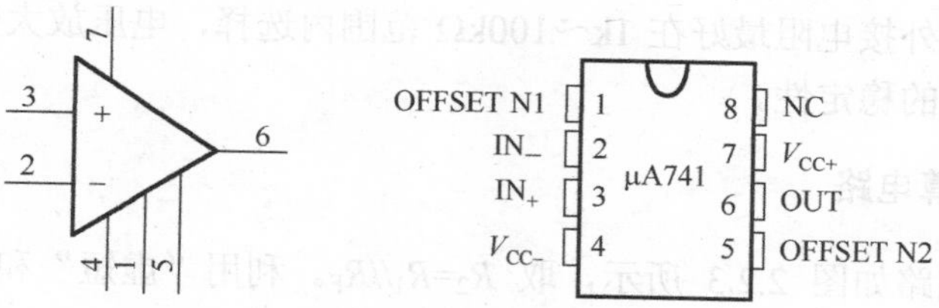

图 2.2.1 μA741 电路符号及引脚图

（2）输出端：只有一个输出端，如 μA741 的 6 脚。在输出端和地（即正、负电源的公共端）之间获得输出电压。最大输出电压受运放所接电源的电压大小限制，一般比电源电压低 1～2V；在允许输出电流条件下，负载变化时输出电压几乎不变。这表明集成运放的输出电阻很小，带负载能力较强。

（3）输入端：分别为同相输入端和反相输入端。例如，μA741 的 3 脚和 2 脚。两输入端的输入电流 I_P 和 I_N 很小，通常小于 1μA，所以集成运放的输入电阻很大。

2. 理想集成运放的特点

在各种应用电路中，集成运放可能工作在线性区或非线性区：一般情况下，当集成运放外接负反馈时，工作在线性区，如本实验中的基本运算电路；当集成运放处于开环或外接正反馈时，工作在非线性区，如本实验中的电压比较器。

在分析各种应用电路时，往往认为集成运放是理想的，即具有以下的理想参数：输入电阻为无穷大、输出电阻为 0、共模抑制比为无穷大及开环电压放大倍数为无穷大。

理想集成运放工作在线性区时的特点为：

$$u_P = u_N \tag{2.2.1}$$

$$i_P = 0 \quad i_N = 0 \tag{2.2.2}$$

分别称为“虚短”和“虚断”。它们是分析理想集成运放线性应用电路的两个基本出发点。

当理想运放工作在非线性区时，“虚短”不再成立，但“虚断”仍然成立。

3. 集成运放的主要参数

集成运放的主要参数有：输入失调电压、输入失调电流、开环差模电压放大倍数、共模抑制比、输入电阻、输出电阻、增益－带宽积、转换速率和最大共模输入电压。其中，增益－带宽积、转换速率和最大共模输入电压是 3 个最重要的参数，在应用集成运放时应特别注意。

4. 反相比例运算电路

反相比例运算电路如图 2.2.2 所示，图中 R_2 称为平衡电阻，取 $R_2=R_1//R_F$。利用“虚短”和“虚断”的特点可求得其电压放大倍数为：

$$A_u = -\frac{R_F}{R_1} \tag{2.2.3}$$

在上述电路中，外接电阻最好在 1k～100kΩ 范围内选择，电压放大倍数限定在 100 内，以保证电压放大倍数的稳定性。

5．同相比例运算电路

同相比例运算电路如图 2.2.3 所示，取 $R_2=R_1//R_F$。利用“虚短”和“虚断”的特点可求得其电压放大倍数为：

$$A_u = 1+\frac{R_F}{R_1} \tag{2.2.4}$$

上述电路中，集成运放的同相输入端和反相输入端电压值均为输入电压值，故同相比例运算电路的共模输入电压即为输入电压。因此要求输入电压的大小不能超过集成运放的最大共模输入电压范围。

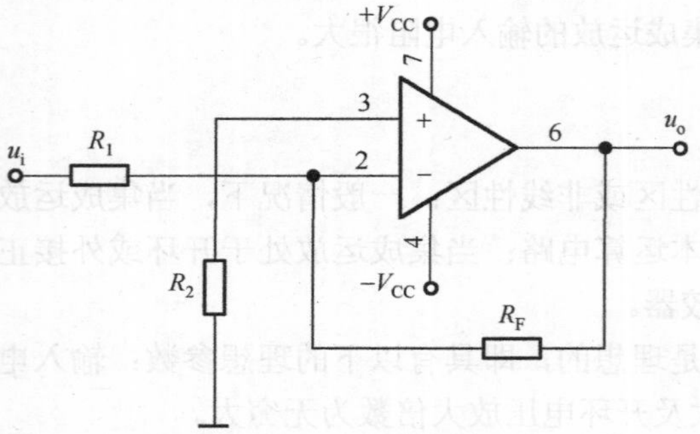

图 2.2.2　反相比例运算电路

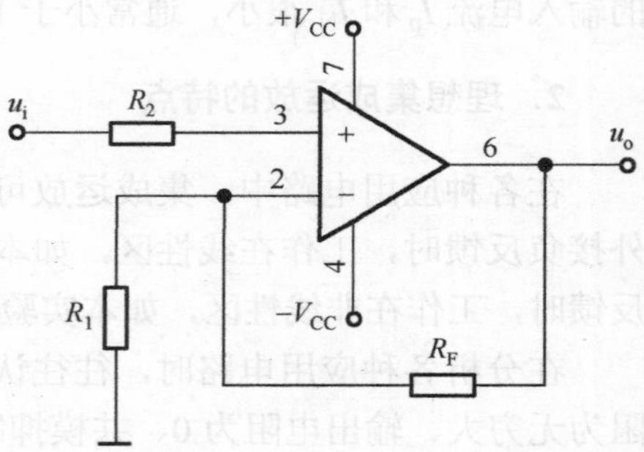

图 2.2.3　同相比例运算电路

6．反相加法运算电路

反相加法运算电路如图 2.2.4 所示，利用“虚短”和“虚断”的特点可求得其输出电压表达式为：

$$u_o = -R_F\left(\frac{u_{i1}}{R_1}+\frac{u_{i2}}{R_2}\right) \tag{2.2.5}$$

7．减法运算电路

减法运算电路如图 2.2.5 所示，取 $R_1=R_2=R$，$R_3=R_F$，利用前面电路的结论可求得其输出电压表达式为：

$$u_o = \frac{R_F}{R}(u_{i2}-u_{i1}) \tag{2.2.6}$$

此电路的外围元件在选择时有一定的要求，为了减少误差，所用元件必须对称。除了要求电阻值严格匹配外，对运放要求有较高的共模抑制比，否则将会产生较大的运算误差。

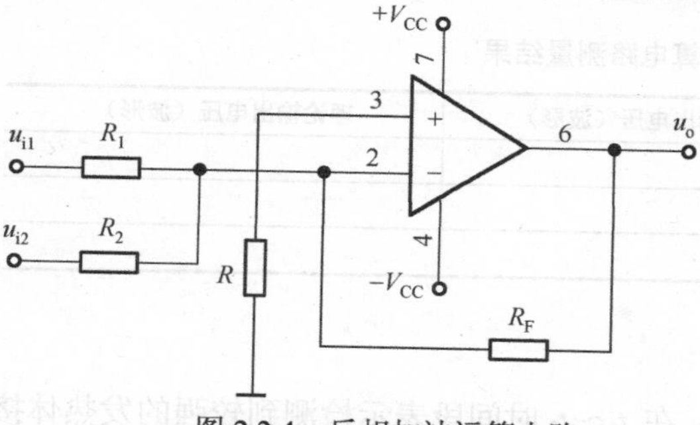

图 2.2.4　反相加法运算电路

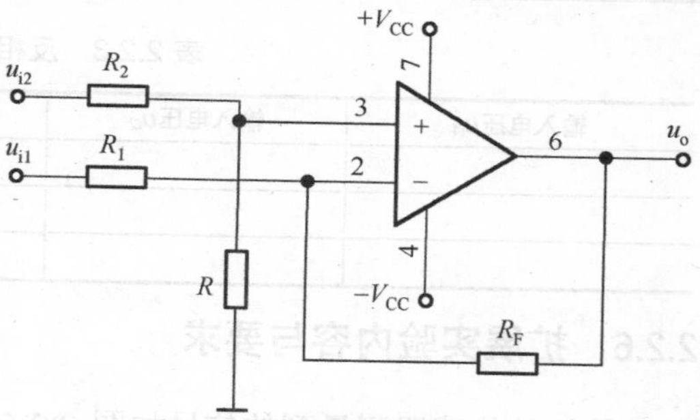

图 2.2.5　减法运算电路

2.2.5　基础实验内容与要求

注意事项：① 在运算电路供电情况下，可通过用万用表测量集成运放的同相、反相输入端电位是否近似相等这一简单方法初步判断电路工作是否正常；② 实验中运放最大输出电压受运放电源电压大小限制，故输出电压不会无限制地增大。

1．反相比例运算电路

1）直流反相比例放大电路

按图 2.2.2 接好实验电路，取 R_1=10kΩ，R_2=10kΩ，R_F=100kΩ，输入一定大小的直流电压信号（可由运放所接正电源及 51Ω、1kΩ 电阻分压电路产生），测量输入电压、输出电压及电压放大倍数，记录于表 2.2.1 中并分析实验结果。

表 2.2.1　直流反相比例放大电路测量结果

输入电压	实测输出电压	实测电压放大倍数	理论电压放大倍数

改变 R_2 的阻值为 100kΩ，通过实验测量电阻不平衡对实验结果的影响。

2）交流反相比例放大电路

保持上述实验电路不变，输入一定幅度和频率的正弦交流信号，观察输出与输入信号之间的相位关系，测量相应的输出电压波形及幅值，记录于表 2.2.2 中并分析实验结果。

表 2.2.2　交流反相比例放大电路测量结果

输入电压幅值	实测输出电压幅值	实测电压放大倍数	理论电压放大倍数

2．反相加法运算电路

按图 2.2.4 接好实验电路，取 R_1=R_2=22kΩ，R_F=110kΩ，R=10kΩ。

（1）同时加入两个正的直流输入电压信号（可由运放所接正电源及 51Ω、1kΩ 电阻分压电路产生），用万用表测量输入、输出电压值，记录于表 2.2.3 中并分析实验结果。

（2）同时加入两个极性不同的直流输入电压信号（可分别由运放所接正、负电源及两组 51Ω、1kΩ 和 51Ω、2kΩ 电阻分压电路产生），记录于表 2.2.3 中并分析实验结果。

（3）同时加入幅值 0.5V、频率 2kHz 的正弦交流电压信号和峰-峰值 2V、频率 1kHz 的方波电压信号，用示波器测量相应的输出电压波形，记录于表 2.2.3 中并分析实验结果。

表 2.2.3　反相加法运算电路测量结果

输入电压u_{i1}	输入电压u_{i2}	实测输出电压（波形）	理论输出电压（波形）

2.2.6　扩展实验内容与要求

某红外传感器测量到的信号如图 2.2.6 所示，在 t_1～t_2 时间段表示检测到较强的发热体接近安全区域，需要对该情况进行报警。采用集成运放设计出该报警电路并进行安装调试，功能要求如下。

（1）对检测到的弱信号进行适当的放大。

（2）采用发光二极管指示报警。

提示：首先将传感器测量到的信号进行电压放大，然后经电压比较器（图 2.2.7）输出，再控制发光二极管指示报警。

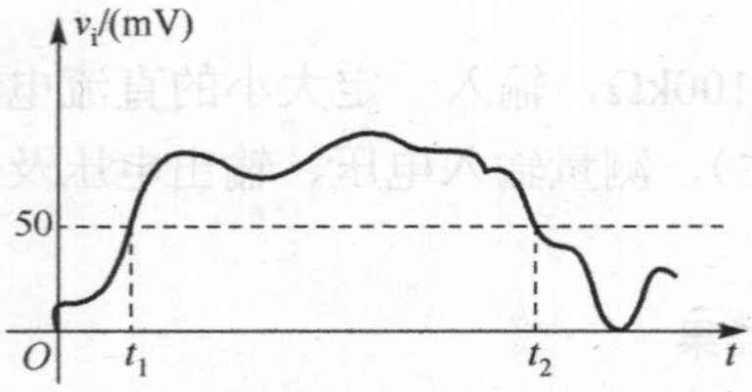

图 2.2.6　红外传感器测量的信号

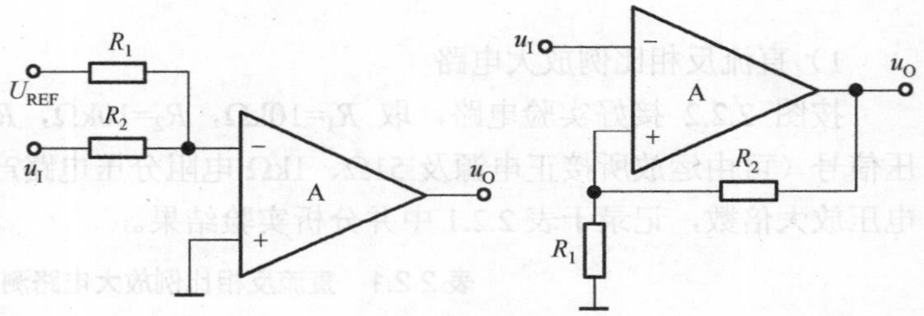

图 2.2.7　电压比较器原理电路

2.2.7　思考题

（1）通过实验分析和比较反相放大电路和同相放大电路之间的异同。

（2）在实验电路供电情况下如何用万用表粗查集成运放的好坏？

（3）实验发现，输出电压达到一定值后不再随 R_F 的增大而增大，且输出交流波形限幅，试说明其原因。

2.3　单管共射放大器

2.3.1　实验目的

（1）了解晶体管的基本特性。

（2）熟悉常用仪器的使用方法。

（3）掌握放大电路的主要技术指标和测试方法。

（4）掌握放大电路技术指标与电路参数的相互关系。

2.3.2　实验仪器与器件

实验仪器：数字示波器，直流稳压电源，函数信号发生器，面包板，数字万用表。

实验器件：晶体管 9013 1 只，耐压 50V、电容 10μF 2 只、100μF 1 只，电位器 6.8kΩ 1 只，电阻 1kΩ 1 只、2kΩ 4 只、15kΩ 1 只。

2.3.3　预习要求

（1）三极管有哪些主要参数？

（2）放大电路有哪些主要参数？

（3）什么是静态工作点，如何测量静态工作点，如何调节静态工作点。

（4）电路放大倍数的定义和测量方法。

（5）输入电阻、输出电阻的测量方法。

（6）最大不失真输出电压的测量方法。

（7）实验电路器件布局。

2.3.4　实验原理

基本放大电路有共射极、共基极、共集电极 3 种构成方式，本次实验采用共射极放大电路，如图 2.3.1 所示。三极管是一个电流控制电流源器件（即 $I_C=\beta I_B$），通过合理设置静态工作点，实现对交流电压信号的放大。

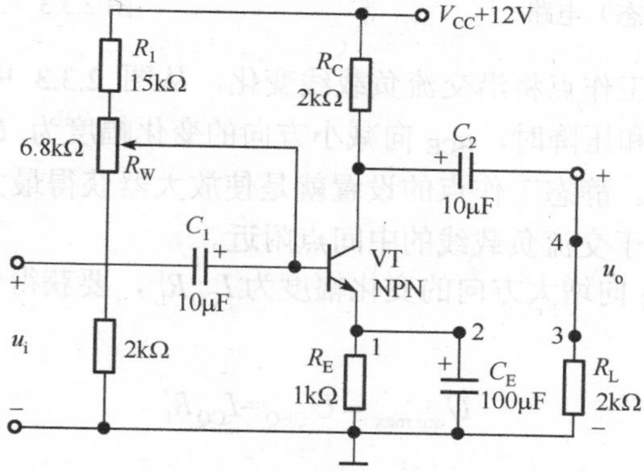

图 2.3.1　单管共射放大器电路

1. 静态工作点的设置

1）什么是静态工作点

静态工作点是指在电路的交流输入信号为零时，电路中各支路电流值和各节点的电压值。图 2.3.1 的直流通路如图 2.3.2 所示。通常直流负载线与交流负载线的交点 Q 所对应的参数 I_{BQ}、I_{CQ}、U_{CEQ} 是主要观测对象，如图 2.3.3 所示，在电路调试过程中，电路参数确定以后，对工作点起决定作用的是 I_B，测量比较方便的是 U_{CE}，通过调节 R_W 改变电流 I_B，通过测量 U_{CE} 判断静态工作点是否合适。Q 点过高易于产生饱和失真，Q 点过低易于产生截止失真。

2）静态工作点的设置原则

由图 2.3.3 可知，静态工作点 Q 的

$$I_{CQ} \approx \left(V_{CC} \frac{R_{w下} + R_2}{R_1 + R_w + R_2} - U_{BEQ} \right) / R_E \tag{2.3.1}$$

$$U_{CEQ} \approx V_{CC} - I_{CQ}(R_C + R_E) \tag{2.3.2}$$

其直流负载线为 $u_{CE} \approx V_{CC} - i_C(R_C + R_E)$，如图 2.3.3 所示。带负载 R_L 时的交流负载线为 $\Delta u_{CE} \approx -\Delta i_C R'_L$，$R'_L = R_C \| R_L$；空载时的交流负载线为 $\Delta u_{CE} \approx -\Delta i_C R_C$。

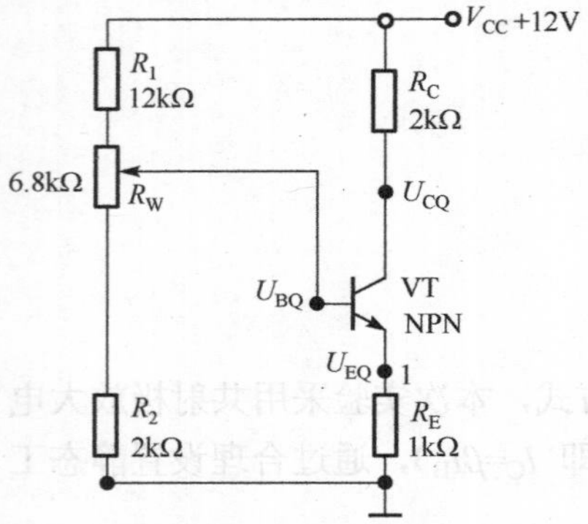

图 2.3.2　单管放大器直流（静态）电路

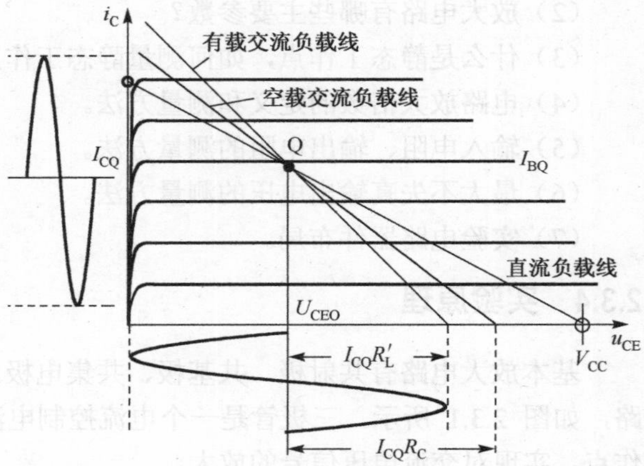

图 2.3.3　工作点示意图

在输入信号变化时，工作点将沿交流负载线变化，从图 2.3.3 中 u_{CE} 的变化规律可以看出：在不考虑三极管的饱和压降时，u_{CE} 向减小方向的变化幅度为 U_{CEQ}，向增大方向的变化幅度取决于带负载的情况。静态工作点的设置就是使放大器获得最大不失真输出电压幅度，其基本原则就是使 Q 点位于交流负载线的中间点附近。

当带负载 R_L 时，u_{CE} 向增大方向的变化幅度为 $I_{CQ}R'_L$，要获得带负载时的最大的不失真输出幅度，则需要

$$U_{om\,max} = U_{CEQ} = I_{CQ}R'_L \tag{2.3.3}$$

由式（2.3.2）、式（2.3.3）可得：

$$U_{CEQ} = U_{om\,max} = V_{CC}\left(1 - \frac{R_C + R_E}{R_C + R_E + R'_L}\right) \tag{2.3.4}$$

由式（2.3.4）可知，放大器的 $U_{om\,max}$ 与静态工作点和负载有关。

2．放大器的电压放大倍数、输入电阻、输出电阻

放大电路的主要参数有电压放大倍数 A_v、输入电阻 R_i、输出电阻 R_o。

$$A_v = \frac{u_o}{u_i} = \frac{-\beta R'_L}{r_{be}} \tag{2.3.5}$$

$$R_i = r_{be} \| (R_1 + R_{w上}) \| (R_2 + R_{w下}) \tag{2.3.6}$$

$$R_o = R_C \tag{2.3.7}$$

式（2.3.5）中，$R'_L = R_C \parallel R_L$，R_C 为集电极电阻，R_L 为负载电阻。

$$r_{be} = 300 + (1+\beta)\frac{26}{I_{EQ}} \tag{2.3.8}$$

由式（2.3.5）、式（2.3.6）、式（2.3.8）可以看出：$I_{BQ}\uparrow \to I_{EQ}\uparrow \to r_{be}\downarrow \to R_i\downarrow \to A_v\uparrow$。

由式（2.3.5）、式（2.3.7）可以看出：$R_C\uparrow \to R_o\uparrow \to A_v\uparrow$。

在负载开路（R_L=∞）时：$R'_L = R_C$。

当旁路电容 C_E 的断开时，电路的电压放大倍数为：

$$A_v = \frac{-\beta R'_L}{r_{be} + (1+\beta)R_E} \tag{2.3.9}$$

$$R_i = [r_{be} + (1+\beta)R_E \parallel (R_1 + R_{w上}) \parallel (R_2 + R_{w下}) \tag{2.3.10}$$

$$R_o = R_C \tag{2.3.11}$$

可见，电路放大倍数 A_v、R_i、R_o 与偏置电阻、静态工作点等有关。

2.3.5　实验内容与要求

1. 不同静态工作点的测量与失真分析

直流电压可以用万用表测量，也可以用示波器测量。通常，万用表的有效位数越多，则测量精度越高，而示波器可以同时测量直流电压和交流电压，比万用表方便，也能够满足一般测量精度要求。

静态工作点测量及输出波形失真分析实验内容如下。

（1）用万用表测量三极管的β值填入表 2.3.1 中。关闭电源输出开关，调节直流电源输出 12V 电压。

（2）按图 2.3.1 连接电路，然后连接实验电路到直流电源，确保电路连接无误，将电位器 R_w 调节至中间点，打开直流电源输出开关，用万用表的直流电压挡测量 U_B、U_E、U_C 的电位，记录测量结果于表 2.3.1 中。

（3）调节信号源输出频率为 1kHz，输出幅度为 20mV 的正弦波交流信号。然后将该信号连接到电路的 U_i 端，用示波器的交流耦合方式观察输出波形 U_o，适当调节信号源输出幅度使输出波形 U_o 不失真，记录波形于表 2.3.1 中。

（4）按照表 2.3.1 的测量顺序 2、3 调节电位器 R_w，用万用表的直流电压挡测量 U_B、U_E、U_C 的电位，用示波器的交流耦合方式观察输出波形 U_o 并且记录于表 2.3.1 中。

表 2.3.1　静态工作点测量及输出波形记录表（β=　　　）

R_w 位于	U_B（测量）	U_E（测量）	U_C（测量）	U_{CE}（计算）	I_C（计算）	I_E（计算）	VT 的工作状态	U_o 波形
1. 中间点								
2. 最上端								
3. 最下端								

注：计算 $U_{CE} = U_C - U_E$，$I_C=(V_{CC} - U_C)/R_c$，$I_E=U_E/R_E$；电压单位 V，电流单位 mA。

实验报告数据分析要求：分析静态工作点对输出波形失真的影响。

2．单管放大电路动态参数测量

1）最佳静态工作点的调整及最大不失真输出电压测量

由于静态工作点会影响放大器的最大不失真输出幅度，因此要获得单管共射放大器的最大不失真输出幅度，为此必须使放大器工作于最佳静态工作点。

可以根据式（2.3.4）估算 U_{CEQ} 来指导静态工作点的调节调整。

最佳静态工作点的调节调整方法如下。

（1）据式（2.3.4）计算电路图 2.3.1 的最佳静态工作点的 $U_{CEQ(计算)}$ 值填入表 2.3.2 中。

表 2.3.2　最大不失真输出电压记录表

测试内容	V_{CC}=12V
$U_{CEQ(计算)}$	
$U_{CEQ(测量)}$	
$U_{om\,max}$	
$U_{EQ(测量)}$	

（2）在实验 1 的基础上，调节 R_w，用万用表直流挡测量 U_{CEQ}，使 U_{CEQ} 等于 $U_{CEQ(计算)}$。

（3）将双踪示波器设置为交流耦合方式，同时观察输入 U_i 和输出信号 U_o 波形，注意 U_i 与 U_o 的相位关系约为 180°，U_o 波形有以下几种情况。

① 当 U_o 没有失真，则适当增大输入信号幅度 U_{im}，使之出现失真，若饱和与截止失真刚刚同时出现，说明 Q 点已经调整到最佳状态了，直接进入第（4）步。否则进入步骤②～④的 Q 点调节。

② 当只出现饱和失真（底部失真）时，则需降低 Q 点，即向下端微调 R_w 至消除失真为止，返回步骤①。

③ 当只出现截止失真（顶部失真）时，则需升高 Q 点，即向上端微调 R_w 至消除失真为止，返回步骤①。

④ 当饱和失真和截止失真均出现时，则适当减小输入信号幅度 U_{im}，若使饱和与截止失真刚刚同时消失，说明 Q 点已经调整到最佳状态了，直接进入第（4）步；否则，若仍然有饱和失真，则返回至步骤②；若仍然有截止失真，则返回至步骤③。

（4）用万用表直流电压挡测量实际最佳 Q 点的 $U_{CEQ(测量)}$ 和 $U_{EQ(测量)}$，测量结果填入表 2.3.2 中，并与 $U_{CEQ(计算)}$ 进行比较；用示波器测量 $U_{om\,max}$，测量结果填入表 2.3.2 中。

示波器测量电压幅度的方法如下。

① 将示波器探头接入被测试点（注意测量线共地），调节示波器的垂直灵敏度 D，使正弦波负峰的扫描轨迹位于示波器某一水平标尺线的中心，读取正峰扫描轨迹的偏移距离 x；则正弦波电压峰值=$xD/2$。

例如，示波器的垂直灵敏度为 2V/格，峰-峰距离为 2.3 格，则

$$U_{om\,max} = 2\text{V/格}\times 2.3\text{ 格}/2 = 2.3\text{V}$$

② 或直接用数字示波器测量被测正弦波电压峰-峰值 $U_{p\text{-}p}$，则其峰值为 $U_{p\text{-}p}/2$。

实验报告数据分析要求：比较 $U_{CEQ(计算)}$、$U_{CEQ(测量)}$ 与 $U_{om\,max}$ 的大小，分析其原因；用实测的 I_{EQ} 计算 r_{be}。

2）动态参数-电压放大倍数的测试原理

图 2.3.1 的放大电路的动态参数测试可以等效为图 2.3.4 所示的电路。其中虚线框内为待测放大器。图中，U_i 放大电路输入电压幅度，U_o 为放大电路带负载时输出电压幅度，U_{oo} 为放大电路负载开路时输出电压幅度。

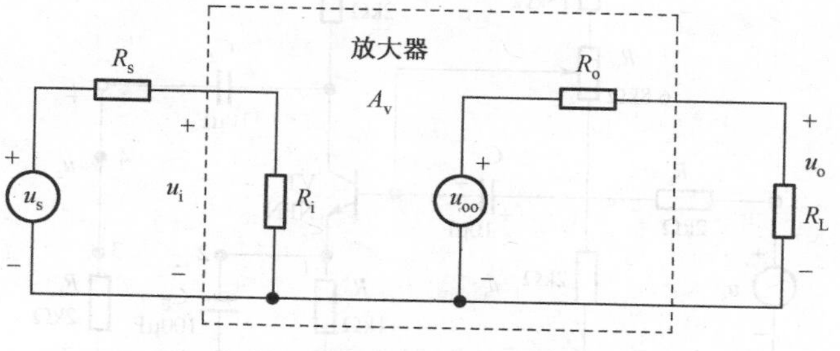

图 2.3.4　测量动态参数的交流等效电路

根据电压放大倍数的定义：

$A_{vo}=U_{oo}/U_i$　　（负载开路时的电压放大倍数）

$A_v=U_o/U_i$　　（带负载时的电压放大倍数）

电压增益的测量方法与步骤如下。

（1）在实验 2 中的 1）的基础上，用示波器同时观测测量 U_i 和 U_o，在调节输入信号 U_i 幅度时，始终保持输入和输出信号不失真，观测输出信号 U_o 幅度变化。

（2）用示波器测量输入信号 U_i 的幅值和输出信号 U_o 的幅值，结果填入表 2.3.3 中。

（3）比较 U_i 和 U_o 的相位关系，测量其相位差，画出 U_i 和 U_o 的对应波形，如果有附加相移，分析说明产生的原因。

表 2.3.3　动态参数- A_v 测量记录表

测试内容	接射极电容 C_E=100μF	
U_i	幅度	波形
U_o	幅度	波形
A_v（计算）= U_o/U_i		
A_v（理论计算）		
U_o 与 U_i 的相位差		

注：A_v 理论计算中的 r_{be} 由表 2.3.2 中的 $U_{EQ(测量)}$ 求出。

实验报告数据分析要求：①分析表 2.3.3 中的 U_i 和 U_o 的相位关系；②分析 A_v 的理论计算与实际测量的误差原因；③分析有无其 C_E 对 A_v 的影响。

3）动态参数-输入电阻的测试原理

电阻的测量采用串联电阻法，测试等效电路如图 2.3.5 所示。对输入电阻的测量方法是：在信号源（其内阻 r_s 很小，可以忽略不计）与放大器之间串联合适（阻值与输入电阻同数量级）的固定电阻 R_s（$R_s \gg r_s$），在输出信号不失真的情况下，测量出 U_s 和 U_i 的正弦波输出幅度，则可计算出输入电阻为：

$$R_i=R_sU_i/(U_s-U_i)$$

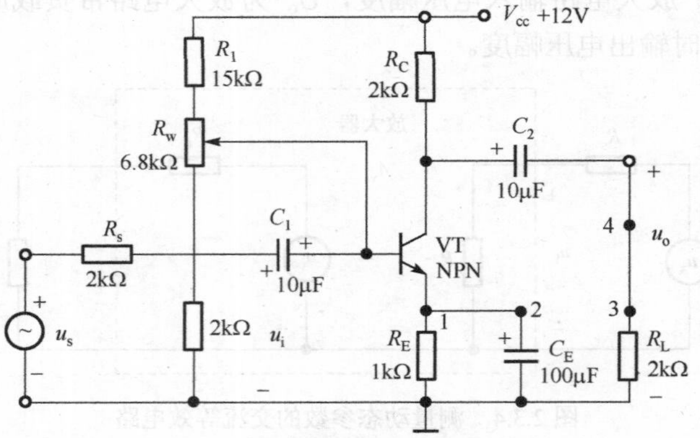

图 2.3.5　测量动态参数的交流等效电路

输入电阻的测量方法与步骤如下。

注意：输出端带负载 R_L，旁路电容 C_E 并联接入至 R_E。

（1）在实验 2 中的 2）的基础上，按等效电路图 2.3.4 增加电阻 R_s 构成如图 2.3.5 所示的电路。

（2）将信号源接至 U_s 端，用示波器同时观测测量 U_i 和 U_o，调节输入信号 U_s 幅度（注意：使 U_i 约为 30mV 左右），使 U_i 和 U_o 均不失真，观测输出信号 U_o 幅度变化。

（3）用示波器测量输入信号 U_i 的幅值和信号源 U_s 的幅值，测量结果填入表 2.3.4 中。

表 2.3.4　动态参数-R_i 测量记录表

测试内容	接射极电容 C_E=100μF
信号源幅度 U_s	
输入幅度 U_i	
$R_i=R_sU_i$ / （U_s-U_i）	

实验报告数据分析要求：与 R_i 理论计算结果进行分析对比，说明原因。

4）动态参数-输出电阻的测试原理

测量输出电阻的测试等效电路如图 2.3.4 所示。测量已知阻值负载 R_L 两端的输出电压 U_o 和负载开路时输出电压 U_{oo} 幅度，则可以计算出放大器的输出电阻为：

$$R_o=R_L(U_{oo}-U_o)/U_o$$

输出电阻的测量方法与步骤如下：

注意测量次序：先测量 U_{oo} 再测量 U_o。

（1）在实验 2 中的 3）的基础上，断开负载电阻 R_L（即断开图 2.3.5 中节点 3、4 间的连接线），在调节输入信号 U_s 幅度时（注意：使 U_i 约 30mV），用示波器同时观测测量 U_i 和 U_o，始终保持 U_i 和 U_o 不失真，观测输出信号的幅度变化，此时的输出幅度为 U_{oo}，用示波器测量 U_{oo} 的幅值，测量结果填入表 2.3.5 中。

（2）然后接上已知负载 R_L（即接通图 2.3.1 中节点 3、4 间的连接线），观测输出信号的幅度变化，此时的输出幅度为 U_o，用示波器测量 U_o 的幅值，测量结果填入表 2.3.6 中。

表 2.3.5 动态参数-R_o 测量记录表

测试条件	接射极电容 C_E=100μF
负载开路 U_{oo}	
带负载 U_o	
$R_o=R_L(U_{oo}-U_o)/U_o$	

表 2.3.6 C_E 影响 A_v 和 R_i 的测量

测试内容	无射极电容 C_E
U_s 幅度	
U_i 幅度	
U_o 幅度	
A_v（计算）$=U_o/U_i$	
A_v（理论计算）	
$R_i=R_sU_i/(U_s-U_i)$	
R_i（理论计算）	

实验报告数据分析要求：与 R_o 理论计算结果进行分析对比，说明原因。

3．扩展实验内容

（1）在 V_{cc}=12V，电容 C_E 开路条件下，重做实验 2 中的 2）、3），研究 C_E 对 A_v 和 R_i 的影响，结果填入表 2.3.6。

（2）在 V_{cc}=12V，负载开路条件下，重做实验 2 中的 2），研究 R_L 对 A_v 的影响，结果填入表 2.3.7 中。

（3）在 V_{cc}=12V，负载开路条件下，重做实验 2 中的 1），研究 R_L 对 U_{ommax} 的影响，结果填入表 2.3.8 中。

表 2.3.7 R_L 影响 A_v 的测量

测试内容	V_{CC}=12V，有射极电容 C_E，负载开路
U_i 幅度	
U_o 幅度	
A_v(计算)$=U_o/U_i$	

表 2.3.8 R_L 影响 U_{ommax} 的测量

测试内容	V_{CC}=12V，负载开路
$U_{CEQ(计算)}$	
$U_{CEQ(测量)}$	
U_{ommax}	

2.3.6 思考题

（1）静态工作点对输入电阻和放大倍数有影响吗？说明理由。

（2）放大电路的最大不失真输出电压幅度和电路的 V_{CC} 有关吗？

（3）电路参数保持不变，提高 V_{CC} 放大倍数将如何变化？

2.3.7 实验中常见问题

（1）如何用数字万用表判断晶体三极管的好坏？

通常，数字万用表的红表笔表示“正极”，黑表笔表示“负极”。

在实际电路中，三极管的偏置电阻一般都比较大，大都在几欧姆至几十千欧姆以上。这样，就可以用万用表的 Ω 挡来在路测量 PN 结的好坏，在路测量时（**注意：需要断开所有交直流电源的供电**），用 R×200Ω 挡测 PN 结应有较明显的正反向特性（如果正反向电阻相差不太明显，可改用 R×2kΩ 挡来测），一般正向电阻在 R×2kΩ 挡测时应指示在 200Ω 左右（不同表型可能略有出入）。如果测量结果正向阻值太大或反向阻值太小，都说明这个 PN 结有问题，这个管子也就有问题了。这种方法对于维修时特别有效，可以非常快速地找出坏管，甚至可以测出尚未完全坏掉但特性变坏的管子。例如，当用小阻值挡测量某个 PN 结正向电阻过大，如果把它焊下来用常用的 R×1kΩ 挡再测，可能还是正常的，其实这个管子的特性已经变坏了，不能正常工作或不稳定了。

（2）如何用数字万用表判断晶体三极管的工作状态？

在实际电路中，要判断晶体三极管的工作状态必须知道其 E、B、C 三只引脚，并且三极管没有损坏。然后利用万用表的直流电压挡测量三个极的直流电压 U_E、U_B、U_C，据此判断其工作状态。以中小功率管的 NPN 硅管为例，在放大状态时，应该有 $U_{BE}≈0.6～0.8V$，$U_{CE}≥1V$；若 $U_{CE}≤0.7V$，则放大管进入了临界饱和状态；若 $U_{CE}≤0.3V$，则放大管进入了深度饱和状态；若 $U_{BE}≤0.6V$，$U_{BC}≤0V$，则三极管工作截止状态。

说明：对于大功率管发射结的导通电压 U_{BE} 和集射之间的饱和压降 U_{CES} 均会有所增加。

2.4　前置放大器的设计

2.4.1　实验目的

（1）理解前置放大器相关概念，理解差模信号与共模信号，学习前置放大器的设计方法。

（2）差分的信号产生与测试；用单运放构成仪表放大器，并进行性能测试。

（3）了解偏置电路设计及共模信号抑制的常用方法。

2.4.2　设计任务与要求

1．设计任务

设计一前置放大器电路，该电路增益可调，输出信号波形完整不失真。

2．设计要求

（1）差模电压增益：A_d=20～22，可调。

（2）差模输入电阻：R_{id}>1MΩ。

（3）共模抑制比：K_{CMR}>70dB。

（4）最大输出电压峰峰值：U_{opp}=20V（电源电压±V_{cc}=±12V）。

2.4.3　预习要求

（1）前置放大器相关的一些概念。

（2）学会阅读 IC 的英文数据手册，理解运放各主要指标特性的含义。

（3）复习运放进行线性放大的相关理论知识，能对输入电阻、输出电阻、共模抑制比 CMRR 及增益进行计算。主要相关概念及公式如下。

差模信号是两个输入电压之差：$u_{id}=u_{i1}-u_{i2}$。

共模信号是两个输入电压的算术平均值：$u_{ic}=(u_{i1}+u_{i2})/2$。

差模电压增益：$A_d=u_{od}/u_{id}=u_{od}/(u_{i1}-u_{i2})$。

共模电压增益：$A_c=u_{oc}/u_{ic}=2u_{oc}/(u_{i1}+u_{i2})$。

根据线性放大电路叠加原理求出总的输出电压：$u_o=A_d u_{id}+A_c u_{ic}$。

共模抑制比：$K_{CMR}=|A_d/A_c|$。

共模抑制比用分贝数（dB）表示：$K_{CMR}=20\lg|A_d/A_c|$ dB 。

（4）根据设计任务和要求，计算有关元器件参数。

2.4.4 电路参考方案设计

前置放大器又称为仪表测量放大器，其主要特点是：输入阻抗高、输出阻抗低、失调及零漂很小、又具有差动输入、单端输出，增益调节方便，高共模抑制比。适用于大共模电压背景下对缓变、微弱的差值信号进行放大。常应用于热电偶、应变电桥、生物电信号的放大。前置放大器可用运放构成，也有专用集成电路。单片集成前置放大器种类很多，如通用型 INA115 等，高精度型 AD624 等，低噪声低功耗型 INA102，可编程型 AD526 等，其特点是体积小，性能指标较高。本设计采用运放构成，分析设计任务可知，该设计可以有多种实现方案，下面给出两种电路结构供参考。

1. 参考方案一

在图 2.4.1 中，A_1 和 A_2 构成常称为输入级或第一级，而 A_3 构造输出级或第二级。依据输入电压约束条件，跨在 R_G 上的电压是 $u_{i1}-u_{i2}$；依据输入电流约束条件，流过电阻 R_3 与流过 R_G 为同一个电流。对于前级输出有：

$$u_{o1}=u_{i1}+\frac{R_3}{R_G}(u_{i1}-u_{i2})=u_{Ic}+\left(\frac{1}{2}+\frac{R_3}{R_G}\right)u_{id} \tag{2.4.1}$$

$$u_{o2}=u_{i1}-\frac{R_{30}}{R_G}(u_{i1}-u_{i2})=u_{Ic}-\left(\frac{1}{2}+\frac{R_{30}}{R_G}\right)u_{id} \tag{2.4.2}$$

应用欧姆定律得到 $u_{o1}-u_{o2}=(R_3+R_G+R_{30})(u_{i1}-u_{i2})/R_G$ ，当 $R_3=R_{30},R_1=R_{10},R_2=R_{20}$ ，则

$$u_{o1}-u_{o2}=-(1+2R_3/R_G)(u_{i1}-u_{i2})=-(1+2R_3/R_G)u_{id} \tag{2.4.3}$$

由 A_1、A_2 构成具有对称结构的差分输入，A_3 是一个差分放大器，用来将差分信号进一步放大，并且实现信号的双入单出转换。当 $R_2/R_1=R_{20}/R_{10}$ 时，有

$$u_{od}=\frac{R_2}{R_1}(u_{o2}-u_{o1}) \tag{2.4.4}$$

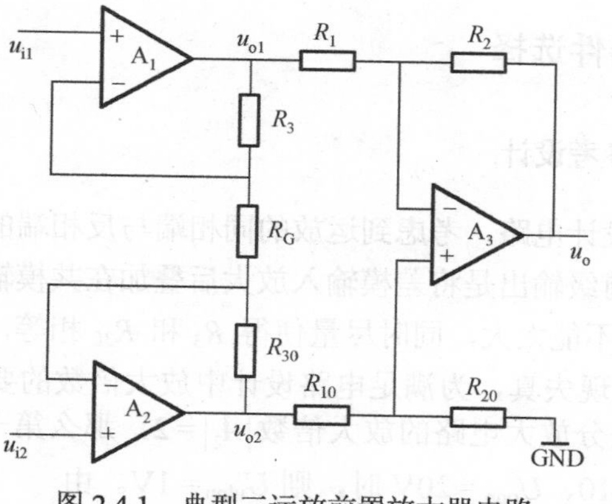

图 2.4.1 典型三运放前置放大器电路

由上述两个式子可得

$$u_{od} = A_d(u_{i2} - u_{i1}) \tag{2.4.5}$$

$$A_d = A_1 \times A_2 = -\left(1 + \frac{2R_3}{R_G}\right) \times \frac{R_2}{R_1} \tag{2.4.6}$$

这表明总增益 A 是第一级和第二级增益 A_1 和 A_2 的乘积。可见增益取决于外部电阻的比值，只有选择合适精度的电阻，放大器增益才能做得很精确。由于 A_1 和 A_2 工作在同相模式，它们的闭环输入电阻极高，并且 A_3 的闭环输出电阻较低。最后，通过适当调节第二级电阻网络中的一个电阻使之平衡和补偿，都能使 K_{CMR} 达到最大，通常要求电阻网络温度特性好，从而使得该电路方案满足设计要求。

2．参考方案二

方案二是用双运算放大器构成的前置放大器电路，如图 2.4.2 所示。与方案一相比它有明显的优点：需要较少的电阻，以及少用一个运算放大器。该方案通常可获得较为严格的电阻匹配，提高其放大性能。但与方案一相比它有一个缺点，方案二是非对称地处理两个输入信号，这是由于 u_1 遇到 u_2 之前必须通过 A_1 延迟。由于这个附加的延时，随着输入信号频率的增加，这两个信号的共模分量不再相互抵消，导致方案二的共模抑制比随频率升高而过早的变坏。相反，方案一中具有较高的对称度，通常在一个较宽的频率范围上保持高的共模抑制比。综合以上分析，在本实验中选用方案一进行设计。

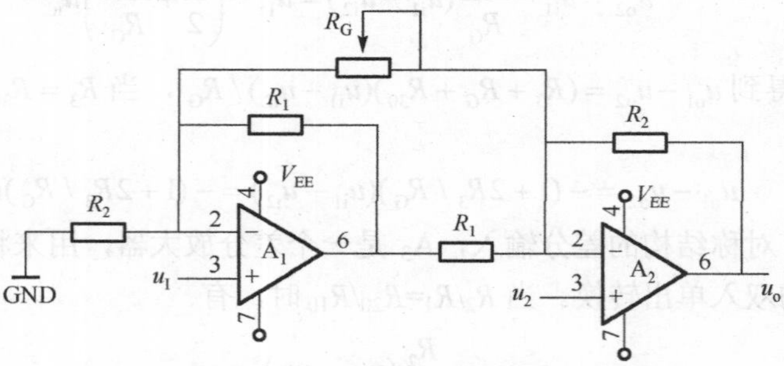

图 2.4.2　双运放构成的前置放大器电路

2.4.5　电路设计与元器件选择

1．前置放大器电路参考设计

根据图 2.4.1 所示来设计电路，考虑到运放的同相端与反相端的电阻平衡和调零，设计电路如图 2.4.3 所示。由于前级输出是将差模输入放大后叠加在共模输入上，为避免各级放大出现饱和失真，前级增益又不能太大，同时尽量使得 R_3 和 R_{30} 相等，A_1 和 A_2 取参数性能一致的运放。为使第一级不出现失真，为满足电路设计中放大倍数的要求，增益分配遵循前高后低的原则，设计第二级差分放大电路的放大倍数$|A_2| = 2$，那么第一级的放大倍数 A_1 范围为 $10 \leqslant |A_1| \leqslant 11$。当$|A_{1\min}| = 10$、$U_{opp} = 20V$ 时，则 $U_{idpp} = 1V$。由

$$1+\frac{2R_3}{R'_{\mathrm{G\,max}}}=1+\frac{2R_3}{R_{\mathrm{G}}+R_6}=10$$

$$1+\frac{2R_3}{R'_{\mathrm{G\,min}}}=1+\frac{2R_3}{R_{\mathrm{G}}}=11$$

$$\frac{R_2}{R_1}=\frac{R_7+R_4}{R_{10}}=2$$

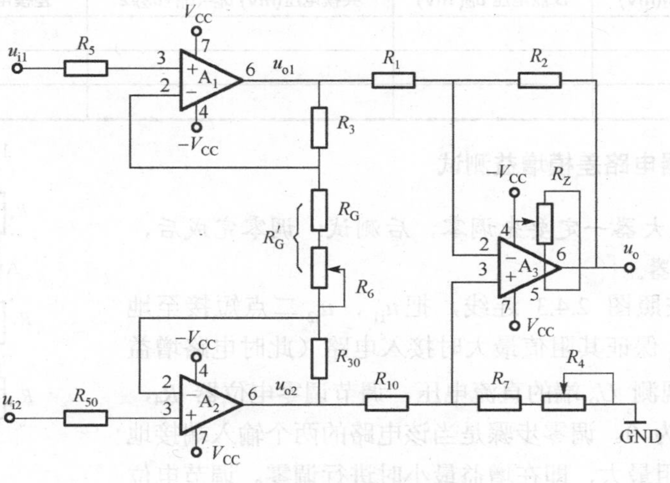

图 2.4.3 前置放大电路

电路参数取值如下，$R_2=100\mathrm{k\Omega}, R_3=R_{30}=51\mathrm{k\Omega}$，$R_{\mathrm{G}}=10\mathrm{k\Omega}$，则 $R_6=1\mathrm{k\Omega}$，$R_1=R_{10}=51\mathrm{k\Omega}$, $R_4+R_7=100\mathrm{k\Omega}$, 其中，取 $R_7=82\mathrm{k\Omega}$，$R_4=30\mathrm{k\Omega}$。平衡电阻 $R_5=R_{50}=5.1\mathrm{k\Omega}$

2. 预备一只微调电阻以优化其共模抑制比

A_3 的对称性直接影响前置放大器的共模抑制比，为解决其不对称问题，在 A_3 的调零端接 51kΩ 的电位器 R_Z，同时在 R_7 处串联一只可调电阻 R_4，用 R_Z 和 R_4 一起配合来调零。（R_Z 实现内部调控，R_4 实现外部调零，供运放无内部调零引脚，则不需要 R_Z）。

2.4.6 实验仪器与器件

实验仪器：数字式万用表，数字示波器，函数信号发生器，直流稳压电源，面包板。

实验器件：μA741 3 片，电阻 10kΩ、82kΩ、100kΩ 各 1 只，电阻 100Ω、1kΩ、5.1kΩ、12kΩ 各 2 只，51kΩ 4 只，电位器 100Ω、30kΩ、51kΩ 各 1 只、1kΩ 2 只。

2.4.7 主要特性参数测试

前置放大器有两个实验内容：第一个是对差模信号、共模信号的测量；第二个是以三运放构成的典型的仪表放大器为例，掌握前置放大器的调零方法，理解其输入输出形式，掌握共模与差模增益的测试方法等，熟悉直流小信号和交流小信号采用双端输入的形式。需要放大的信号是模拟 PT100 温度传感器测温电桥，将图 2.4.4 中串联的 R_9 和 R_{11} 用 PT100 取代即可用来测温。其中，R_8=R_{18}=12kΩ，R_9=R_{19}=R_{11}=100Ω。

1．差模信号与共模信号测量

如图 2.4.4 为一个电桥，通过改变 R_{11} 可以使 A 点的电压改变，测量 A、B 两点的共模电压和差模电压。

表 2.4.1　共模、差模电压测试

组数	A 点电压 u_{i1}(mV)	B 点电压 u_{i2}(mV)	共模电压(mV) $u_{ic}=(u_{i1}+u_{i2})/2$	差模电压(mV)$u_{id}=(u_{i1}-u_{i2})/2$
1				
2				
3				

2．前置放大器电路差模增益测试

注意：前置放大器一定要先调零，后测试；调零完成后，禁止改变调零电位器。

（1）调零：按照图 2.4.3 连线，把 u_{i1}、u_{i2} 二点短接至地点，调可调电阻 R_6 保证其阻值最大时接入电路（此时电路增益最小）。用万用表观测 U_o 端的直流电压，调节调零电位器 R_4，使得 U_o 电压输出为 0。调零步骤是当该电路的两个输入端接地时，使 R_6 可调电阻最大，即在增益最小时进行调零。调节电位器 R_4 使 $R_2/R_1=(R_7+R_4)/R_{10}$，然后调节 R_Z 使输出 u_o 为 0。

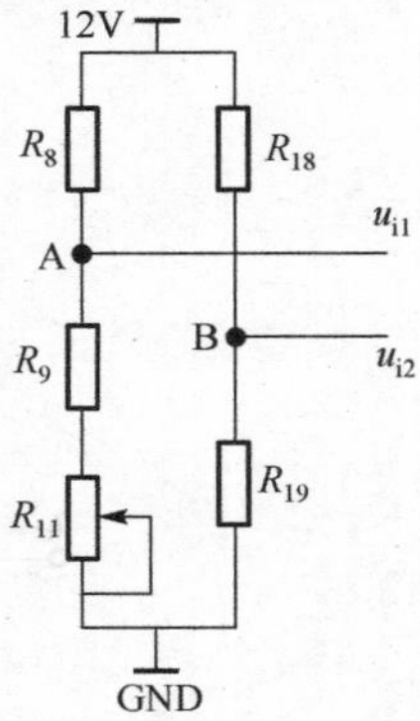

图 2.4.4　差模与共模信号测量

（2）单端输入直流差模放大测试：按照图 2.4.4 和图 2.4.3 连线，并将 u_2 点接地，u_{i1} 作为其中一个输入端，前置放大器为单端输入单端输出形式。调节 R_{11}，用万用表测试 u_{i1} 的输入电压和输出信号电压 u_o 的直流电压。直流测试要求：测量 R_{11} 位于 3 个不同位置时的 u_{i1}、u_{od}，分别将测量结果填入表 2.4.2 中。

表 2.4.2　单端输入直流差模测试

组数	u_{i1} (mV)	u_{i2} (mV)	差模输入电压(mV) $u_{id}=u_{i1}-u_{i2}$	输出电压(mV) u_{od}	差模增益 $A_d=u_{od}/u_{id}$
1		0			
2		0			
3		0			

（3）双端输入直流差模放大测试：按照图 2.4.4 和图 2.4.3 连线，电路构成双端输入单端输出形式，调节 R_{11} 导致电桥不平衡，用万用表测试输入信号 u_{i1}、u_{i2} 和输出信号 u_o 的直流电压。测试要求：测量 R_{11} 位于 3 个不同位置时的 u_{i1}、u_{i2}、u_{od}，分别将测量结果填入表 2.4.3 中。

表 2.4.3　双端输入直流差模测试

组数	U_{i1} (mV)	U_{i2} (mV)	差模输入电压(mV) $u_{id}=u_{i1}-u_{i2}$	输出电压(mV)u_{od}	差模增益 $A_d=u_{od}/u_{id}$
1					
2					
3					

（4）双端输入交流差模测试：按（3）中描述接好线后，将图 2.4.4 中给电桥供电的 12V 直

流电源换成频率为 1kHz、峰峰值为 2V 正弦信号，通过调节可调电阻 R_{11}，改变 u_{i1} 值。用示波器测量 R_{11} 位于 3 个不同位置时的 u_{i1}、u_{i2}、u_{od} 峰-峰值，分别将测量结果填入表 2.4.4 中。

表 2.4.4　双端输入交流差模测试

组数	U_{1pp} (mV)	U_{2pp} (mV)	差模输入电压(mV) $U_{idpp}=U_{i1}-U_{i2}$	输出电压(mV)U_{odpp}	差模增益 $A_d=U_{odpp}/U_{idpp}$
1					
2					
3					

3．前置放大器共模增益测试

按照图 2.4.3 连线，断开放大器与图 2.4.4 电桥电路的连接。将 u_{i1}、u_{i2} 短接，然后接至已知测试信号，构成共模放大形式。此信号频率为 1kHz，峰-峰值可调的正弦波。用示波器观察前置放大器输出端 u_o 波形并测量 U_{ocpp}，填入表 2.4.5 中。

表 2.4.5　共模增益测试

组数	共模电压 $U_{icpp}=U_{1pp}=U_{2pp}$	输出电压 U_{ocpp}	共模增益 $A_c=U_{ocpp}/U_{icpp}$
1	500mv		
2	1V		
3	1.5V		

2.4.8　电路调试及注意事项

（1）注意供电电源的范围，注意正负电源一定要共地线。

（2）分立运放构成典型仪表放大器电路中元器件较多，特别要注意各处元器件不要连错。要学会多用万用表检测各点的电压来判断故障。

（3）三运放组成的前置放大器在应用前一定要调零，即保证电路具有较高的对称性。

2.4.9　设计报告要求

（1）设计的任务和要求。

（2）方案设计和比较，说明所选方案的理由。

（3）电路各部分原理分析、元器件选择和参数计算。

（4）测试结果及分析。

① 对实验过程中获得的 5 个表中数据，要进行理论分析与实验分析。

② 根据表 2.4.4 和表 2.4.5 的测量数据计算该前置放大器的共模抑制比。

③ 总结本设计后的收获、体会；分析设计中存在的问题，提出改进设想或建议。

2.5　OCL 功率放大器

2.5.1　实验目的

（1）掌握 OCL 功率放大器的基本工作原理。

（2）了解 OCL 功率放大器交越失真产生的原因和解决方法。

（3）掌握 OCL 功率放大器的静态和动态调试方法。

2.5.2 实验仪器与器件

实验仪器：数字示波器，直流稳压电源，函数信号发生器，面包板，数字万用表。

实验器件：小功率三极管 9012、9013 各 1 只、中功率三极管 TIP41 2 只、2W 电阻 8Ω 1 只、二极管 IN4148 2 只、耐压 50V、电解电容 10μF 1 只、电阻 100Ω 2 只、300Ω 2 只、10kΩ 1 只、1kΩ 1 只、15kΩ 1 只、1Ω 0.5W 2 只、电位器 1kΩ 1 只、10kΩ 1 只。

2.5.3 预习要求

（1）了解三极管 9012/9013 及 TIP41 的引脚图和用法。

（2）理解 OCL 功率放大器的工作原理。

2.5.4 实验原理

复合三极管构成的准互补对称 OCL 功率放大器如图 2.5.1 所示，三极管 VT_1、VT_3 组成的复合管为 NPN 型，三极管 VT_2、VT_4 组成的复合管为 PNP 型。由于复合管中小功率异型管 VT_1、VT_2 特性参数易于匹配，而大功率的 VT_3、VT_4 为同类型 NPN 管，其特性参数也容易一致，故称为“准互补对称 OCL 功率放大器”。

电阻 R_1、电位器 R_{W1} 和 R_{W2}、二极管 VD_1、VD_2 及电阻 R_2 所组成的支路是两个复合管的基极电压偏置电路，由它确定各个三极管的静态工作状态（截止、临界导通、导通）。为了减小静态功耗并克服交越失真，静态时三极管 VT_1、VT_2 应处于导通状态、三极管 VT_3、VT_4 应处于临界导通状态（微导通状态）。

$$U_{B1B2}=U_{D1}+U_{D2}+U_{RW2}=U_{BE1}+U_{R5}+U_{R4}+U_{EB2}\approx 0.6+0.6+0.6=1.8V。$$

此状态称为“甲乙类工作状态”。

电位器 R_{W2} 用于调整复合管的导通及临界导通状态，一般采用 1kΩ 左右的多圈电位器。安装时应防止 B1、B2 间的电路支路断路（如二极管 VD_1、VD_2 的极性接反）而出现复合管电流过大（为什么？）导致管子烧坏。

如果电路参数及三极管完全对称，电路输出端 O 点的静态电位应为零，但实际上是不可能的，因此，电阻 R_1、电位器 R_{W1} 和电阻 R_2 用于调节电路输出端 O 点的静态电位。此外，R_3、R_4 用于保证 VT_1、VT_2 管的输出对称，一般为几十到几百欧姆；R_5、R_6 用于减小复合管的穿透电流，一般为几十到几百欧姆；R_7、R_8 为输出管 VT_3、VT_4 的发射极电阻，起负反馈作用，用于改善电路的性能。

当电路输入正弦交流信号时，正半周期间，三极管 VT_1、VT_3 导通；负半周期间，三极管 VT_2、VT_4 导通，即一对复合管轮流导通工作，共同完成一个周期的信号输出。对于每个复合管而言，它构成一个共集电极的单管放大电路，其电压放大倍数小于 1 且输出与输入同相（为什么？）。尽管电路输出电压 U_o 的幅度比输入小，但输出电流 I_o 的幅度比输入大很多，因此，输入信号的功率还是被放大了。

在 OCL 功率放大器中，若电源电压为 $\pm V_{CC}$，负载电阻为 R_L，输出电压幅度为 U_{om}，则输出功率为：

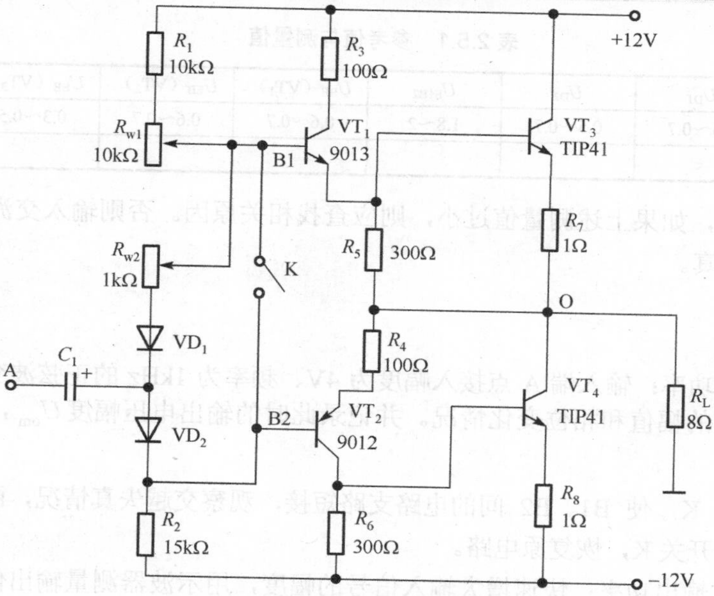

图 2.5.1　OCL 功率放大器实验电路图

$$P_o = \frac{1}{2}U_{om}^2 / R_L \tag{2.5.1}$$

$$\eta = \frac{\pi}{4} \cdot \frac{U_{om}}{V_{CC}} \tag{2.5.2}$$

2.5.5　基础实验内容与要求

按照图 2.5.1 所示的电路图安装实验电路，在进行电路调试之前应注意以下几个问题。

① 电位器 R_{W2} 安装时暂时用一个 1kΩ 的固定电阻代替接入到电路中。

② 首先安装正、负电源、电阻 R_1、电位器 R_{W1}、电位器 R_{W2}、二极管 VD_1、VD_2 和电阻 R_2 所构成的偏压支路，然后通电用万用表分别测量二极管 VD_1、VD_2 的电压是否在 0.5V 到 0.7V 之间，以便确认二极管的极性没有接错，如果二极管的极性接反了而未发现，继续安装三极管，则通电后很容易烧坏三极管（为什么？）。

③ 电路安装完毕后，在不加入输入信号的情况下进行试通电：通电后立即用手触摸三极管 VT_3、VT_4，如果感觉到管子开始逐渐发烫应立即断电，找出故障原因，正常情况下长时间都不应发烫。

1. 静态调试

（1）输出端 O 点电位 U_o 的调整：为了使输出交流波形的正、负半周对称，调节电位器 R_{W1}，使 O 点电位 U_o 基本为零（如果偏离零点太大，则可能导致 VT_3、VT_4 中的一个三极管发烫）。

（2）三极管“甲乙类工作状态”的调整：用万用表分别测量二极管 VD_1、VD_2 两端电压、B1、B2 间电压和三极管 VT_1～VT_4 的 B-E 间电压，参考值如表 2.5.1 所示，将各测量值填入表 2.5.1 中。

表 2.5.1　参考值与测量值

	U_{D1}	U_{D2}	U_{B1B2}	U_{BE}（VT_1）	U_{EB}（VT_2）	U_{BE}（VT_3）	U_{BE}（VT_4）
参考值（V）	0.5～0.7	0.5～0.7	1.8～2	0.6～0.7	0.6～0.7	0.3～0.5	0.3～0.5
测量值（V）							

与参考值比较，如果上述测量值过小，则应查找相关原因。否则输入交流信号时，输出波形会产生交越失真。

2．动态调试

（1）测量输出功率：输入端 A 点接入幅度为 4V、频率为 1kHz 的正弦波交流信号，用示波器观察输出信号的幅值和相位变化情况。并记录此时的输出电压幅度 U_{om}，计算出输出功率 P_o 和效率 η。

（2）闭合开关 K，使 B1、B2 间的电路支路短接，观察交越失真情况，画出交越失真时的输出波形。断开开关 K，恢复原电路。

（3）测量最大输出功率：快速增大输入信号的幅度，用示波器测量输出信号的最大不失真电压幅值，并迅速将输入电压幅度减小到 4V，以避免输出信号长时间过大时功放管温度过高而损坏。计算出最大输出功率 P_{om} 和最高效率 η_{max}。

2.5.6　扩展实验内容与要求

把上述电路中 1kΩ 的固定电阻还原为 1kΩ 的电位器 R_{W2}，输入端接入幅度为 4V、频率为 1kHz 的正弦波交流信号，不断调节电位器 R_{W2}，用示波器观察输出信号交越失真的变化情况。

2.5.7　思考题

（1）分析 OCL 功率放大器输出端 O 点电位偏离零点的原因，给出相应的调节方法。

（2）二极管 VD_1、VD_2 在输入正弦信号的正、负半周分别导通，对吗？

（3）图 2.5.1 所示 OCL 功率放大器的输出波形在输入信号过大时会出现顶部和底部失真，试分析其原因。

2.6　多级放大与负反馈放大器

2.6.1　实验目的

（1）掌握多级放大器放大倍数与各级放大倍数的关系。

（2）学习在放大电路中引入负反馈的方法。

（3）通过实验测试掌握负反馈对放大器动态特性的影响。

2.6.2　实验仪器及器件

实验仪器：直流稳压电源、函数发生器、数字示波器、万用表。

实验器件：晶体管 9013 2 只，电阻 100Ω 3 只、2kΩ 6 只，电阻 1kΩ、3kΩ、10kΩ、20kΩ、33kΩ、1MΩ 各 1 只，电位器 1MΩ 1 只，耐压 25V 的电解电容 10μF 4 只、100μF 2 只。

2.6.3　预习要求

（1）复习有关多级放大器及负反馈放大器的内容。

（2）假设实验中调整 R_{W1} 使 I_{CQ1}=1.0mA，估算电路图 2.6.1 放大器的静态工作点（$\beta\approx 200$，$r_{bb}\approx 300\Omega$，$U_{BE}\approx 0.7V$）填入表 2.6.1 中。

（3）计算开环时两级放大电路的放大倍数、输入电阻、输出电阻填入表 2.6.3 中。

（4）按深度负反馈估算负反馈放大电路的闭环电压放大倍数 A_{uuf}，填入表 2.6.5 中，R_{W2} 分别取 1kΩ，2kΩ。

2.6.4　实验原理

1．多级放大器

多级放大器的放大倍数

$$A_{un} = A_{u1} \bullet A_{u2} \bullet \cdots \bullet A_{un}$$

但要注意多级放大器级联时，后级放大器是前级放大器的负载，计算时要将后级的输入电阻当成前级的负载电阻。

多级放大器的输入电阻就是第一级放大器的输入电阻，而输出电阻就是最后一级的输出电阻。即：

$$R_i = R_{i1} \qquad R_o = R_{on}$$

2．负反馈放大器

1）负反馈类型及判定

根据输出端反馈信号的取样方式的不同和输入端信号的叠加方式的不同：负反馈可分为 4 种基本的组态：电压串联负反馈、电压并联负反馈、电流串联负反馈、电流并联负反馈。

判断反馈放大器的类型主要抓住 3 个基本要素。

（1）反馈的极性，即正反馈还是负反馈，可用瞬时极性法判断，反馈使净输入减小为负反馈，使净输入增强为正反馈。

（2）电压反馈还是电流反馈，决定于反馈信号在输出端的取出方式。

（3）串联反馈还是并联反馈，决定于反馈信号与输入信号的叠加方式，以电压方式叠加为串联反馈，以电流方式叠加为并联反馈。

2）负反馈对放大电路性能的影响

负反馈虽然使放大器的放大倍数降低，但能在多方面改善放大器的动态参数，如稳定放大倍数，改变输入、输出电阻，减小非线性失真和展宽频带等。

负反馈使放大器的放大倍数下降

闭环放大倍数：$A_f = \dfrac{A}{1+AF}$

式中，A 是开环放大倍数；F 是反馈系数；$1+AF$ 称为反馈深度。注意式中 A、F、A_f 根据反馈类型的不同，其物理意义不同，量纲也不同。

负反馈提高放大电路的稳定性

$$\frac{dA_f}{A_f} = \frac{1}{1+AF} \cdot \frac{dA}{A}$$

式中，(dA_f/A_f）是闭环放大倍数的相对变化量，（dA/A）是开环放大倍数的相对变化量。

串联负反馈使输入电阻增加：$R_{if} == (1+AF)R_i$。

并联负反馈使输入电阻减小：$R_{if} = \dfrac{R_i}{1+AF}$。

电压负反馈使输出电阻减小：$R_{of} = \dfrac{R_o}{1+AF}$。

电流负反馈使输出电阻增大：$R_{of} = (1+AF) \cdot R_o$。

负反馈使上限截止频率提高：$f_{Hf} = (1+AF) \cdot f_H$。

使下限截止频率下降：$f_{Lf} = f_L/(1+AF)$，从而展宽频带负反馈还可以减小放大器的非线性失真。

3）深度负反馈电路放大倍数的计算

深度负反馈时，$|1+AF| >> 1$，所以闭环放大倍数 $A_f \approx \dfrac{1}{F}$

注意式中 A、F、A_f 根据反馈类型的不同，其物理意义不同，量纲也不同。

对于电压串联负反馈，A、F、A_f 都是电压之比，所以其闭环电压放大倍数为：

$$A_{uuf} \approx \frac{1}{F_{uu}}$$

4）实验电路

本次实验以两级阻容的电压串联负反馈放大电路为例，分析多级放大电路以及引入负反馈后对电路性能的影响，电路如图 2.6.1 所示。

R_{W2} 的 P2 端接 P0，与 P1 断开，电路处于开环状态（切断反馈信号，但保留反馈回路的负载作用），各级的动态参数如下。

第二级放大器：

$$R_{i2} = R_{B21} \parallel R_{B22} \parallel [r_{be2} + (1+\beta_2)R_{E21}]$$

$$R_{O2} \approx R_{C2} \parallel (R_{W2} + R_1) \approx R_{C2}$$

$$A_{u2} = -\frac{\beta[R_{C2} \parallel R_L \parallel (R_{W2} + R_1)]}{r_{be2} + (1+\beta_2)R_{E21}}$$

第一级放大器：

$$R_{i1} = (R_{B1} + R_{W1}) \parallel [r_{be1} + (1+\beta_1)(R_E \parallel R_{W2})] \approx r_{be1} + (1+\beta_1)R_E$$

$$R_{O1} \approx R_{C1}$$

$$A_{u1} = -\frac{\beta_1(R_{C1} \parallel R_{i2})}{r_{be1} + (1+\beta_1)R_E}$$

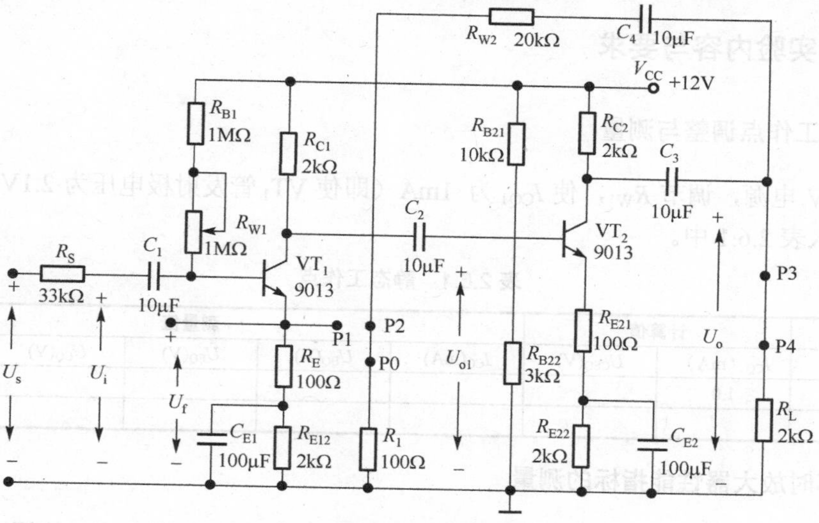

图 2.6.1　多级放大与电压串联负反馈电路

电路构成的两级放大器，其参数为：

$$R_i = R_{i1}$$

$$R_O = R_{O2} \approx R_{C2}$$

$$A_u = A_{u1} \cdot A_{u2}$$

R_{W2} 的 P2 端接 P1，与 P0 断开，R_{W2} 引入电压串联负反馈，电路处于闭环状态，分析如下。

反馈系数：$F_{uu} = \dfrac{U_f}{U_o} \approx \dfrac{R_E}{R_E + R_{W2}}$

闭环电压放大倍数 A_{uuf} 的估算：

$$A_{uuf} = \frac{U_o}{U_i} = \frac{A_u}{1 + A_u \cdot F_{uu}}$$

深度负反馈时，闭环电压放大倍数 A_{uuf} 估算：

$$A_{uuf} \approx \frac{1}{F_{uu}} \approx 1 + \frac{R_{W2}}{R_E}$$

闭环输入电阻 R_{if}:

$$R_{if} = R_i(1 + A_u F_{uu})$$

闭环输出电阻 R_{of}:

$$R_{of} = \frac{R_o}{1 + A_u F_{uu}}$$

式中，R_i 是开环输入电阻；R_o 是开环输出电阻，A_u 是带负载 R_L 时的开环电压放大倍数。

2.6.5　基础实验内容与要求

1．静态工作点调整与测量

接通 12V 电源，调节 R_{W1}，使 I_{CQ1} 为 1mA（即使 VT_1 管发射极电压为 2.1V），将各级静态工作点填入表 2.6.1 中。

表 2.6.1　静态工作点

	计算值		测量值				
	I_{CQ}（mA）	U_{CEQ}(V)	I_{CQ}(mA)	U_{BQ}(V)	U_{EQ}(V)	U_{CQ}(V)	U_{CEQ}(V)
第一级	1.0						
第二级							

2．开环时放大器性能指标的测量

将电路开环（R_{W2} 选 20kΩ电阻，P2 接 P0，与 P1 断开），接通负载（接通 P3、P4），使电路工作在开环、带负载工作状态。

参照 2.2 节单管放大器实验中介绍的方法，测量开环情况下，电路的中频电压放大倍数 A_{uu}，输入电阻 R_i，输出电阻 R_o。

（1）以 f = 1kHz，幅度 U_s =20mV 的正弦信号（实际信号幅度以输出端不失真，且便于测量为准）输入放大器，负载 R_L 接通，用示波器监视输出波形 U_o，在 U_o 不失真的情况下，用数字示波器测量开环情况下 U_s、U_i、U_{o1}、U_o，填入表 2.6.2 中。

（2）断开负载 R_L，在输出不失真的情况下，测量空载时的 U_o'，填入表 2.6.2 中。

表 2.6.2　参数测量数据（R_{W2}=20kΩ）

	U_s(mV)	U_i(mV)	U_{o1}(V)	U_o(V)	U_o'(V)
开环					
闭环					

分析计算：根据实测值，计算出电压放大倍数及输入电阻、输出电阻，并填入表 2.6.3 中。

表中：$A_{u1}=\dfrac{U_{o1}}{U_i}$　　$A_{u2}=\dfrac{U_o}{U_{o1}}$　　$A_{uu}=\dfrac{U_o}{U_i}$　　$R_i=\dfrac{U_i}{U_s-U_i}R_s$　　$R_o=\dfrac{U'_o-U_o}{U_o}R_L$

表 2.6.3　放大器动态参数计算（R_{W2}=20kΩ）

	理论值					实测值				
动态参数	A_{u1}	A_{u2}	A_{uu}	R_i(kΩ)	R_o(kΩ)	A_{u1}	A_{u2}	A_{uu}	R_i(kΩ)	R_o(kΩ)
开　环										
闭　环										
结果分析	$1+A_{uu}F_{uu}$		A/A_f	R_{if}/R_i	R_o/R_{of}	$1+A_{uu}F_{uu}$		A/A_f	R_{if}/R_i	R_o/R_{of}
反馈深度										

3．闭环时负反馈放大器性能指标的测量

将 R_{W2}（=20kΩ）的 P2 端与 P1 接通（与 P0 断开），使 R_{W2} 引入负反馈，适当加大输入

信号 U_s（约 50mV，实际信号幅度以输出端不失真，且便于测量为准），在输出波形不失真的情况下，参照开环时参数测量方法，测试闭环参数填入表 2.6.2 中。

按照同样的办法计算 A_{uuf}、R_{if}、R_{of}，根据实验结果，计算电路参数填入表 2.6.3 中。

计算反馈深度 $|1+A_{uu}\cdot F_{uu}|$ 时，反馈系数：$F_{uu}=\dfrac{U_f}{U_o}\approx\dfrac{R_{E1}}{R_{E1}+R_{W2}}$。

计算反馈深度的理论值时，$|1+A_{uu}\cdot F_{uu}|$ 中的 A_{uu} 为按公式计算的结果。

计算反馈深度的实测值时，$|1+A_{uu}\cdot F_{uu}|$ 中的 A_{uu} 为实测的开环放大倍数。

分析实验结果：A_{uuf} 与 A_{uu}，R_{if} 与 R_i，R_{of} 与 R_o 的比值，是否符合 $|1+AF|$ 倍关系。

4．观察负反馈对非线性失真的改善

以下测试保持 R_L 不变。

（1）将 R_{W2} 断开，在开环情况下，输入端加入 1kHz 的正弦信号，输出端接示波器。逐渐增大输入信号的幅度，使输出信号出现失真，记下此时的输出波形和输出电压幅度。

（2）R_{W2} 接通，在闭环情况下，增大输入信号的幅度，使输出电压的幅度与上面记录的幅度相同，记录输出波形，比较有负反馈时输出电压波形的变化。

2.6.6　扩展实验内容及要求

1．测量通频带

（1）R_{W2} 断开，在带负载且输出不失真的情况下，保持输出电压 U_o 的值不变，改变信号发生器的输出频率，找出开环情况下的上、下限频率 f_L 和 f_H，填入表 2.6.4 中。

表 2.6.4　通频带测量

	f_L (kHz)	f_H (kHz)	f_{BW} (kHz)
开环放大器			
负反馈放大器			
反馈深度			

（2）将 R_{W2}（=20 kΩ）的 P2 端与 P1 接通（与 P0 断开），使 R_{W2} 引入负反馈，适当加大输入信号 U_s（约 50mV，实际信号幅度以输出端不失真，且便于测量为准），在输出波形不失真的情况下，参照开环参数的测量方法，测试闭环参数填入表 2.6.4 中，如果 f_{Hf} 的值大于 1MHz，超过低频信号发生器的输出频率范围，则记为≥1MHz 。

2．不同反馈深度的放大倍数测试

将 R_{W2} 换成 1kΩ，2kΩ，参照实验内容 2.6.5 中 2、3 的方法，分别测量闭环放大倍数，与估算结果比较，结果记录于表 2.6.5 中。

R_{W2}=2kΩ，将电路中 R_{E21} 短路，再测量一次闭环放大倍数，与估算结果比较，结果记录于表 2.6.5 中。

表 2.6.5 不同反馈深度的参数测量数据

R_{W2}	A_{uf}估算值	U_i(mV)	U_o(V)	A_{uf}实测结果
1kΩ				
2kΩ				
2kΩ（R_{E21}短路）				

2.6.7 思考题

（1）分析表 2.6.3 中多级放大器的放大倍数与理论计算值相符吗？分析可能的误差原因。

（2）分析表 2.6.3 中反馈深度|1+*AF*|等于多少？试分析输入电阻、输出电阻、电压放大倍数的开环参数与闭环参数的关系是否与理论相符，分析可能的误差原因。

（3）* 分析表 2.6.4 中闭环带宽与开环带宽是否与理论相符，分析可能的误差原因。

（4）* 分析表 2.6.5 中深度负反馈的实测结果与估算值是否相符，分析可能的误差原因，表 2.6.5 最后一行的实测值与估算值的差别为何比第二行的小。

（5）如果输入信号存在失真，能否用负反馈改善？

2.7 音调控制电路设计

2.7.1 实验目的

（1）了解滤波器概念。

（2）掌握音调控制电路的设计及测试方法。

2.7.2 设计任务与要求

设计一音调控制电路，其中，中频 1kHz，低音转折频率 100Hz(±12dB)，高音转折频率 10kHz(±12dB)。

2.7.3 预习要求

（1）熟悉集成电路芯片 μA741 的引脚图及功能。

（2）熟悉音调控制电路的三种类型。

（3）掌握音调控制电路相关参数的计算。

2.7.4 电路参考方案设计

音调控制电路大致可分为三大类：①衰减式音调控制电路；②（晶体管、运放）负反馈音调控制电路；③衰减-负反馈混合式音调控制电路。电路一般使用高音、低音两个调节电位器；但在少数普及型机中，也有用一个电位器兼作高低音音调控制电路的。这里说的提升和衰减，仍然相对于中音频而言。所谓提升，就是比中音频的衰减要小一些。所谓衰减，就是比中音频的衰减还要大一些。一个良好的音调控制电路，要有足够的高、低音调节范围，但又同时要求高、低音从最强到最弱的整个调节过程中，中音信号不发生明显的幅度变化，以保证基本语音不变。

音调控制器主要是控制、调节音响放大器的幅频特性使声音变得更好听一些。图 2.7.1 是音调控制器的幅频特性曲线，其中 f_{L1} 表示低音频转折频率，一般为几十赫兹，f_{L2}（等于 10 f_{L1}）表示低音频区的中音频转折频率，f_{H1} 表示高音频区的中音频转折频率，f_{H2}（等于 10 f_{H1}）表示高音频转折频率，一般为几十千赫兹。

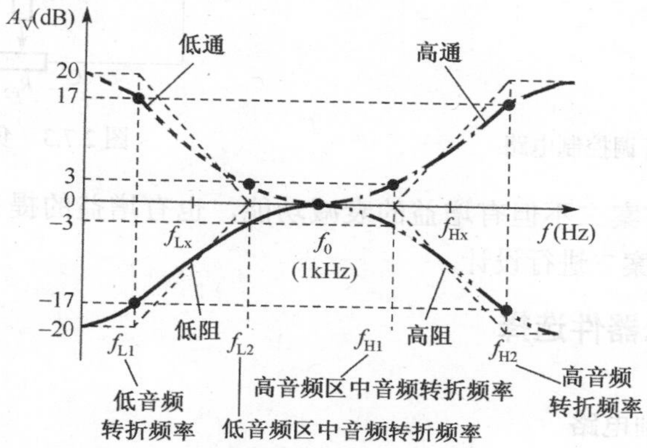

图 2.7.1　音调控制器的幅频特性曲线图

以 f_0=1kHz 为音响的中音频率，设其增益为 0 dB；f_{L1} 低音转折频率（截止频率），其增益为±17dB；f_{L2} 低音频区中音转折频率，其增益为±3dB；f_{H1} 高音频区中音转折频率，其增益为±3dB；f_{H2} 高音转折频率（截止频率），其增益为±17 dB。

可见音调控制器只对低音频与高音频的增益进行提升与衰减，中音频的增益保持 0dB 不变。因此，音调控制器的电路可由低通滤波器与高通滤波器构成。

1．参考方案一　衰减式音调控制电路

典型电路如图 2.7.2 所示。C_1、C_2、R_4 构成高音调节器，R_1、R_2、C_3、C_4、R_5 构成低音调节器。R_4 旋到 A 点时高音提升，旋到 B 点时高音衰减。R_5 旋到 C 点时低音提升，旋到 D 点时低音衰减。组成音调电路的元件值必须满足下列关系：$R_1 \geqslant R_2$；R_4 和 R_5 的阻值远大于 R_1、R_2；与有关电阻相比，C_1、C_2 的容抗在高频时足够小，在中、低频时足够大；而 C_3、C_4 的容抗则在高、中频时足够小，在低频时足够大。C_1、C_2 能让高频信号通过，但不让中、低频信号通过；而 C_3、C_4 则让高、中频信号都通过，但不让低频信号通过。只有满足上述条件，衰减式音调控制电路才有足够的调节范围，并且 R_4 和 R_5 分别只对高音、低音起调节作用，调节时中音的增益基本不变，其值约等于 R_2/R_1。

2．参考方案二　负反馈音调控制电路

典型电路如图 2.7.3 所示。设电容 C_1=$C_2 \gg C_3$，在中、低音频区，C_3 可视为开路，在中、高音频区，C_1、C_2 可视为短路。负反馈音调控制电路只改变电路频率响应特性曲线的转折频率，而不改变其斜率。负反馈式音调控制电路可以很好地补偿音响系统的频率失真，而且适应于人耳的听觉特性。

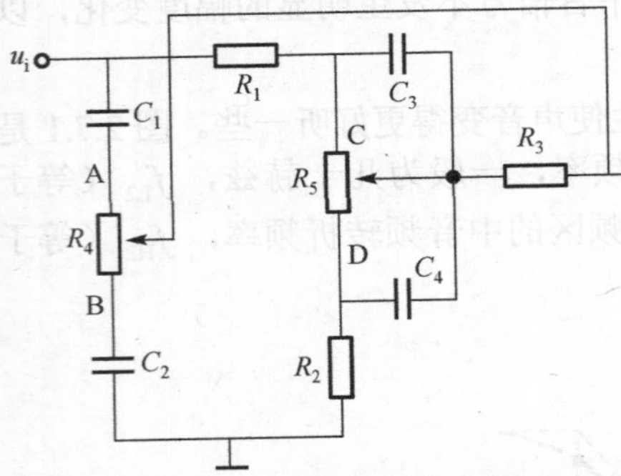

图 2.7.2　衰减式音调控制电路

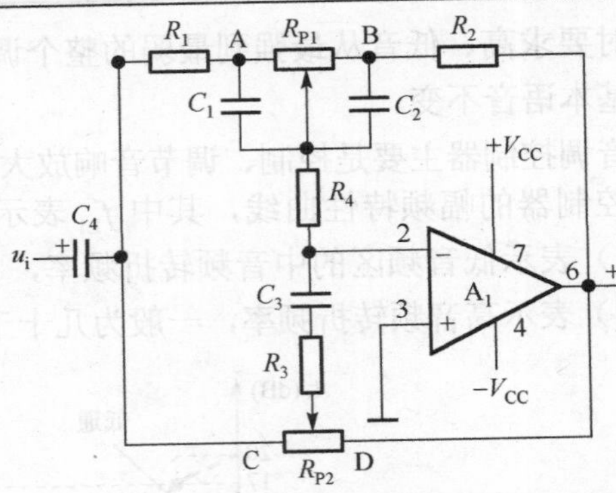

图 2.7.3　负反馈音调控制电路

通过分析比较，方案二不但有增益的衰减功能，也有增益的提升功能，比方案一更优越。在本实验中选用方案二进行设计。

2.7.5　电路设计与元器件选择

1．负反馈音调控制电路

（1）当 $f<f_0$ 时，当 R_{P1} 的滑臂在最左端时，对应于低频提升最大的情况，如图 2.7.4 所示。当 R_{P1} 滑臂在最右端时，对应于低频衰减最大的情况，如图 2.7.5 所示。

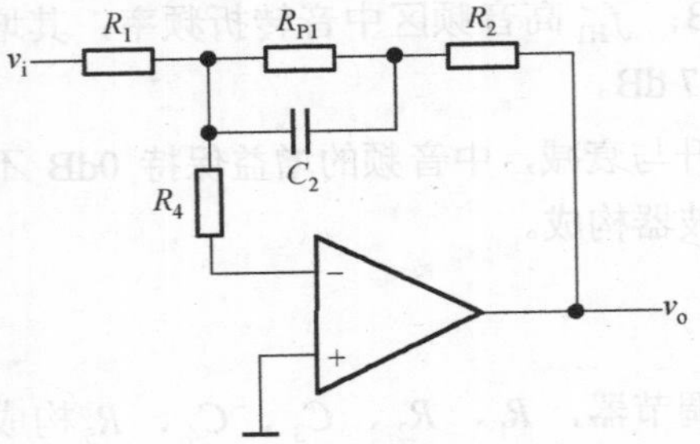

图 2.7.4　低频提升

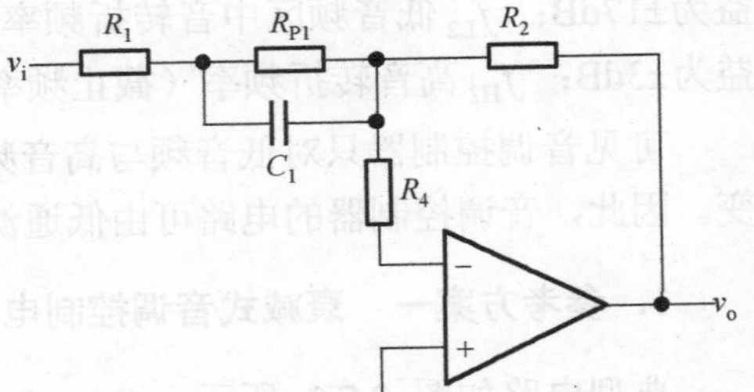

图 2.7.5　低频衰减

对图 2.7.4 进行分析，所示电路是一个一阶有源低通滤波器，其增益函数的表达式为：

$$\dot{A}(j\omega)=\frac{\dot{V}_o}{\dot{V}_i}=-\frac{R_{P1}+R_2}{R_1}\cdot\frac{1+(j\omega)/\omega_2}{1+(j\omega)/\omega_1} \tag{2.7.1}$$

其中：

$$\omega_1=1/(R_{P1}C_2)\text{ 或 }f_{L1}=1/(2\pi R_{P1}C_2) \tag{2.7.2}$$

$$\omega_2=(R_{P1}+R_2)/(R_{P1}R_2C_2)\text{ 或 }f_{L2}=(R_{P1}+R_2)/(2\pi R_{P1}R_2C_2) \tag{2.7.3}$$

① 当 $f<f_{L1}$ 时，C_2 可视为开路，运算放大器的反向输入端视为虚地，R_4 的影响可以忽略，此时电压增益：

$$A_{VL}=-(R_{P1}+R_2)/R_1 \tag{2.7.4}$$

② 在 $f=f_{L1}$ 时，因为 $f_{L2}=10f_{L1}$，故可由式（2.7.1）得：

$$\dot{A}_{V1}=-\frac{R_{P1}+R_2}{R_1}\cdot\frac{1+0.1j}{1+j} \tag{2.7.5}$$

取模后得：
$$A_{V1}=(R_{P1}+R_2)/\sqrt{2}R_1 \tag{2.7.6}$$
此时电压增益相对 A_{VL} 下降 3dB。

③ 在 $f=f_{L2}$ 时，由式（2.7.1）得
$$\dot{A}_{V2}=-\frac{R_{P1}+R_2}{R_1}\cdot\frac{1+\mathrm{j}}{1+10\mathrm{j}} \tag{2.7.7}$$
取模后得：
$$A_{V2}=-\frac{R_{P1}+R_2}{R_1}\cdot\frac{\sqrt{2}}{10}=0.14A_{VL} \tag{2.7.8}$$
此时电压增益相对 A_{VL} 下降 17dB。

同理可以得出图 2.7.5 所示电路的相应表达式，其增益相对于中频增益为衰减量。

（2）当 $f>f_0$ 时，C_1、C_2 可视为短路，作为高通滤波器，音调控制器的高频等效电路如图 2.7.6 所示。将 C_1、C_2 视为短路，R_4 与 R_1、R_2 组成星形连接，将其转换成三角形连接后的电路如图 2.7.7 所示。

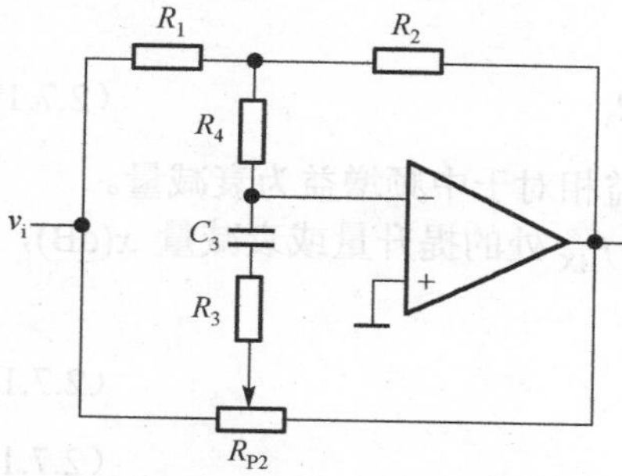

图 2.7.6　音调控制器高频等效电路

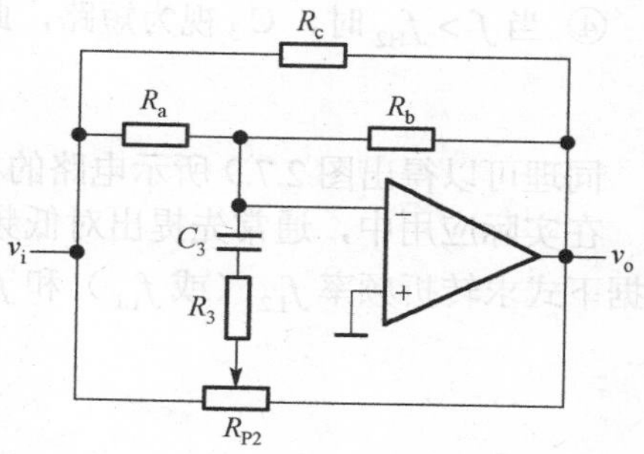

图 2.7.7　图 2.6.6 的等效电路

其中，
$$R_a=R_1+R_4+(R_1R_4/R_2) \tag{2.7.9}$$
$$R_b=R_4+R_2+(R_4R_2/R_1) \tag{2.7.10}$$
$$R_c=R_1+R_2+(R_2R_1/R_4) \tag{2.7.11}$$
若取 $R_1=R_2=R_4$，则 $R_a=R_b=R_c=3R_1=3R_2=3R_4$

R_{P2} 的滑臂在最左端时，对应于高频提升最大的情况，等效电路如图 2.7.8 所示。R_{P2} 的滑臂在最右端时，对应于高频衰减最大的情况，等效电路如图 2.7.9 所示。

图 2.7.8 所示电路为一阶有源高通滤波器，其增益函数的表达式为：
$$\dot{A}(\mathrm{j}\omega)=\frac{\dot{V}_o}{\dot{V}_i}=-\frac{R_b}{R_a}\cdot\frac{1+(\mathrm{j}\omega)/\omega_3}{1+(\mathrm{j}\omega)/\omega_4} \tag{2.7.12}$$
式中，
$$\omega_3=1/\left[(R_a+R_3)C_3\right] \text{ 或 } f_{H1}=1/\left[2\pi(R_a+R_3)C_3\right] \tag{2.7.13}$$
$$\omega_4=1/(R_3C_3) \text{ 或 } f_{H2}=1/(2\pi R_3C_3) \tag{2.7.14}$$
① 当 $f<f_{H1}$（$\omega<\omega_3$）时，C_3 视为开路，此时电压增益 A_{V0}=1(0dB)。

② 在 $f=f_{H1}$ 时，因 $f_{H2}=10f_{H1}$ 由式（2.7.12）得：
$$A_{V3}=\sqrt{2}A_{V0} \tag{2.7.15}$$

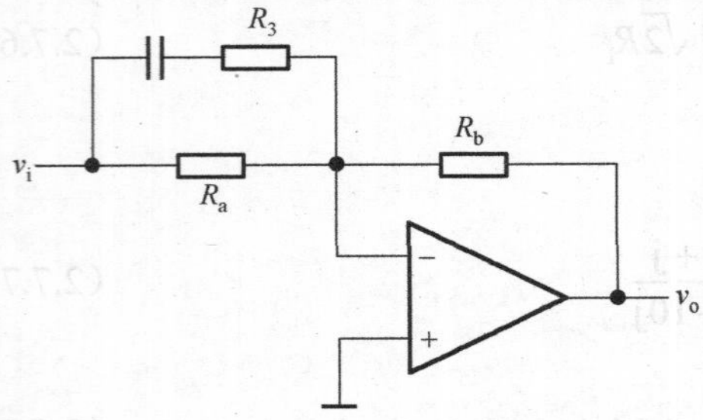

图 2.7.8 高频提升

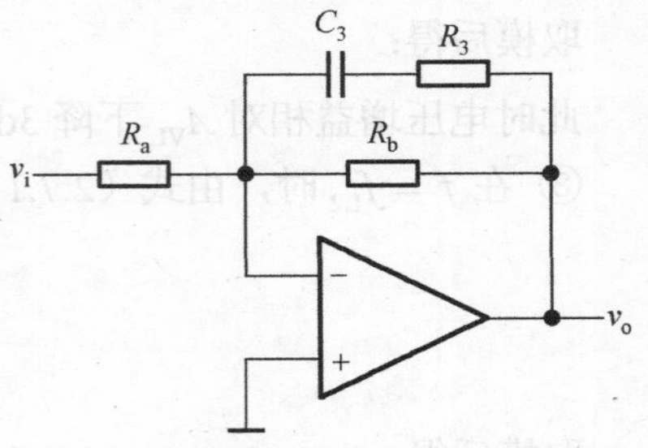

图 2.7.9 高频衰减

此时电压增益 A_{V3} 相对于 A_{V0} 提升了 3dB。

③ 在 $f=f_{H2}$ 时，因 $f_{H2}=10f_{H1}$ 由式（2.7.12）得：

$$A_{V4}=\frac{10}{\sqrt{2}}A_{V0} \tag{2.7.16}$$

此时电压增益 A_{V4} 相对于 A_{V0} 提升了 17dB。

④ 当 $f>f_{H2}$ 时，C_3 视为短路，此时电压增益

$$A_{VH}=(R_a+R_3)/R_3 \tag{2.7.17}$$

同理可以得出图 2.7.9 所示电路的相应表达式，其增益相对于中频增益为衰减量。

在实际应用中，通常先提出对低频区 f_{LX} 处和高频区 f_{HX} 处的提升量或衰减量 x(dB)，再根据下式求转折频率 f_{L2}（或 f_{L1}）和 f_{H1}（或 f_{H2}），即

$$f_{L2}=f_{Lx}\cdot 2^{x/6} \tag{2.7.18}$$

$$f_{H1}=f_{Hx}/2^{x/6} \tag{2.7.19}$$

2．实验电路参数确定

已知 f_{Lx}=100Hz，f_{Hx}=10kHz，$x=12$dB，由式（2.7.18）、式（2.7.19）得到转折频率 f_{L2} 及 f_{H1}；计算过程为：

$$f_{L2}=f_{Lx}2^{x/6}=400\text{Hz}，f_{L1}=f_{L2}/10=40\text{Hz}$$

$$f_{H1}=f_{Hx}/2^{x/6}=2.5\text{kHz}，f_{H2}=10f_{H1}=25\text{kHz}$$

由式（2.7.4）得 $A_{VL}=(R_{P1}+R_2)/R_1\geqslant$20dB。其中，$R_{P1}$、$R_2$、$R_1$ 一般取几千欧姆至几百千欧姆。现取 $R_{P1}=470\text{k}\Omega$，$R_2=R_1=47\text{k}\Omega$，$A_{VL}=(R_{P1}+R_2)/R_1=11(20.8\text{dB})$，

由式（2.7.2）得 $C_2=\dfrac{1}{2\pi R_{P1}f_{L1}}=0.008\text{uF}$，取标称值 0.01 uF，即 $C_1=C_2$=0.01 uF 。

由式（2.7.9）、式（2.7.10）、式（2.7.11）得：

$R_4=R_1=R_2$=47kΩ，则 $R_a=3R_4$，R_4=141kΩ，$R_3=R_a/10$=14.1 kΩ，取标称值 13 kΩ。

由式（2.7.14）得：

$C_3=\dfrac{1}{2\pi R_3 f_{H2}}=490\text{pF}$，取标称值 470pF。取 $R_{P1}=R_{P2}$=470kΩ，R_{P33}=10kΩ，级间耦合与隔直电容 $C_4=C_5$=10μF。经过参数计算得到满足设计要求的电路图如图 2.7.10 所示。

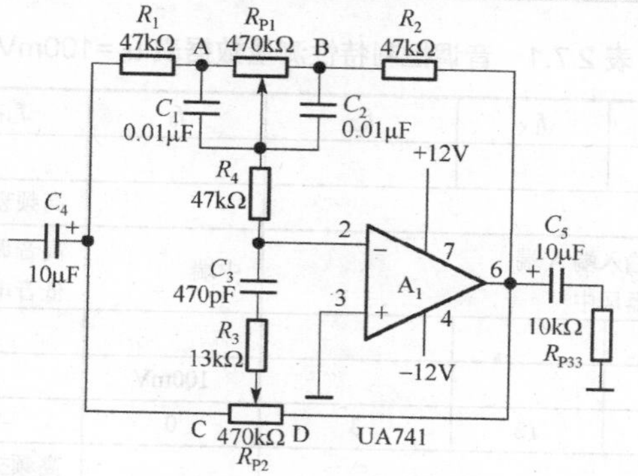

图 2.7.10　音调控制电路图

2.7.6　实验仪器与器件

实验仪器：数字示波器，直流稳压电源，函数信号发生器，面包板，数字万用表；

实验器件：μA741 集成电路芯片 1 片，电阻 47kΩ 3 只、13kΩ 1 只，电位器 470kΩ 2 只，耐压 50V、电解电容 10μF 2 只，瓷片电容 0.01μF 2 只、470pF 1 只。

2.7.7　主要特性参数测试

音调特性测试方法 1——测频法：输入幅度 U_{im} 恒定的正弦波信号，改变输入信号的频率 f（即调节信号发生器输出频率）来观测其输出幅度 $U_{om}(f)$，当 $U_{om}(f)$达到预定幅值时，此时信号发生器输出的频率示值即为给定增益处的频率 f。

音调特性测试方法 2——测幅法：输入信号 U_{im} 幅值的正弦波信号，调节输入信号的频率 f（即调节信号发生器输出频率）至给定的频率，测量出的输出幅度 U_{om} 即为给定频率处的 $U_{om}(f)$。本次音调特性测量采用测幅法。

预习要求如下：

（1）计算理论值：f_{L1}、f_{Lx}、f_{L2}、f_0，f_{H1}、f_{Hx}、f_{H2}，并填入表 2.7.1 中。

（2）理论计算：当输入信号 U_{im}=100mV 时，计算出在±17dB、±12dB、±3dB 时输出信号幅值 U_{om}，将该值分别填入表格 2.7.1 中。

测试内容及步骤如下：

（1）按图 2.7.10 连接电路，注意正负电源、地的正确连接。使 R_{P1}、R_{P2} 可调电阻器滑臂均置中间位置。

（2）中频音调特性测量：将 f = 1kHz，U_{im}=100mV 的正弦波信号加入至音调控制器的输入端，将输出信号 u_o 的幅值 U_{om} 测量值填入表格 2.7.1 的 f_0 列中。

（3）低频音调特性测量：将高音电位器 R_{P2} 滑臂居中，将低音电位器 R_{P1} 滑臂置于最左端（A 端），保持 U_{im}=100mV，调节信号频率 f 分别为 f_{L1}、f_{Lx}、f_{L2}，测量其相应的低音提升输出幅值 U_{om}，结果填入表 2.71 的 f_{L1}、f_{Lx}、f_{L2} 三列中；将低音电位器 R_{P1} 滑臂置于最右端（B 端），重复上述测量过程，测量其相应的低音衰减输出幅值 U_{om}，测量填入表 2.7.1 中。

（4）高频音调特性测量：将低音电位器 R_{P1} 滑臂居中，将低音电位器 R_{P2} 的滑臂分别置于最左端（C 端）和最右端（D 端），保持 U_{im}=100mV，测量方法同（3），依次测量输入信号频率为 f_{H1}、f_{Hx}、f_{H2} 时的输出幅值 U_{om}，测量结果分别填入表 2.7.1 中。

表 2.7.1　音调控制特性测量数据表 u_i =100mV

测量频率点	f_{L1}	f_{LX}	f_{L2}	f_0	f_{H1}	f_{HX}	f_{H2}
理论值							
	低频提升				高频衰减		
音调电位器	低音调向输入端 A 端 高音电位器居中			中端	高音调向输出端 D 端 低音电位器居中		
实测幅度值							
理论计算 u_o 幅值				100mV			
Au/dB	17	12	3	0	−3	−12	−17
	低频衰减				高频提升		
音调电位器	低音调向输出端 B 端 高音电位器居中			中端	高音调向输入端 C 端 低音电位器居中		
实测幅度值							
理论计算 u_o 幅值				100mV			
Au/dB	−17	−12	−3	0	3	12	17

根据表 2.7.1 的音调控制特性测量数据，绘制本音响放大器的音调控制特性曲线。

2.7.8　设计报告要求

（1）设计的任务和要求。

（2）方案设计和比较，说明所选方案的理由。

（3）电路各部分原理分析、元器件选择和参数计算。

（4）测试结果及分析，根据所得数据绘制音调控制特性曲线。

2.8　信号产生与转换电路设计

2.8.1　实验目的

（1）掌握正弦波振荡电路的基本工作原理。

（2）掌握 RC 正弦波振荡电路的基本设计、调试和分析方法。

（3）掌握方波、三角波发生器的基本设计、调试和分析方法。

（4）理解正弦波信号和方波、三角波信号的相互转换原理。

2.8.2　设计任务与要求

1．设计任务

在±12V 双电源供电情况下，设计一个产生正弦波、方波和三角波的简易函数发生器，该电路的输出频率可调，幅值可调。输出的信号波形不失真，输出阻抗小于 100Ω。

2．设计要求

（1）输出波形：正弦波、方波和三角波。

（2）输出频率：750～7kHz 可调。

（3）输出峰峰值：正弦波 U_{opp}≥5V，方波 U_{opp}≥12V，三角波 U_{opp}≥3V。

（4）*输出阻抗不大于 100Ω。

（5）*将方波变为占空比可调的矩形波，将三角波变为锯齿波。

说明：带星号（*）的指标要求为扩展内容。

2.8.3　预习要求

（1）了解简易函数发生器的设计思路。

（2）熟悉常用 RC 正弦波振荡电路工作原理，方波和三角波产生电路工作原理。

（3）熟悉电路中相关参数计算方法。根据设计任务与要求，计算出有关元器件的参数。

2.8.4　电路参考方案设计

分析设计任务可知，该设计可以有多种实现方案，下面给出 4 种参考设计方案。

1. 参考方案一

方案一如图 2.8.1 所示，该方案特点是：先产生正弦波，然后用比较器产生方波；再用积分器或其他电路产生三角波；最后通过幅值控制和功率放大电路输出信号。此电路的正弦波发生器的设计要求频率连续可调，方波输出要有限幅环节，积分电路的时间参数选择很重要，且必须与信号周期相匹配，以保证电路不出现积分饱和失真。

正弦波产生电路有 RC、LC、石英晶体振荡器等，其中，RC、LC 振荡器的频率易于调节，频率覆盖范围较宽，前者往往应用于低频、后者往往应用于高频，但两者的频率稳定度均较差；石英晶体振荡器频率稳定度较高，但频率基本不可调节。

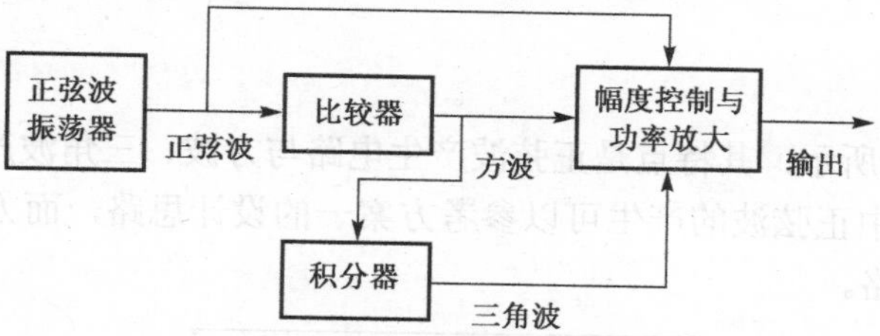

图 2.8.1　简易函数发生器参考方案一

2. 参考方案二

方案二如图 2.8.2 所示，其特点是：先产生方波，然后通过积分器或其他电路产生三角波，再用三角波转正弦波电路将三角波转换为正弦波；最后通过幅值控制和功率放大电路输出信号。此电路的方波发生器的设计要求频率连续可调，输出要有限幅环节，积分电路的时间参数选择保证电路不出现积分饱和失真。

三角波转正弦波电路有滤波法，折线近似法，其中，滤波法原理简单，但要求滤波器截止频率需要随三角波的基波频率的变化而变化；折线近似法原理简单，可以对任意频率三角波进行转换，但要求三角波幅度恒定，对电阻转换网络精度要求较高，否则正弦波的失真度较大。例如，8038 集成函数发生器采用此方案产生方波、正弦波和三角波信号。

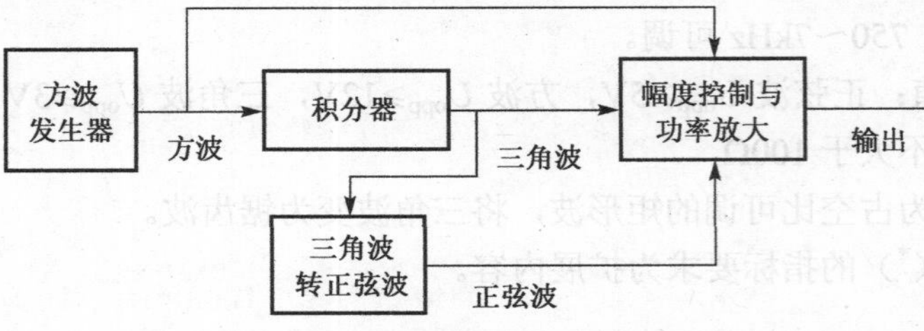

图 2.8.2　简易函数发生器参考方案二

3．参考方案三

方案三如图 2.8.3 所示，其特点是以数字式的频率控制与波形控制模块为核心，控制存储在波形表中的数字化波形采样值的读出间隔，然后通过数/模转换将数字化波形转换为模拟的波形；再通过滤波器滤除高频分量，可以获得任意的波形（正弦波、方波、三角波等）；最后通过幅值控制和功率放大电路输出信号。此方案的频率控制模块实现频率可调，波形控制模块用于选择输出波形，输出频率的间隔取决于控制字的长度和振荡器的频率。该方案是数字化的简易任意波形发生器的方案，除了必须选择微处理器等硬件之外，还需要编写软件程序来控制函数发生器的工作过程。

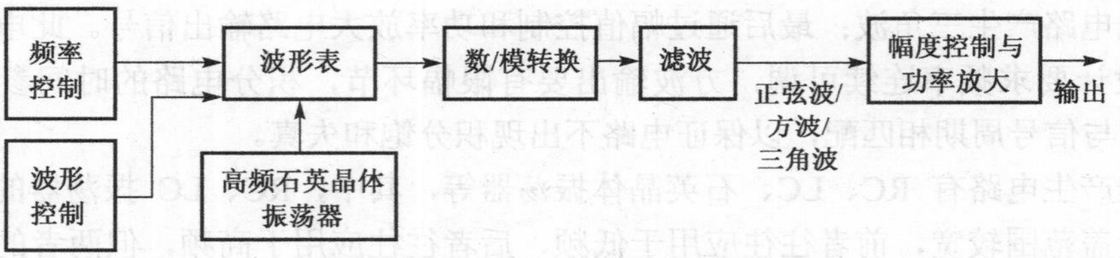

图 2.8.3　简易函数发生器参考方案三

4．参考方案四

方案四如图 2.8.4 所示，其特点是正弦波产生电路与方波、三角波产生电路相互独立，实现电路简单易行。其中正弦波的产生可以参考方案一的设计思路，而方波、三角波产生电路参考方案二的设计思路。

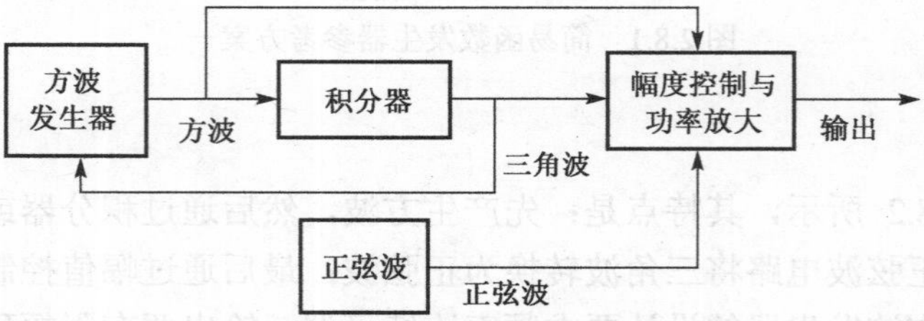

图 2.8.4　简易函数发生器参考方案四

在这 4 个方案中，可以将信号的产生与变换电路分为两个不同功能的电路，其中一部分为产生频率可变、幅度一定的不失真的信号源电路，另一部分为对不失真信号进行幅度控制和提高信号源带负载能力的功率放大电路。本设计主要针对第一部分展开，第二部分作为扩展内容可参照小信号放大与功率放大器设计完成。

2.8.5 电路设计与元器件选择

1．正弦波产生电路参考设计

参考设计采用方案四，设计包含两部分，即 RC 桥式正弦波振荡电路部分、方波三角波产生电路部分。其中，正弦波振荡器参考电路如图 2.8.5 所示。

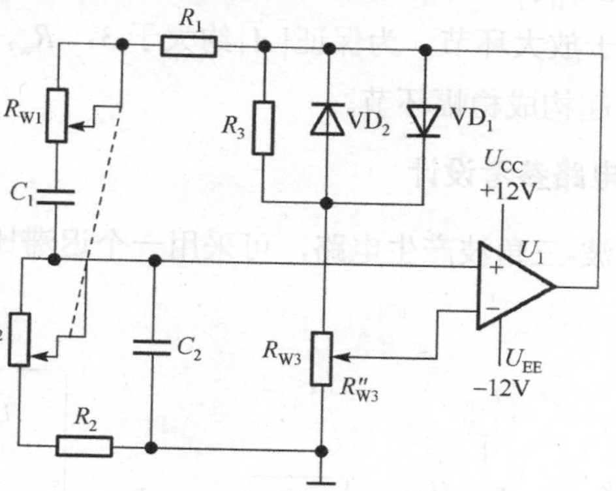

图 2.8.5　正弦波信号产生参考电路

该电路由放大电路、正反馈网络、选频网络和稳幅环节这四部分组成，电路利用 RC 选频网络选择特定频率的信号放大并振荡输出。振荡频率为：

$$f_0=\frac{1}{2\pi\sqrt{(R_{w1}+R_1)(R_{w2}+R_2)C_1C_2}} \tag{2.8.1}$$

改变 R_{w1}、R_{w2} 即可改变振荡频率。电路起振平衡的幅值条件是$|\dot{A}\dot{F}|\geqslant 1$，其中，

$$|\dot{A}|=\frac{R_{w3}+R_D//R_3}{R''_{w3}} \tag{2.8.2}$$

$$|\dot{F}|=\frac{1}{1+\dfrac{R_{w1}+R_1}{R_{w2}+R_2}+\dfrac{C_2}{C_1}} \tag{2.8.3}$$

其中，R''_{w3} 为 R_{w3} 下段电阻。当调节 R_{w1}（或 R_{w2}）改变振荡频率时，反馈系数$|\dot{F}|$也随之改变，可能破坏起振平衡条件，需要相应地调整 R_{w3} 以满足起振平衡条件。若要在较宽范围内调节振荡频率时无须调整放大器的增益，则需要降低 R_{w1} 或 R_{w2} 的变化对$|\dot{F}|$的影响。若选频网络参数选择满足如下条件：

（1）$\dfrac{C_2}{C_1}=1$；

（2）$\dfrac{R_{w1}+R_1}{R_{w2}+R_2}=1$。

则$|\dot{F}|=\dfrac{1}{3}$，只要$|\dot{A}|\geqslant 3$ 电路易于振荡且比较恒定。则振荡频率最大值 f_H、最小值 f_L 为

$$f_H=\frac{1}{2\pi C_1\sqrt{R_1R_2}}，\quad f_L=\frac{1}{2\pi C_1(R_{w1}+R_1)}$$

若 $R_{w1}=R_{w2}$，$R_1=R_2$，且 $R_{w1}\gg R_1$，当 f_L=750Hz 时，若取 $R_{w1}=R_{w2}=20\text{k}\Omega$ 的电位器（双联可调电位器），则有

$C_1\approx\dfrac{1}{2\pi f_L R_{w1}}=10.6\text{nF}$，取 $C_1=C_2=11\text{nF}$。

当 f_H=7kHz 时，$R_1=\dfrac{1}{2\pi f_H C_1}\approx 2.07\text{k}\Omega$，考虑运放有输出电阻，$R_1$ 取 1.8kΩ。

运放选择 μA741，对于放大环节，为保证 $|\dot{A}|$ 约大于 3，$R_{w3}=10\text{k}\Omega$，$R_3=2\text{k}\Omega$，二极管 VD_1、VD_2 为 1N4148，一起构成稳幅环节。

2．方波-三角波变换电路参考设计

电路的第二部分为方波-三角波产生电路，可采用一个迟滞比较器和积分器完成。参考电路如图 2.8.6 所示。

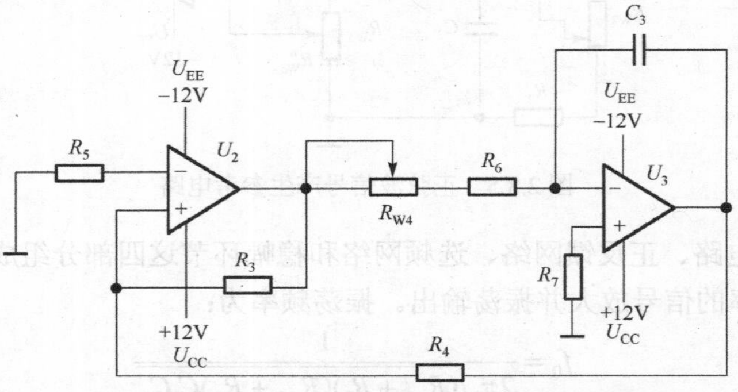

图 2.8.6　方波-三角波信号产生与变换参考电路

对于±12V 双电源供电方式，方波的幅度为：

$$U_{som}=\pm U_{om}，\ U_{om}>6\text{V}$$

U_{om} 为比较器的输出幅度。三角波的幅度为：

$$U_{tom}=\left|\pm\frac{R_4}{R_3}U_{om}\right|=\frac{R_4}{R_3}U_{om}$$

若 R_3 取为 20kΩ，$U_{tom}>1.5\text{V}$，则 R_4 需要大于 5kΩ，取 5.1kΩ。平衡电阻 R_5 取 5.1kΩ。

方波的周期 $T=\dfrac{4R_4(R_{w4}+R_6)C_3}{R_3}$，则其频率为

$$f_0=\frac{1}{T}=\frac{R_3}{4R_4(R_{w4}+R_6)C_3}\tag{2.8.4}$$

若取 R_{w4} 为 51kΩ 的可变电位器，其值远大于 R_6，则

$$C_3\approx\frac{R_3}{4R_4R_{w4}f_L}\approx 25.6\times10^{-9}\text{F}$$

取值 30nF。为减小积分漂移，C_3 不宜太小，但一般不超过 1μF，同时，为了防止积分饱和，可在积分电容 C_3 两端并联泄放电阻 $R_F\geq10(R_{W4}+R_6)$。

$R_6=\dfrac{R_3}{4R_4C_3f_H}=4.67\times10^3\Omega$，若选择运放为 μA741，考虑运放的输出电阻的影响，则 R_6 取值 4.3kΩ。平衡电阻 R_7 取 4.3kΩ。

2.8.6　实验仪器与器件

实验仪器：数字示波器，直流稳压电源，面包板，数字万用表；

实验器件：集成运放 μA741 3 片，双联可调电位器 20kΩ 1 只，二极管 1N4148 2 只，电位器 10kΩ 1 只、51kΩ 1 只，电阻 5.1kΩ 1 只、20kΩ 1 只、2.2kΩ 2 只、1.8kΩ 3 只，4.3kΩ 2 只，2kΩ 2 只，耐压 50V 电容 11nF（113）2 只、30nF（303）1 只。根据实际设计的电路，也可以选择其他不同参数的器件。

2.8.7　主要特性参数测试

1．正弦波主要参数测试

参考图 2.8.5 设计 RC 正弦波振荡电路，计算出各元件参数值，并按数值标称系列选择元器件，R_{w1}、R_{w2} 采用双联可调电位器。

（1）参考图 2.8.5 设计 RC 正弦波振荡电路，在 R_{w1}、R_{w2} 位于中间位置时，调节 R_{w3} 使电路起振，观察振荡输出波形；在振荡波形不失真情况下，维持 R_{w3} 不变，调节 R_{w1}、R_{w2}，使其阻值同时逐渐增大或同时逐渐减小，观察振荡输出波形的变化，按照表 2.8.1 的观测指标测试电路，并将实验测量结果填入表 2.8.1 中。

表 2.8.1　正弦波参数测试

	R_{w1}、R_{w2}调至最小值	R_{w1}、R_{w2}调至中间某个值	R_{w1}、R_{w2}调至最大值
f_o（Hz）测量值			
幅值U_{om}（V）			
$R_{w1}+R_1$（测量）			
$R_{w2}+R_2$（测量）			
波形			
f_{ot}（Hz）计算值			
$(f_{ot}-f_o)/f_{ot}*100$			

注：f_{ot}为式（2.8.1）的计算值。

（2）VD_1、VD_2 不接入电路，在 R_{w1}、R_{w2} 位于中间位置时，调节 R_{w3} 使电路起振，用示波器观察振荡输出波形并绘出该波形，分析振荡波形的特点。适当调节 R_{w1}、R_{w2}，观察振荡波形的变化。

注意：测量 $R_{w1}+R_1$、$R_{w2}+R_2$ 时要断电开路测量。

**扩展内容：根据实验步骤（1）的结果，判断设计是否与理论设计要求的频率范围与幅度一致？若未能达到设计指标，修改设计参数，使之满足设计要求。*

2．方波-三角波主要参数测试

参考图 2.8.6 设计方波-三角波产生与变换电路，计算出各元件参数值，并按数值标称系列选择元器件。

（1）将 R_{w4} 从最大调至最小，用示波器观察方波、三角波的输出波形。若无输出波形，分析产生的原因，适当修改元件参数 R_3、R_4，使之振荡。

（2）实验测量：将 R_{w4} 从最大调至最小，观察振荡输出波形的变化，按照表 2.8.2 的实验观测指标测试电路，并将实验测量结果填入表 2.8.2 中。

注意：在观测方波变换电路输出波形时，用示波器测量方波的上升沿时间（t_r）与下降沿（t_d）时间（测量示意图如图 2.8.7 所示），将测量值填入表 2.8.2 中。

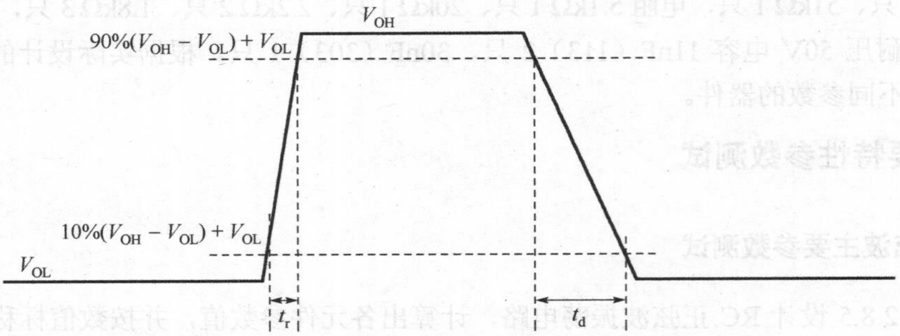

图 2.8.7　脉冲波形的上升沿与下降沿测量示意图

注意：测量 $R_{w4}+R_6$ 时要断电开路测量。

表 2.8.2　方波-三角波参数测试

	R_{w4}调至最小值		R_{w4}调至中间某个值		R_{w4}调至最大值	
	幅值（U_{om}）	波形	幅值（U_{om}）	波形	幅值（U_{om}）	波形
三角波						
方波						
方波的t_r（μs）						
方波的t_d（μs）						
f_0(Hz)测量值						
$R_{w4}+R_6$（测量）						
f_{ot}(Hz)计算值						
$(f_{ot}-f_o)/f_{ot}$*100						

注：f_{ot}为式（2.8.4）的计算值。

（3）*扩展内容：根据实验步骤（2）的结果，判断设计是否与理论设计要求的频率范围与幅度一致？若未能达到设计指标，修改设计参数，使之满足设计要求。

2.8.8　设计报告要求

（1）设计的任务和要求。

（2）方案设计和比较，说明所选方案的理由。

（3）电路各部分原理分析、元器件选择和参数计算。

（4）测试结果及分析：

① 实测输出频率范围，分析设计值和实测值误差的来源。

② 根据表 2.8.1、表 2.8.2 对应频率的高、中、低三点，分析正弦波、方波、三角波的实测输出电压的峰峰值，分析输出电压幅值随频率变化的原因。据此简要画出各波形产生电路的幅频特性。

③ 画出观测到的各级输出波形，并进行分析；若波形有失真，讨论失真产生的原因和消除的方法。

④ 总结与建议，总结设计中存在的问题，提出改进的设想；完成本设计后的收获、体会和建议。

2.9　集成直流稳压电源设计

2.9.1　实验目的

（1）了解集成稳压器的特性和使用方法。

（2）学会选择变压器、整流二极管、滤波电容及集成稳压器来设计直流稳压电源。

（3）掌握直流稳压电路的调试及主要技术指标的测试方法。

2.9.2　设计任务与要求

1. 设计任务

采用单相桥式整流、电容滤波及三端集成稳压器，设计能同时输出±12V 电压的简易直流稳压电源和可调直流稳压电源。

2. 设计要求

（1）同时输出±12V 电压、输出最大电流 1A。

（2）输出可调直流电压，范围为 1.5～15V，输出最大电流 1A。

（3）输出纹波电压ΔU_o<5mV。

（4）稳压系数 $S_v<5\times10^{-2}$。

2.9.3　预习要求

（1）预习直流稳压电源电路的组成及工作原理。

（2）完成电路参数设计，画出正确、完整的实验电路。

（3）明确实验目的，列出主要参数的表达式，设计测试表格。

（4）根据设计任务和要求，计算出元器件的参数。

2.9.4　电路参考方案设计

直流稳压电源由电源变压器、整流电路、滤波电路和稳压电路 4 个部分组成，如图 2.9.1 所示。

图 2.9.1 为直流稳压电源设计的基本模块框图。要得到稳定输出 U_o（±12V）的直流电压源，需要将市电为 220V/50Hz 的交流电变压（降压），然后通过整流变换成直流电，但此时的直流电压波动很大，脉动的直流电压还含有较大的波纹，为此要对其进行滤波，得到波动

较小的直流电。为了抑制外界因素（电网电压、负载、环境温度）的变化对直流电压源输出的影响，必须增加相应的稳压电路以确保直流电压源的输出电压基本不变。

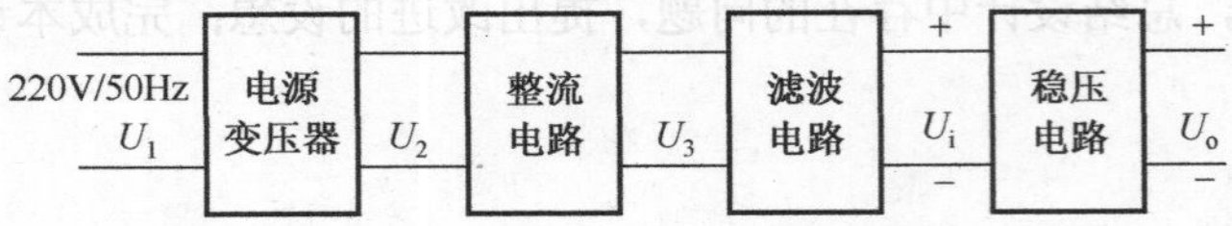

(a) 稳压电源的组成框图

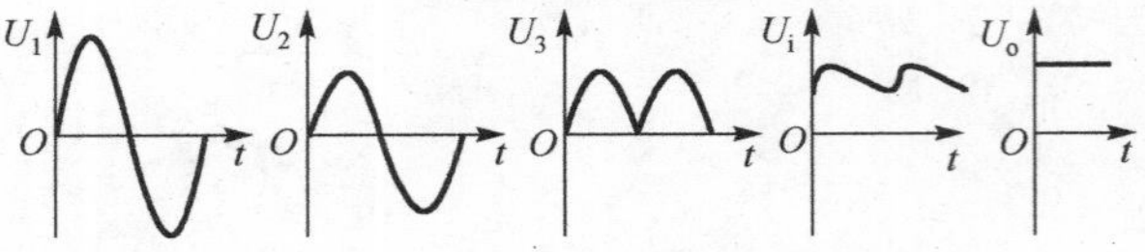

(b) 整流与稳压过程

图 2.9.1　稳压电源的组成框图及整流与稳压过程

1．变压器

电源变压器是将电网 220V/50Hz 交流电压 U_1 转换为整流电路所需的交流电压 U_2。变压器副边与原边的功率比为 $\eta = P_2/P_1$。其中：P_2 是变压器副边功率，P_1 是变压器原边功率。

2．整流滤波电路

整流电路是将交流电压 U_2 变换成脉动的直流电压 U_3，滤波电路是滤除脉动直流电压中的大部分纹波，以得到较平滑的直流电压 U_i。常见的整流电路有单相半波、单相全波、单相桥式和倍压整流电路。常见的滤波电路有电容滤波电路和电感滤波电路。本设计整流电路选用单桥式整流电路，滤波电路选用电容滤波电路。整流滤波电路如图 2.9.2 所示。

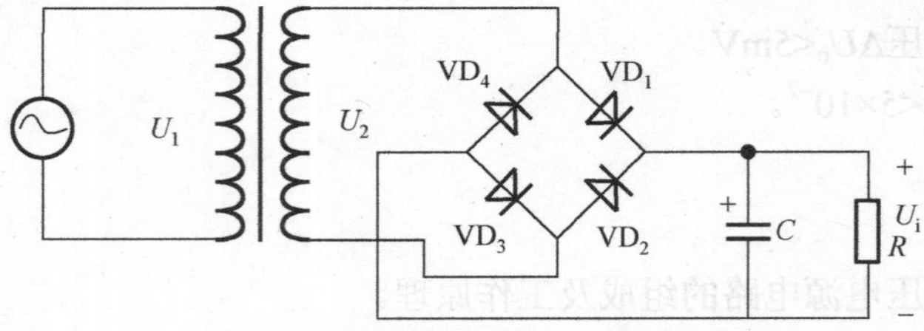

图 2.9.2　桥式整流、电容滤波电路

3．稳压电路

稳压电路的类型有：稳压二极管稳压电路、串联稳压电路、集成串联稳压电路等。一般采用集成稳压器设计稳压电源，它具有输出电压性能稳定、结构简单、外围元件少等优点。

±12V 直流稳压电源实验中的稳压电路有三种实现方式，第一种是采用三端固定式稳压器实现，第二种是采用三端可调式集成稳压器实现，第三种是采用两种固定和可调方式共同实现。本设计中选用三端固定式集成稳压器实现±12V 直流稳压电源，选用三端可调式集成稳压器实现输出可调直流电压电源设计。

1）固定输出三端稳压器

常见的固定输出集成稳压器有 CW78××（LM78××）系列和 CW79××（LM79××）系列两种。78 系列输出固定的正电压；79 系列输出固定的负电压。三端是指稳压电路只有输入、输出和接地三个端子。型号中最后两位数字表示输出电压的稳定值，有 5V、9V、12V、15V 等。固定输出三端稳压器的引脚图及构成稳压电路如图 2.9.3 所示。

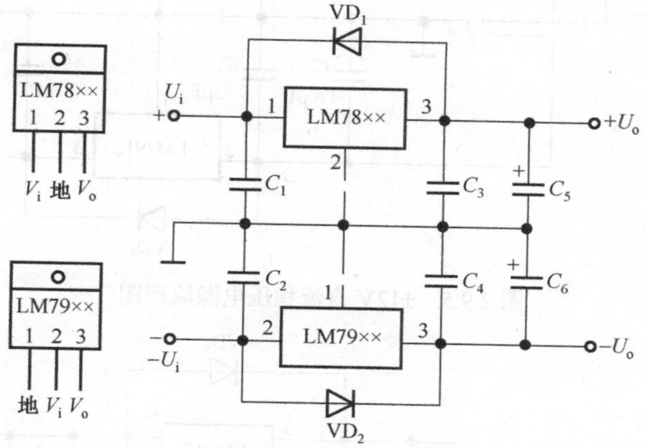

图 2.9.3　固定输出三端式稳压器的引脚图及构成的稳压电路

2）可调式三端稳压器

可调式三端稳压器是指输出电压可以连续调节的稳压器，有输出正电压的 CW317（LM317）系列三端稳压器；有输出负电压的 CW337（LM337）系列三端稳压器。

本设计选用可调三端正电压稳压器 LM317，输出电压范围为 1.25～37V，能够提供 1.5A 电流。稳压的输出电压：$U_o = 1.25\times(1+R_2/R_1)$，可调式三端集成稳压器的引脚图及构成的稳压电路如图 2.9.4 所示。

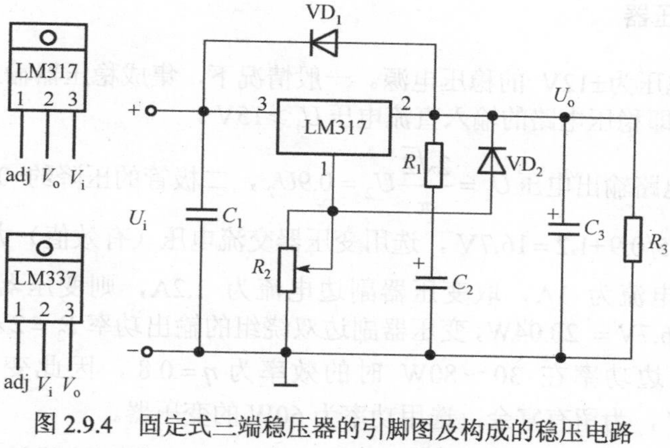

图 2.9.4　固定式三端稳压器的引脚图及构成的稳压电路

2.9.5　电路设计及元器件选择

设计思想：根据稳压电源的设计要求，先将 220V 的市电降压为所需电压，然后再对其整流、滤波，最后采用正、负三端稳压器分别稳压为+12V 和−12V。±12V 直流稳压电源总原理图如图 2.9.5 所示，可调式直流稳压电源（可调节输出电流）总原理图如图 2.9.6 所示。

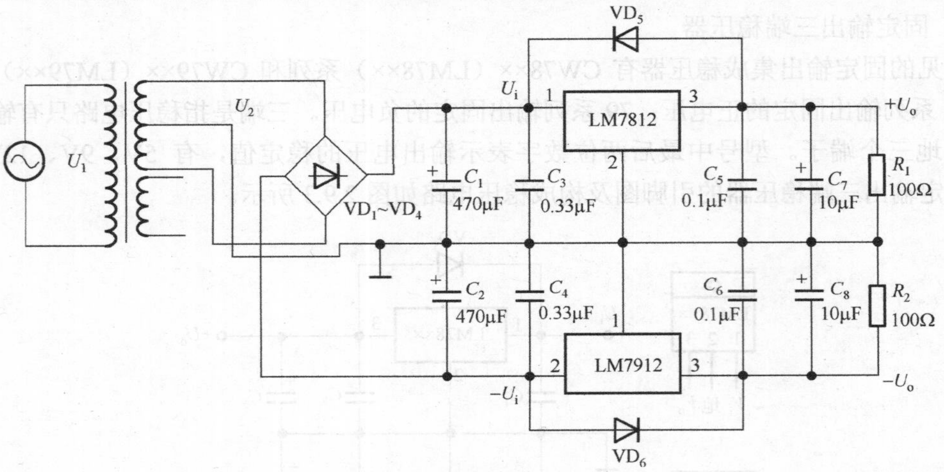

图 2.9.5　±12V 直流稳压电源原理图

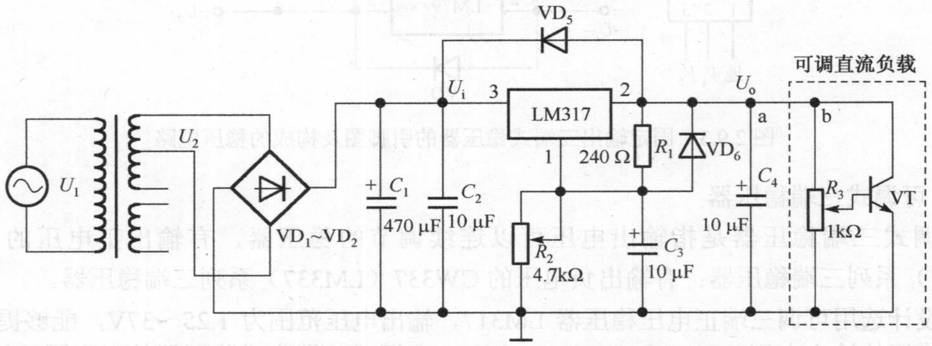

图 2.9.6　可调式直流稳压电源（可调节输出电流）原理图

1．选择电源变压器

要求设计输出电压为±12V 的稳压电源。一般情况下，集成稳压器输入电压 U_i 比输出电压 U_o 至少大 2.5V，即稳压电路的输入直流电压 $U_i \geqslant 15V$。

由于桥式整流电路输出电压 $U_i = \frac{2\sqrt{2}}{\pi}U_2 = 0.9U_2$，二极管的压降约 0.6V，因此变压器副边电压有效值 $U_2 \geqslant 15/0.9 + 1.2 = 16.7V$，选用变压器交流电压（有效值）大于 17V 即可。

设计要求输出电流为 1A，取变压器副边电流为 1.2A，则变压器每组副边输出功率 $P_{21} \geqslant I_2U_2 = 1.2A \times 16.7V = 20.04W$，变压器副边双绕组的输出功率 $P_2 = 2 \times 20.04W = 40.08W$，由于小型变压器副边功率在 30～80W 时的效率为 $\eta = 0.8$，因此变压器原边输入功率 $P_1 = 40.08/0.8 = 51W$，为留有富余，选用功率为 60W 的变压器。

考虑到要测量电路的稳压系数，要增加一路副边电压，所以本设计采用 220V/18V×2、21V×1，功率为 60W 的变压器。

2．选择集成稳压器，确定电路形式

根据指标要求，电源的稳压系数为

$$S_v = \frac{\Delta U_o / U_o}{\Delta U_i / U_i} = \frac{\Delta U_o}{\Delta U_i}\frac{U_i}{U_o} = \frac{1}{S_{inp}}\frac{U_i}{U_o} \quad (2.9.1)$$

则纹波抑制比为：

$$S_{inp} = \frac{1}{S_v}\frac{U_i}{U_o} \quad (2.9.2)$$

根据设计要求，当考虑最小输出 U_{omin}=1.5V，最大输入 U_{imax}=18V，当 $S_v \leqslant 5\times10^{-2}$，则 $S_{inp} \geqslant 2.4\times10^2 = 48\text{dB}$，然后由 S_{inp} 和最大纹波 ΔU_{omax} 选择合适的集成稳压器。

（1）±12V 直流稳压电源中的稳压电路，采用固定式三端稳压器，选择 78 系列的 LM7812 输出为 12V，最大输出电流为 1A；选择 79 系列 LM7912 输出为–12V，最大输出电流为 1A。

固定式三端稳压器实现的±12V 直流稳压电路如图 2.9.5 所示，稳压器输入端的电容 C_3、C_4 用来进一步消除纹波，取值为 0.33μF；输出端的电容 C_5、C_6 起到了频率补偿的作用，能防止自激振荡，其容量较小，取值为 0.1μF；C_7、C_8 是电解电容，以减小稳压电源输出端由输入电源引入的低频干扰，取值为 10μF；VD_5、VD_6 是保护二极管，当输入短路时，给输出电容提供一个放电通路，防止集成稳压器输出电压高于输入电压而反向击穿损坏。

（2）可调直流稳压电源电路要求输出电压可调，选择可调试三端稳压器 LM317，其输出电压范围为 1.25～37V，最大输出电流为 1.5A。如图 2.9.6 所示。R_1 与 R_2 组成输出电压调节电路，输出电压 $U_o = 1.25\times(1+R_2/R_1)$，1.25V 是集成稳压块输出端与调整端之间的固有参考电压 V_{REF}，电阻 R_1 常取值 120～240Ω，取 R_1=240Ω，要设计输出电压为 1.5～15V，则 R_{2min}=2.7kΩ，取 R_2=4.7kΩ。采用大功率三极管 TIP41 和可变电阻 R_3 构成等效输出负载电流可调电路，如图 2.9.6 虚线框所示。

3. 整流二极管和滤波电容的计算

在整流电路中，根据整流二极管的正向平均电流 I_D 和最大反向电压 U_{RM} 来选择二极管。在整流电路中，每只二极管所承受的最大反向电压为：

$$U_{RM} = \sqrt{2}U_2 \quad (2.9.3)$$

流过每只二极管的平均电流为：

$$I_D = \frac{I_R}{2} = \frac{0.45U_2}{R} \quad (2.9.4)$$

考虑到电网电压的波动范围为±10%，应选择最高反向电压 U_R 和整流二极管的最大整流平均电流 I_F 满足：　$U_R = 1.1\sqrt{2}U_2$，　$I_F = \frac{I_R}{2} = 1.1\times\frac{0.45U_2}{R}$

根据要求，整流二极管选为 1N4001，其极限参数为 $U_{RM} \geqslant 50\text{V}$、$I_F = 1\text{A}$，满足条件。

由电路理论可知，滤波电容越大，放电过程越慢，输出电压越平滑，平均值也越高。但实际上，电容容量越大，不但体积越大，而且会使整流二极管流过的冲击电流更大。使得整流管难以选择。因此，对于全波整流电路，通常滤波电容的容量满足：

$$RC = (3\sim5)\times T/2 \quad (2.9.5)$$

式中，R 为整流滤波电路的等效负载电阻，T 为电网交流电压的周期。等效负载电阻 $R=U_i/I_o$。

滤波电容也可以由下式估算：

$$C = I_C t / \Delta U_{ipp} = I_C t / (\Delta U_{opp} S_{inp}) \tag{2.9.6}$$

其中，$I_C=I_{omax}$，$t=T/2=0.01s$，ΔU_{ipp} 由 S_{inp} 求出。若ΔU_{opp}=5mV，若集成稳压器的 S_{inp}=72dB =3.98×10^3，当 I_{omax}=1A，则由式（2.9.6）可得

$$C = I_{omax} T / (2\Delta U_{opp} S_{inp}) = 502\mu F$$

则选用滤波电容 C 为 470μF 和 100μF，或者 2200μF。电容耐压值需满足$\sqrt{2}U_2$，由于变压器副边电压有效值 U_2 选为 18V，则滤波电容的峰值电压为 25.2V。由于电解电容易于损坏，一般应使其工作电压不超过其耐压的 80%，故滤波电容上的耐压应达到 31.5V。再考虑电网的向上波动，故滤波电容耐压取值 50V。

2.9.6　实验仪器与器件

实验仪器：数字示波器，实验电路板，数字万用表。

实验器件：220V/18V×2、21V 变压器 1 个，集成稳压器 LM317、LM7812、LM7912 各 1 只，1N4007 二极管 8 只，耐压值 50V 的电容器 2200μF、470μF、100μF、0.1μF、0.33μF 各 2 只，10μF 4 只，电位器 1kΩ、4.7kΩ 各 1 只，100Ω/2W 负载电阻 2 只，TIP41 三极管 2 只，电阻器 240Ω 1 只。

2.9.7　主要特性参数测试

1. 基本测试内容

1）电源变压器参数测量

图 2.9.7 所示 220V/50Hz 交流电压 U_1 变换为整流电路所需要的交流电压 U_2。

注意：（1）用万用表的交流挡（AC 挡）测量变压器的副边电压，测量示值为有效值。

（2）变压器不同，其参数也不尽相同，按实际变压器测量参数。

（3）注意副边绕组的同名端问题。

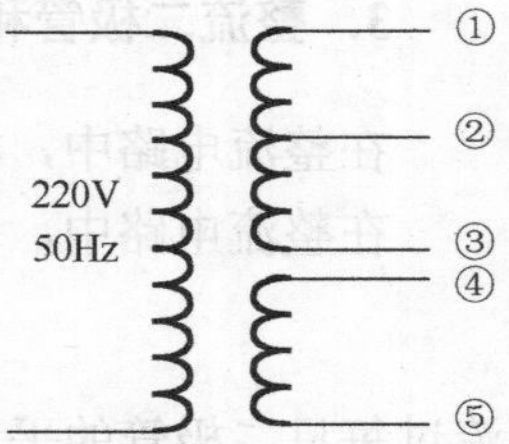

图 2.9.7　电源变压器

变压器参数测量，测量结果填入表 2.9.1 中。

表 2.9.1　变压器的测量（交流电压挡测量）

变压器原边电压（V）	变压器副边电压（V）		
220V 50Hz	副边①–②	副边③–②	副边④–⑤

2）整流滤波电路的参数测量

按照图 2.9.8 连接电路，改变电容的大小，测量 U_2 和 U_i，计算整流系数 $K=U_i/U_2$（U_i 直流、U_2 交流有效值），将相应的结果填入表 2.9.2 中。

注意：（1）应先连接整流电路，再连接滤波电路（要特别注意电解电容的极性不能接反，安装前用万用表测量其正负极），最后连接变压器。

（2）测量交流电压 U_2 用万用表 AC 挡测量，测量结果为有效值；U_i 为直流，用数字示波器观测波形、测量结果。

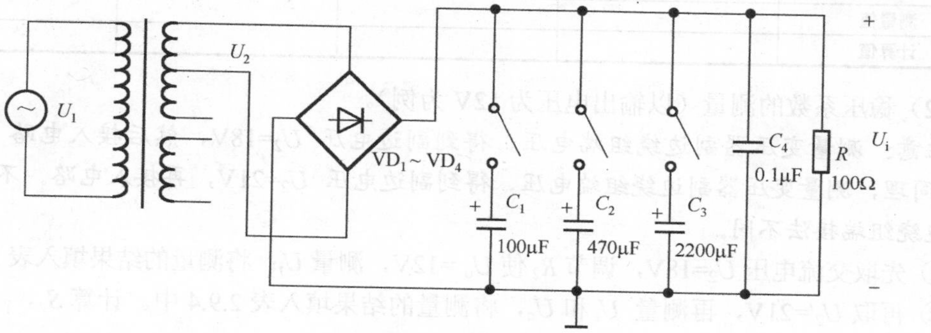

图 2.9.8　整流滤波电路

表 2.9.2　整流滤波电路的参数测量

电容值	100μF	470μF	2200μF
负载值	100Ω	100Ω	100Ω
电压值 U_2			
电压值 U_i			
整流系数 K			
波形			

3）可调式直流稳压电源性能测试

按照图 2.9.9 所示方式连线，分别测量输出电压调节范围、稳压系数和纹波电压。

注意：① 集成稳压器 LM317 引脚的接法，电解电容、二极管的极性不要接反。接通电源后，静置一会，待电路稳定后没出现任何故障（如芯片被烧等）再进行测量。若出现类似状况应立即断开变压器，查出问题，故障排除后再进行测量。

② 对于稳压电路，主要判断集成稳压器 LM317 是否能正常工作。其输入端加直流电压 $U_i \leqslant 18V$，调节 R_2，输出电压 U_o 随之变化，说明稳压电路正常工作。

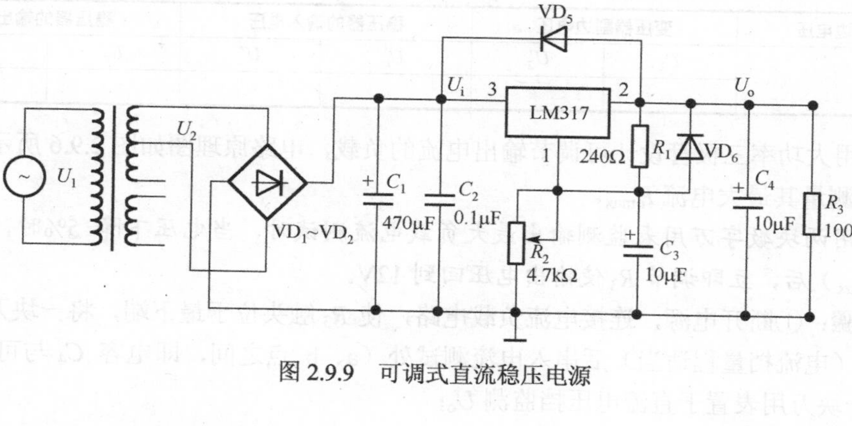

图 2.9.9　可调式直流稳压电源

（1）测量输出电压 U_o 调节范围，$U_o = 1.25\times(1+R_2/R_1)$。向上调节 R_2 至最上端，测量 U_o 的最大值；向下调节 R_2 至最下端，测量 U_o 的最小值，将测量结果填入表 2.9.3 中。

表 2.9.3　测量输出直流电压 U_o 的可调范围

测试项目	U_2(V)	U_i(V)	U_{omax}(V)	U_{omin}(V)
测量值				
计算值				

（2）稳压系数的测量（以输出电压为 12V 为例）。

注意：测量变压器副边绕组端电压，得到副边电压 U_2=18V，然后接入电路（如①-②端）；同理，测量变压器副边绕组端电压，得到副边电压 U_2=21V，再接入电路。不同变压器的副边绕组端接法不同。

① 先取交流电压 U_2=18V，调节 R_2 使 U_o =12V，测量 U_i；将测量的结果填入表 2.9.4 中。

② 再取 U_2'=21V，再测量 U_i 和 U_o，将测量的结果填入表 2.9.4 中。计算 S_v。

稳压系数为：

$$S_v = (\Delta U_o/U_o)/(\Delta U_2/U_2)$$

表 2.9.4　稳压电源性能测试表

U_2	U_i(V)	U_o(V)	计算 S_r
18V		12	
21V			

（3）纹波电压的测量（以输出电压为 12V 为例）。

用示波器观察 U_o 的纹波峰峰值，此时 Y 通道输入信号采用交流耦合 AC，测量 U_{opp} 的值（约几 mV）。

2. 扩展测试内容

（1）采用三端固定式稳压器 LM7812、LM7912 设计±12V 直流稳压电源，电路原理图如图 2.9.5 所示。用万用表分别测量变压器原副边线圈的输出电压，稳压器的输入电压、输出电压。测量结果填入表 2.9.5 中。

表 2.9.5　±12V 直流稳压电源性能测试表

变压器原边电压	变压器副边电压		稳压器的输入电压		稳压器的输出电压	
	U_2	U_2'	U_i	U_i'	U_o	U_o'

（2）采用大功率三极管设计可调节输出电流的负载，电路原理图如图 2.9.6 所示，改变负载电阻 R_3，测量其最大电流 I_{omax}。

注意：用两块数字万用表监测输出最大负载电流测试时，当电压下降 5%时，记下此时的电流（I_{omax}）后，立即调节 R_3 使输出电压回到 12V。

测量步骤：①断开电源，连接电流负载电路，使 R_3 触头位于最下端，将一块万用表置于电流测试挡（电流挡量程适当）后串入电流测试处（a、b 点之间，即电容 C_4 与可调电阻 R_3 之间），另一块万用表置于直流电压挡监测 U_o；

② 接通电源，调节 R_2 使输出电压 U_o 为 12V，向上调节电阻 R_3 触头，当电压下降 5%时记录电流表中的读数，此电流就是 I_{omax}。

（3）采用可调式三端稳压器和大功率三极管 VT_1 设计扩大输出电流电路。电路原理图如图 2.9.10 所示，LM317 稳压器的输出电流为三极管 VT_1 的基极电流，负载所需要大电流由大功率三极管提供，为发射极电流，因而最大负载电流：

$$I_{Lmax}=I_{Emax}=(1+\beta)I_o$$

式中，β 为三极管的电流放大系数，I_o 为 LM317 稳压器的额定输出电流。

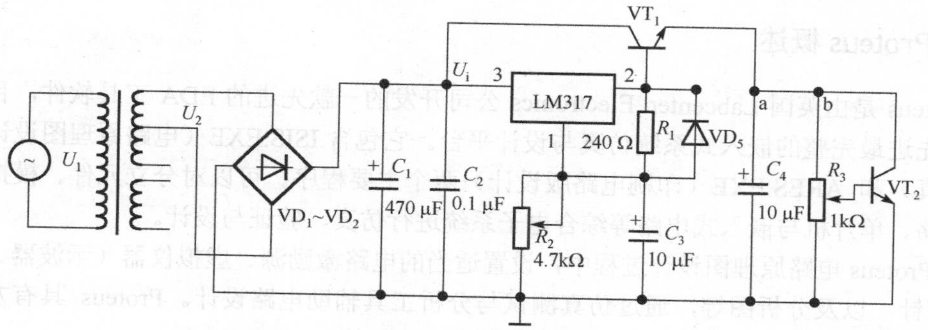

图 2.9.10　直流电压源输出电流扩大电路

注意：用两块数字万用表监测输出最大负载电流时，一块放在电容 C_4 和负载电阻 R_3 之间测量最大电流，一块放在电容 C_4 的两端测量输出电压，当电压下降 5%时，记下此时的电流（I_{Lmax}），立刻调节 R_3 使输出电压回到 12V。

调节 R_2 使输出电压为 12V，调节可变负载电阻 R_3 的值，测量最大输出电流 I_{Lmax} 值。

2.9.8　设计报告要求

（1）设计的任务和要求。

（2）方案设计和比较，说明所选方案的理由。

（3）电路各部分原理分析、元器件选择和参数计算。

（4）测试结果及分析。

① 通过实际测试该电路形式和选择的设计参数能否满足设计指标的要求。

② 设计中如何减小纹波电压。

③ 对所测结果进行全面分析，总结桥式整流、电容滤波电路的特点。

④ 根据所测数据，计算稳压电路的稳压系数 S_r，并进行分析。

（5）总结所设计中存在的问题，提出改进的设想；完成本设计后的收获、体会和建议。

2.9.9　注意事项

（1）实验时要对各个功能模块电路进行单个测试，需要时可设计一些临时电路用于调试。

（2）测试电路时，必须要保证接法正确，才能打开电源，以防元器件烧坏。

（3）注意 LM317 芯片的输入输出引脚和桥式整流电路中二极管的极性，不应反接。

（4）按照原理图连接时必须要保证可靠接地。

第 3 章　电子电路计算机辅助设计与仿真

3.1　Proteus 操作入门

3.1.1　Proteus 概述

Proteus 是由英国 Labcenter Electronics 公司开发的一款先进的 EDA 工具软件，目前是世界上最先进最完整的嵌入式系统仿真与设计平台。它包含.ISIS.EXE（电路原理图设计、电路原理仿真）和 ARES.EXE（印刷电路版设计）两个主要程序。可以对分立元件、模拟电路、数字电路、单片机与嵌入式电路等综合电子系统进行仿真、验证与设计。

在 Proteus 电路原理图设计过程中，设置适当的电路激励源、虚拟仪器（示波器、信号源等）、探针，以及分析图等，通过仿真测试与分析工具辅助电路设计。Proteus 具有友好的人机交互界面，设计功能强大，操作简便。

3.1.2　电路原理图编辑

电路原理图编辑是在 Proteus ISIS 平台上进行的。ISIS 是整个 Proteus 的核心平台之一，与其他的原理图绘制软件系统相比，它具有功能更强大的设计环境，包含了原理图绘制、复杂电子系统设计、仿真和制版等功能。Proteus ISIS 对系统配置要求很低，可运行在 Windows98/me/2000/XP 及更高操作系统中。

1．Proteus ISIS 编辑环境

Proteus 软件安装完成后，双击桌面上的 ISIS 7 Professional 图标或者执行屏幕左下方的“开始”→“程序”→“Proteus 7 Professional”→“ISIS 7 Professional”命令，如图 3.1.1 所示，即可进入 Proteus ISIS 编辑环境主界面。

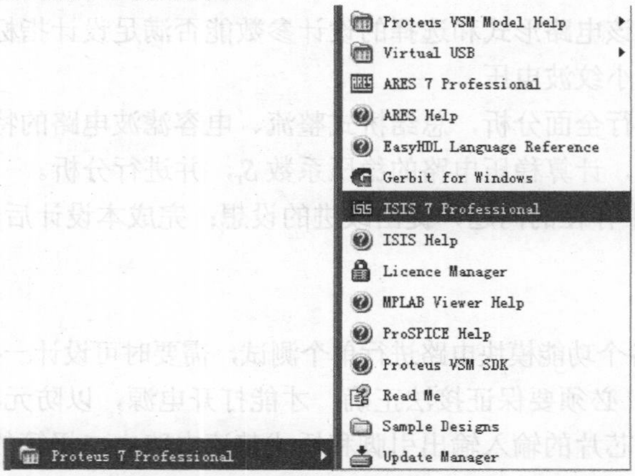

图 3.1.1　启动 Proteus 7 Professional 中的 ISIS 7 Professional

主界面包括三大窗口和两大菜单，如图 3.1.2 所示。

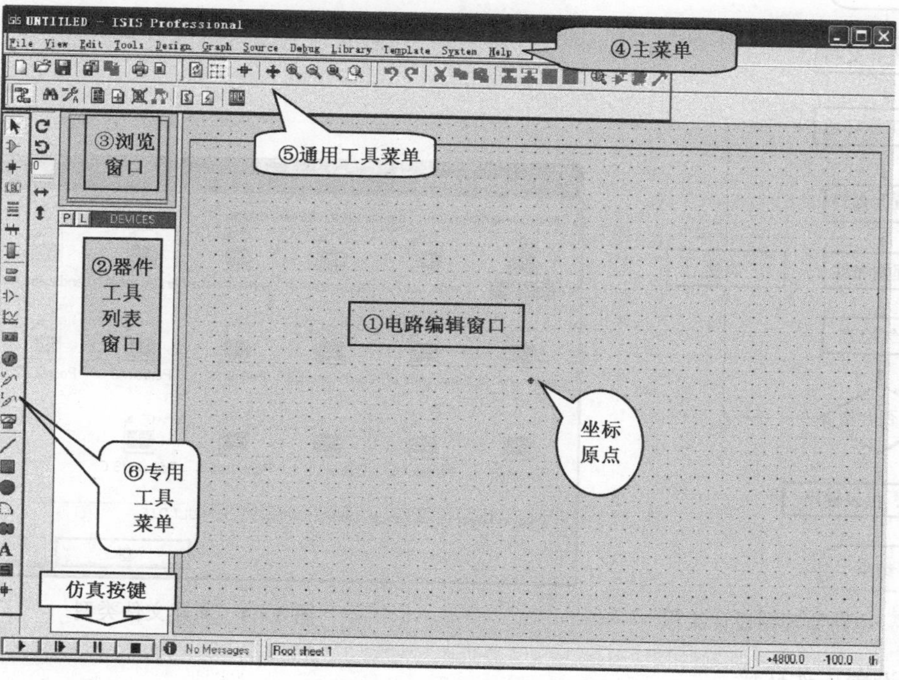

图 3.1.2　Proteus 运行主界面

其中三大窗口分别为：①电路编辑窗口，用于放置元件、进行布线、绘制原理图；②器件工具列表窗口，用于显示和查找器件工具；③浏览窗口，通常用来显示全部原理图，蓝框表示当前页边界，绿框表示当前编辑窗口显示的区域，但从对象选择窗口中选中新的对象时，预览窗口将预览被选中的对象。

两大菜单为主菜单和辅助菜单，其中，④主菜单，单击任一菜单都将进入其子菜单；辅助菜单包括⑤通用工具菜单和⑥专用工具菜单。

2．Proteus ISIS 原理图输入

电路设计第一步为绘制原理图，它是电路设计的基础，只有在此基础上才能对电路图进行仿真验证等工作。Proteus ISIS 原理图设计输入流程图如图 3.1.3 所示。

原理图设计的具体步骤如下。

1）创建一个新的设计文件

进入 Proteus ISIS 运行主界面，执行“File”→“New Design”命令，出现如图 3.1.4 所示的“新建文件”对话框，选择“DEFAULT”选项，单击“OK”按钮出现新建运行界面。

2）保存设计文件

设计文件新建后，需要保存，执行“File”→“Save Design”或“Save Design As”命令，默认保存在安装路径下 SAMPLES 文件夹中，也可以更改保存路径和文件名，在文件名后面输入易于理解的文件名，单击“保存”按钮。

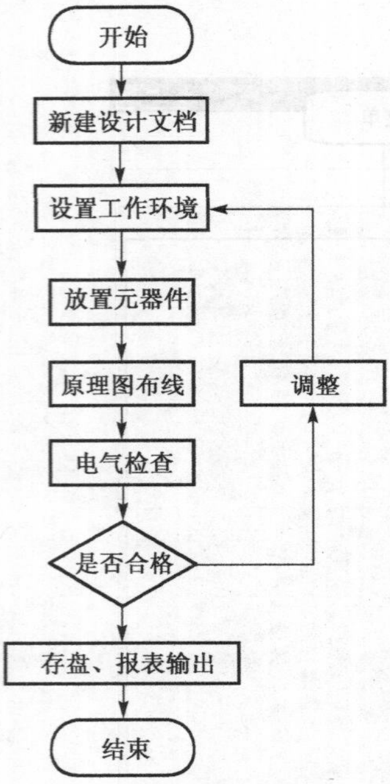

图 3.1.3　电路原理图设计流程

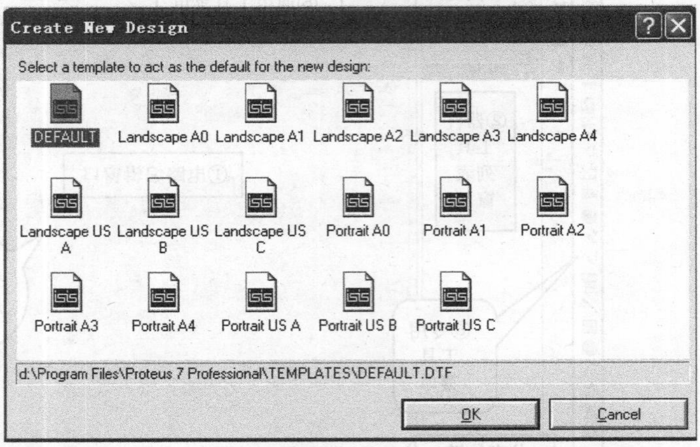

图 3.1.4　新建文件类型

3）设置工作环境

打开“Template”菜单，对工作环境进行简单的属性设置，也可选择“System”下拉菜单中的“Set”项，进行进一步的设置，如选择“Set Sheet Sizes”项，将出现“页面设置”对话框如图 3.1.5 所示，可根据需要选择页面大小。

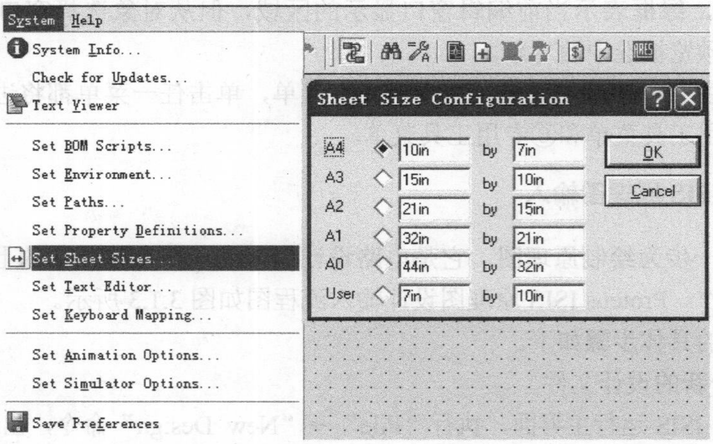

图 3.1.5　“页面设置”对话框

4）选择元器件

做好前面 3 个准备工作后，在 ISIS 中绘制原理图的第一步是从元件库中选取绘制电路所需的器件。Proteus ISIS 提供了 3 种从元件库中选取元件的方法。

第一种：选择“Library”菜单，选择“Pick Devices/Symbol…P”。

第二种：单击对象选择窗口顶端左侧的“P”按钮或者使用库浏览图表的键盘快捷方式，即在英文输入方式下输入“P”。

第三种：在原理图编辑窗口单击鼠标右键，在弹出的右键菜单中选择“Place”→“Component”→“From Libraries”选项。

执行上述三种操作，都会出现“元器件库浏览”对话框，如图 3.1.6 所示。

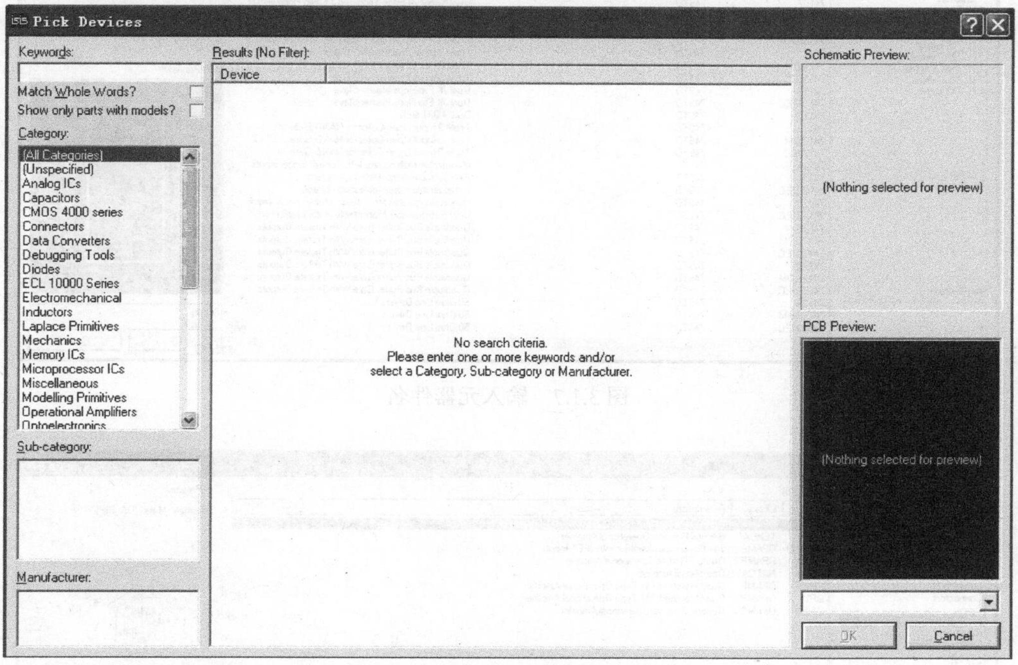

图 3.1.6 “元器件库浏览”对话框

在元件库中查找期望元件。Proteus ISIS 提供了多种查找元件的方法，当已知元件名时，可在 Keywords 区域输入元件名，如 741，则在 Results 区域显示出元件库中元件名或元件描述中带有 741 的元件，如图 3.1.7 所示。此时用户可根据元件所属类别、子类及生产厂家进一步查找所需元件，如图 3.1.8 所示。在 Results 列表所需元件“741”上双击鼠标左键，或单击右下角的“OK”按钮，元件将出现在对象选择窗口，如图 3.1.9 所示。

5）放置元器件

在当前设计文档的对象选择器中添加元器件后，可以在原理图中放置该元器件。下面以放置 741 为例说明具体步骤：首先，选择对象选择器中的 741，在 ISIS 编辑环境主界面的浏览窗口将出现 741 图标；然后在编辑窗口单击鼠标左键，元器件 741 被放置到原理图中，按照上述步骤，可以将电路原理图中的其他器件放置到原理图中；将光标指向编辑窗口的元器件，并单击该对象，可使其高亮显示，这时可将高亮对象拖到合适的位置，以调整器件位置，完成调整后，选择“View”下面“Redraw”菜单项，刷新屏幕，此时图纸中会出现全部元器件。放置好元器件后，双击相应的元器件，即可打开该元器件的“编辑”对话框，对元器件的许多项目进行编辑。

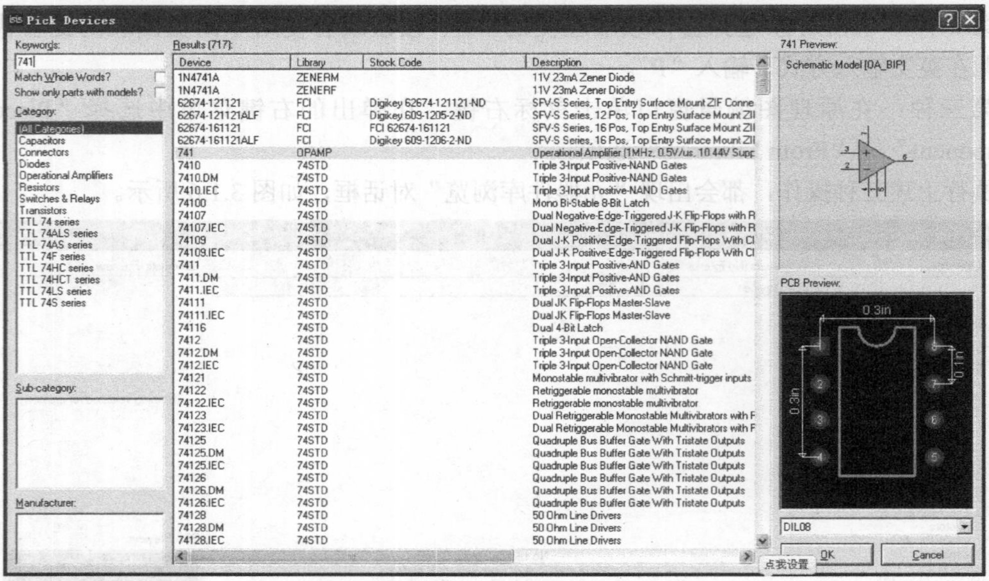

图 3.1.7　输入元器件名

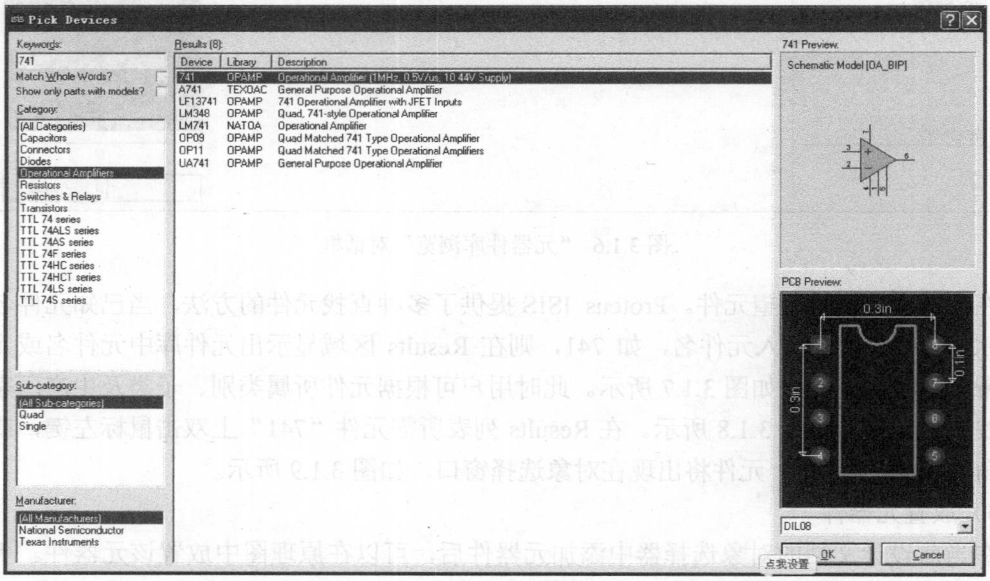

图 3.1.8　添加元件

6）原理图布线

根据实际电路的需要，利用 ISIS 编辑环境中各种工具、命令布线，将工作平面上的元器件用导线连接起来，构成一幅完整的电路原理图。连接后的原理图如图 3.1.10 所示。

7）电气检查

布线完成后，选择“Tools”下拉菜单中的“Electrical Rule Check”选项，出现电气检测报告单，如图 3.1.11 所示。

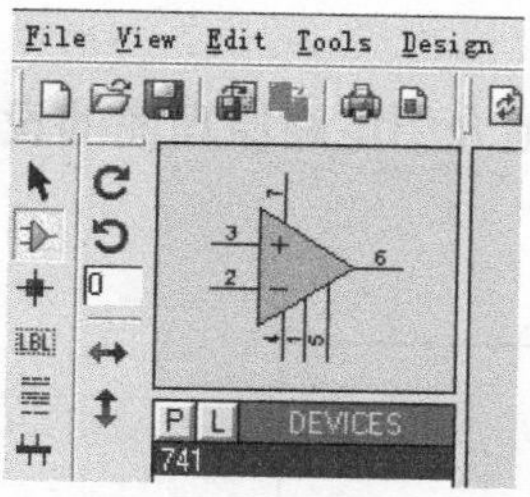

图 3.1.9　添加元件到对象选择器

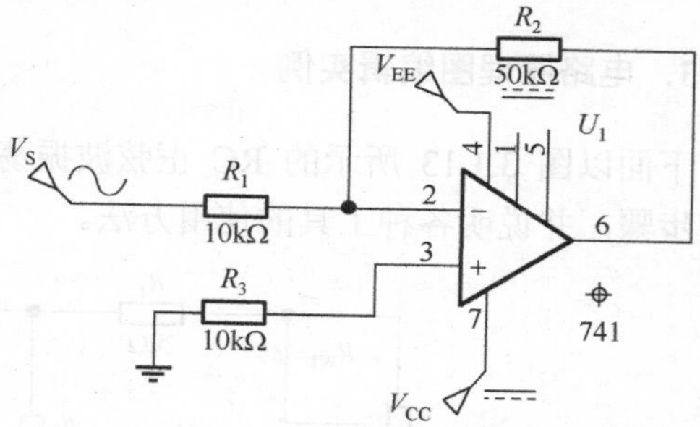

图 3.1.10　连接后的原理图

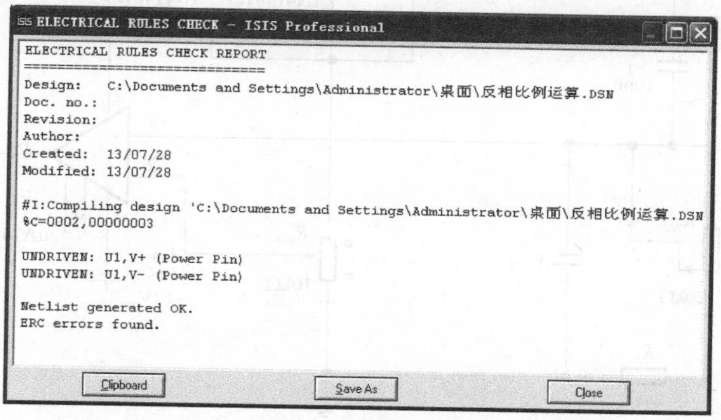

图 3.1.11　电气规则检测报告单

在该报告单中，系统提示网络表已经生成，且无电气错误，则用户可执行下一步操作。若报告单中提示有错误，则不能生成网络表，也不能仿真。因此，需根据错误提示修改原理图，直到通过电气检查规则为止。

8）存盘和输出报表

保存设计好的原理图文件。使用“Tools”下拉菜单中的“Bill of Materials”命令输出多种报表格式。如图 3.1.12 所示为 ASCII Output 报表，可以据此查看原理图元器件清单。

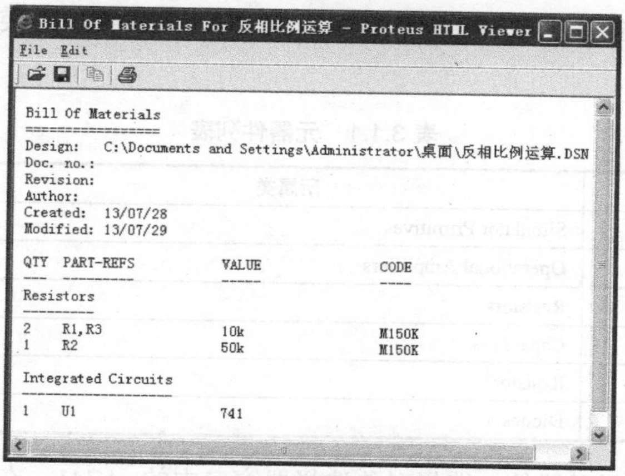

图 3.1.12　ASCII 报表输出

3. 电路原理图编辑实例

下面以图 3.1.13 所示的 RC 正弦波振荡电路为例，简要直观地介绍电路原理图的设计方法和步骤，并说明各种工具的使用方法。

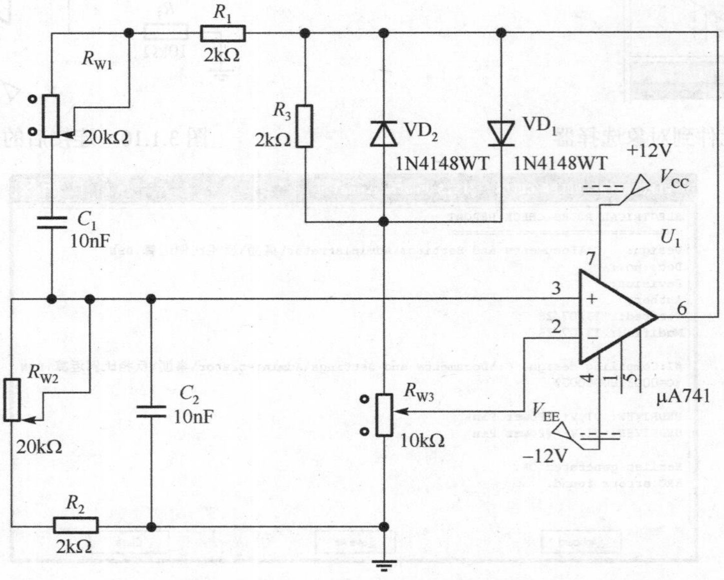

图 3.1.13　RC 正弦波振荡电路原理图

绘制原理图的步骤如下。

（1）创建一个新的设计文件。根据前面新建文件的方法在 Proteus ISIS 编辑环境中新建一个文件，并保存文件名为“example”。

（2）设置工作环境。本例中，仅对图纸进行设置，纸张选择 A4，其他使用系统默认设置。

（3）器件选择。在工具箱中单击 Component 按钮，单击对象选择器中的 P 按钮，将弹出 Pick Devices 对话框，按照表 3.1.1 所列元器件的名称、所属类、子类将元器件添加到器件对象选择窗口。

表 3.1.1　元器件列表

元器件名称	所属类	所属子类
SOURCE	Simulator Primitives	Sources
μA741	Operational Amplifiers	Single
RES	Resistors	Generic
CAP	Capacitors	Generic
POT	Resistors	Variable
DIODE	Diodes	Generic

（4）在原理图中放置元器件。选择对象选择器窗口中的μA741，在 Proteus ISIS 编辑环境主界面的预览窗口将出现μA741 的图标，在编辑窗口双击鼠标左键，μA741 被放置到原理图

中。按照同样的步骤，分别将 RES、CAP、POT、DIODE 按照布线方向排列放置到原理图中。

（5）绘制原理图。Proteus ISIS 具有智能化连线特点，在连线的时候能进行自动检测。连线时单击两个需要连接对象中的一个连接点，再单击另一个对象的连接点，完成两个对象间导线的连接；如果自己决定路线，只需在拐点处单击。在此过程中都可以按"Esc"键放弃连线。以此类推则可画出如图 3.1.13 所示的电路。

3.1.3 Proteus ISIS 的库元件简介

从上述原理图绘制过程可知，只要绘制好库元件，电路连线较为简单。如何快速准确地找到库元件是绘图的关键，由于 ISIS 库元件种类繁多，为此，需要了解 ISIS 库元件分类、子类、元件名称等。

1. 库元件的分类

Proteus ISIS 的库元件按类存放，通常以类→子类（或生产厂家）→元件。对于比较常用的元件需要读者记住它的名称，通过直接输入名称来提取，至于哪些是常用的元件，因人而异，可以根据平时的需要而定。另外一种元件选取的方法是按类查询，也非常方便。

1）大类（Category）

Proteus ISIS 元件提取对话框中，左侧的"Category"中列出了以下几个大类，其含义如表 3.1.2 所示。若要从库中选取某元件时，首先要知道该元件是属于表中的哪一大类，然后在"元件选取"对话框中，选中"Category"中相应的大类。

表 3.1.2　库元件分类

Category（类）	含义	Category（类）	含义
Analog ICs	模拟集成器件	PLDs and FPGAs	可编程逻辑器件和现场可编程门阵列
Capacitors	电容	Resistors	电阻
CMOS 4000 series	CMOS 4000 系列	Simulator Primitives	仿真源
Connectors	连接器	Speakers and Sounders	扬声器和声响
Data Converters	数据转换器	Switches and Relays	开关和继电器
Debugging Tools	调试工具	Switches Devices	开关器件
Diodes	二极管	Thermionic Valves	热离子真空管
ECL 10000 series	ECL 10000 系列	Transducers	传感器
Electromechanical	电机	Transistors	晶体管
Inductors	电感	TTL 74 Series	标准 TTL 系列
Laplace Primitives	拉普拉斯模型	TTL 74ALS Series	先进的低功耗肖特基 TTL 系列
Memory ICs	存储器芯片	TTL 74AS Series	先进的肖特基 TTL 系列
Microprocessor ICs	微处理器芯片	TTL 74F Series	快速 TTL 系列
Miscellaneous	混杂器件	TTL 74HC Series	高速 CMOS 系列
Modelling Primitives	建模源	TTL 74HCT Series	与 TTL 兼容的高速 CMOS 系列
Operational Amplifiers	运算放大器	TTL 74LS Series	低功耗肖特基 TTL 系列
Optoelectronics	光电器件	TTL 74S Series	肖特基 TTL 系列

2）子类（Sub-Category）

选取元件所在的大类后，再选子类，也可以直接选生产厂家，这样会在“元件选取”对话框中间部分的查找结果中显示符合条件的元件列表。从中找到所需的元件，双击该元件名称，元件即被选取到对象选择器中。如果要继续选取其他元件，最好选择双击名称的办法，这样对话框不会关闭。如果只选取一个元件，可以单击元件名称后再单击“OK”按钮，关闭对话框。

如果选取大类后，没有选取子类或生产厂家，则在元件选取对话框的查询结果中，会把此大类下的所有元件名称首字母的升序排列出来。

2. 各子类介绍

1）Analog ICs

模拟集成器件共有 8 个子类，如表 3.1.3 所示。

表 3.1.3　Analog ICs 子类

子类	含义	子类	含义
Amplifier	放大器	Miscellaneous	混杂器件
Comparators	比较器	Regulators	三端稳压器
Display Drivers	显示驱动器	Timers	555 定时器
Filters	滤波器	Voltage References	参考电压

2）Capacitors

电容共有 23 个分类，如表 3.1.4 所示。

表 3.1.4　Capacitors 子类

子类	含义	子类	含义
Animated	可显示充放电电荷电容	Miniture Electrolytic	微型电解电容
Audio Grade Axial	音响专用电容	Multilayer Metallised Polyester Film	多层金属聚酯膜电容
Axial Lead polypropene	径向轴引线聚丙烯电容	Mylar Film	聚酯薄膜电容
Axial Lead polystyrene	径向轴引线聚苯乙烯电容	Nickel Barrier	镍栅电容
Ceramic Disc	陶瓷圆片电容	Non Polarized	无极性电容
Decoupling Disc	解耦圆片电容	Polyester Layer	聚酯层电容
Generic	普通电容	Radial Electrolytic	径向电解电容
High Temp Radial	高温径向电容	Resin Dipped	树脂蚀刻电容
High Temp Axial Electrolytic	高温径向电解电容	Tantalum Bead	钽珠电容
Metallised Polyester Film	金属聚酯膜电容	Variable	可变电容
Metallised Polypropene	金属聚丙烯电容	VX Axial Electrolytic	VX 轴电解电容
Metallised Polypropene Film	金属聚丙烯膜电容		

3）CMOS 4000 Series

CMOS 4000 系列数字电路共有 16 个子类，如表 3.1.5 所示。

表 3.1.5 CMOS 4000 Series 子类

子类	含义	子类	含义
Adders	加法器	Gates & Inverters	门电路和反相器
Buffers & Drivers	缓冲和驱动器	Memory	存储器
Comparators	比较器	Misc.Logic	混杂逻辑电路
Counters	计数器	Mutiplexers	数据选择器
Decoders	译码器	Multivibrators	多谐振荡器
Encoders	编码器	Phase-locked Loops(PLL)	锁相环
Flip-Flops & Latches	触发和锁存器	Registers	寄存器
Frequency Dividers & Timer	分频和定时器	Signal Switcher	信号开关

4）Connectors

连接器共有 9 个分类，如表 3.1.6 所示。

表 3.1.6 Connectors 子类

子类	含义	子类	含义
Audio	音频接头	PCB Transfer	PCB 传输接头
D-Type	D 型接头	SIL	单排插座
DIL	双排插座	Ribbon Cable	蛇皮电缆
Header Blocks	插头	Terminal Blocks	接线端子台
Miscellaneous	各种接头		

5）Data Converters

数据转换器共有 4 个分类，如表 3.1.7 所示。

表 3.1.7 Data Converters 子类

子类	含义	子类	含义
A/D Converters	模/数转换器	Sample & Hold	采样保持器
D/A Converters	数/模转换器	Temperature Sensors	温度传感器

6）Debugging Tools

调试工具共有 3 个分类，如表 3.1.8 所示。

表 3.1.8 Debugging Tools 子类

子类	含义	子类	含义
Breakpoint Triggers	断点触发器	Logic Stimuli	逻辑状态输入
Logic Probes	逻辑输出探针		

7）Diodes

二极管共有 8 个分类，如表 3.1.9 所示。

表 3.1.9　Diodes 子类

子类	含义	子类	含义
Bridge Rectifiers	整流桥	Switching	开关二极管
Generic	普通二极管	Tunnel	隧道二极管
Rectifiers	整流二极管	Varicap	变容二极管
Schottky	肖特基二极管	Zener	稳压二极管

8）Inductors

电感共有 3 个分类，如表 3.1.10 所示。

表 3.1.10　Inductors 子类

子类	含义	子类	含义
Generic	普通电感	Transformers	变压器
SMT Inductors	表面安装技术电感		

9）Laplace Primitives

拉普拉斯模型共有 7 个分类，如表 3.1.11 所示。

表 3.1.11　Laplace Primitives 子类

子类	含义	子类	含义
1st Order	一阶模型	Operators	算子
2nd Order	二阶模型	Poles/Zeros	极点/零点
Controllers	控制器	Symbols	符号
Non-Linear	非线性模型		

10）Memory ICs

存储器芯片共有 7 个分类，如表 3.1.12 所示。

表 3.1.12　Memory ICs 子类

子类	含义	子类	含义
Dynamic RAM	动态数据存储器	Memory Cards	存储卡
E^2PROM	电可擦除程序存储器	SPI Memories	SPI 总线存储器
EPROM	可擦除程序存储器	Static RAM	静态数据存储器
I^2C Memories	I^2C 总线存储器		

11）Microprocessor ICs

微处理器芯片共有 13 个分类，如表 3.1.13 所示。

表 3.1.13　Microprocessor ICs 子类

子类	含义	子类	含义
68000 Family	68000 系列	PIC 10 Family	PIC 10 系列
8051 Family	8051 系列	PIC12 Family	PIC 12 系列
ARM Family	ARM 系列	PIC 16 Family	PIC 16 系列
AVR Family	AVR 系列	PIC 18 Family	PIC 18 系列
BASIC Stamp Modules	Parallax 公司微处理器	PIC 24 Family	PIC 24 系列
HC11 Family	HC11 系列	Z80 Family	Z80 系列
Peripherals	CPU 外设		

12）Modelling Primitives

建模源共有 9 个分类，如表 3.1.14 所示。

表 3.1.14　Modelling Primitives 子类

子类	含义	子类	含义
Analog(SPICE)	模拟（仿真分析）	Mixed Mode	混合模式
Digital(Buffers & Gates)	数字（缓冲器和门电路）	PLD Elements	可编程逻辑器件单元
Digital(Combinational)	数字（组合电路）	Realtime(Actuators)	实时激励源
Digital(Miscellaneous)	数字（混杂）	Realtime(Indictors)	实时指示器
Digital(Sequential)	数字（时序电路）		

13）Operational Amplifiers

运算放大器共有 7 个分类，如表 3.1.15 所示。

表 3.1.15　Operational Amplifiers 子类

子类	含义	子类	含义
Dual	双运放	Quad	四运放
Ideal	理想运放	Single	单运放
Macromodel	宏运算放大器	Triple	三运放
Octal	八运放		

14）Optoelectronics

光电器件共有 11 个分类，如表 3.1.16 所示。

表 3.1.16　Optoelectronics 子类

子类	含义	子类	含义
7-Segment Display	7 段显示	LCD Controllers	液晶控制器
Alphanumeric LCDs	液晶数码显示	LCD Panels Displays	液晶面板显示
Bargraph Display	条形显示	LEDs	发光二极管
Dot Matrix Displays	点阵显示	Optocouplers	光电耦合
Graphical LCDs	液晶图形显示	Serial LCDs	串行液晶显示
Lamps	灯		

15）Resistors

电阻共有 11 个分类，如表 3.1.17 所示。

表 3.1.17　Resistors 子类

子类	含义	子类	含义
0.6W Metal Film	0.6W 金属膜电阻	High Voltage	高压电阻
10 Watt Wirewound	10W 绕线电阻	NTC	负温度系数热敏电阻
2W Metal Film	2W 金属膜电阻	Resistor Packs	排阻
3 Watt Wirewound	3W 绕线电阻	Variable	滑动变阻器
7 Watt Wirewound	7W 绕线电阻	Varisitors	可变电阻
Generic	普通电阻		

16）Simulator Primitives

仿真源共有 3 个分类，如表 3.1.18 所示。

表 3.1.18　Simulator Primitives 子类

子类	含义	子类	含义
Flip-Flops	触发器	Sources	电源
Gates	门电路		

17）Switches and Relays

开关和继电器共有 4 个分类，如表 3.1.19 所示。

表 3.1.19　Switches and Relays 子类

子类	含义	子类	含义
Key pads	键盘	Relays(Specific)	专用继电器
Relays(Generic)	普通继电器	Switches	开关

18）Switching Devices

开关器件共有 4 个分类，如表 3.1.20 所示。

表 3.1.20　Switching Devices 子类

子类	含义	子类	含义
DIACs	两端交流开关	SCRs	可控硅
Generic	普通开关元件	TRIACs	三端双向可控硅

19）Thermionic Valves

热离子真空管共有 4 个分类，如表 3.1.21 所示。

20）Transducers

传感器共有 2 个分类，如表 3.1.22 所示。

表 3.1.21　Thermionic Valves 子类

子类	含义	子类	含义
Diodes	二极管	Tetrodes	四极管
Pentodes	五极真空管	Triodes	三极管

表 3.1.22　Transducers 子类

子类	含义
Pressure	压力传感器
Temperature	温度传感器

21）Transistors

晶体管共有 8 个分类，如表 3.1.23 所示。

表 3.1.23　Transistors 子类

子类	含义	子类	含义
Bipolar	双极型晶体管	MOSFET	MOS 场效应管
Generic	普通晶体管	RF Power LDMOS	射频功率 LDMOS 管
IGBT	绝缘栅双极晶体管	RF Power VDMOS	射频功率 VDMOS 管
JFET	结型场效应管	Unijunction	单结晶体管

3.1.4　Proteus 中常用仪器简介

与实际电路测试一样，Proteus 也可以在电路中接入各种测量和分析仪器，通过仿真验证设计的电路是否达到预期的目标。ISIS 提供了许多虚拟仿真测试工具，如激励源、虚拟仪器、图表分析工具，给电路设计和分析带来了极大的方便。

1．激励源

激励源为电路提供输入信号，Proteus ISIS 为用户提供了如表 3.1.24 所示的 13 种激励信号发生器，并允许用户对其参数进行设置。

表 3.1.24　激励源

名称	意义	名称	意义
DC	直流信号发生器	AUDIO	音频信号发生器
SINE	正弦波信号发生器	DSTATE	数字单稳态逻辑电平发生器
PULSE	脉冲发生器	DEDGE	数字单边沿信号发生器
EXP	指数脉冲发生器	DPULSE	单周期数字脉冲发生器
SFFM	单频率调频波发生器	DCLOCK	数字时钟信号发生器
PWLIN	分段线性激励源	DPATTERN	数字模式信号发生器
FILE	FILE 信号发生器		

激励源的种类很多，这里介绍几种激励源的使用方法，其他激励源的使用方法与此类似。

1）直流信号发生器

直流信号发生器用来产生模拟直流电源或电流。

（1）放置直流信号发生器。

① 在 ISIS 环境中单击工具箱中的“Generator Mode”图标 ，出现如图 3.1.14 所示的所有激励源的名称列表。

② 用鼠标左键单击“DC”按钮，则在预览窗口出现直流信号发生器的符号，如图 3.1.14 所示。

③ 在编辑窗口双击，则直流信号发生器被放置到原理图编辑界面中，可使用镜像、翻转工具调整直流信号发生器在原理图中的位置。

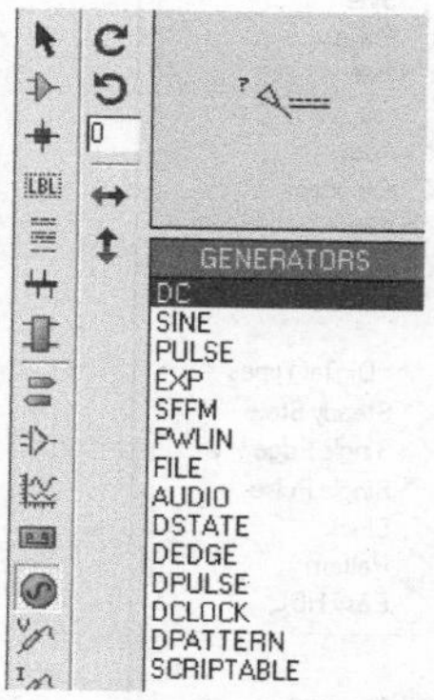

图 3.1.14　激励源列表

（2）直流信号发生器属性设置。

① 在原理图编辑区，用鼠标左键双击直流信号发生器符号，出现如图 3.1.15 所示的“属性设置”对话框。

② 默认为直流电压源，可以在右侧设置电压源的大小。

③ 如果需要直流电流源，则在图 3.1.15 中选中左侧下面的“Current Source”，右侧自动出现电流值的标记，根据需要填写即可。

2）正弦波信号发生器

正弦波信号发生器用来产生固定频率的连续正弦波。

（1）放置正弦波信号发生器。

① 在 ISIS 环境中单击工具箱中的“Generator Mode”图标，出现如图 3.1.14 所示的所有激励源的名称列表。

② 用鼠标左键单击“SINE”按钮，则在预览窗口出现正弦波信号发生器的符号。

③ 在编辑窗口双击，则正弦波信号发生器被放置到原理图编辑界面中，可使用镜像、翻转工具对其位置和方向进行调整。

（2）编辑正弦波信号发生器。

① 双击原理图中的正弦波信号发生器符号，出现如图 3.1.16 所示的“属性设置”对话框。“正弦波信号发生器属性设置”对话框中主要选项含义如下。

- Offset(Volts)：偏移电压，即正弦波的平均电平。
- Amplitude(Volts)：正弦波的三种幅值标记方法，其中 Amplitude 为振幅，及半波峰值电压，Peak 为峰值电压，RMS 为有效电压，以上 3 个电压值选填一项即可。
- Timing：正弦波频率的三种定义方法，其中 Frequency(Hz)为频率，单位为赫兹；Period(Secs)为周期，单位为秒；这两项填一项即可。Cycles/Graph 为占空比，要单独设置。
- Delay：延时，指正弦波的相位，有两个选项，选填一个即可。其中 Time Delay(Secs)是时间轴的延时，单位为秒；Phase(Degrees)为相位，单位为度。

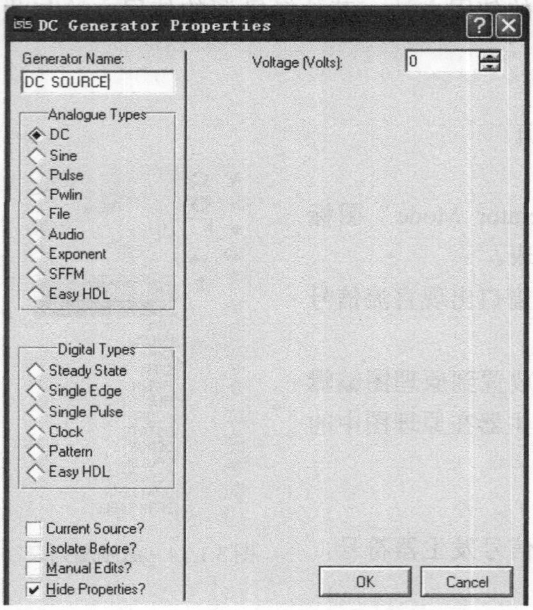

图 3.1.15 “直流信号发生器属性”对话框

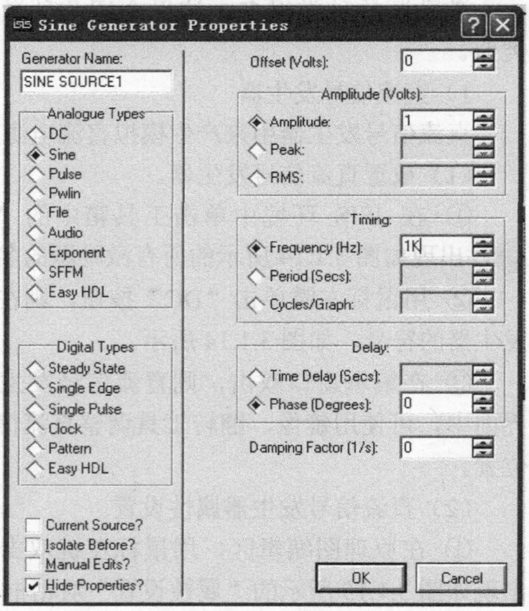

图 3.1.16 “正弦波信号发生器的属性设置”对话框

② 在“Generator Name”中输入正弦波信号发生器的名称，如“VS”，在相应的项目中设置相应的值。本例中使用两个正弦波发生器，各参数设置如表 3.1.25 所示。

表 3.1.25　两个正弦波信号发生器参数示例

信号源名称	幅值(V)	频率(kHz)	相位(°)
SINE SOURCE1	1	1	0
SINE SOURCE2	2	1	90

③ 单击“OK”按钮，完成设置。

④ 用示波器观察两个信号，连线如图 3.1.17 所示。

⑤ 示波器显示的图形如图 3.1.18 所示。

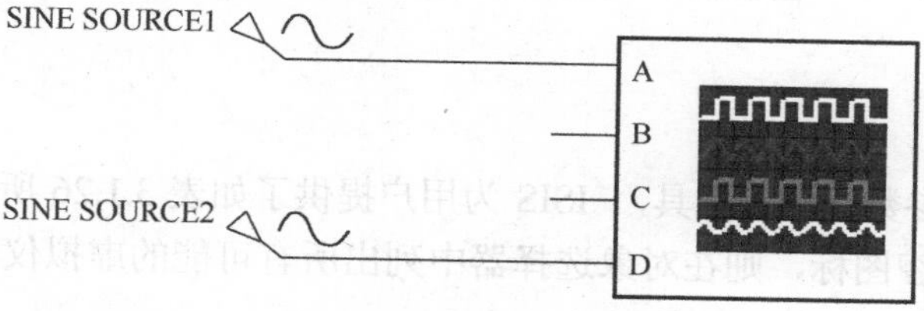

图 3.1.17　正弦信号发生器与示波器的连接

3）音频信号发生器

放置音频信号发生器的方法与直流信号发生器的放置方法一样，在如图 3.1.14 所示的所有激励源的名称列表中单击“AUDIO”按钮，则在预览窗口出现音频信号发生器的符号。

在编辑窗口双击，则音频信号发生器被放置到原理图编辑界面中。双击原理图中的音频信号发生器符号，出现如图 3.1.19 所示的“属性设置”对话框。

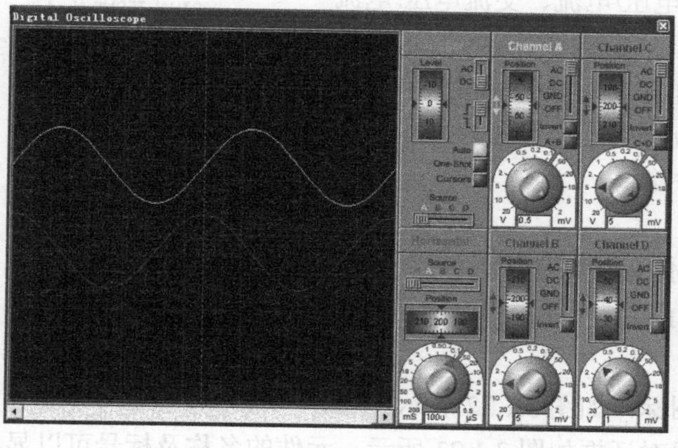

图 3.1.18　示波器显示的正弦波信号波形

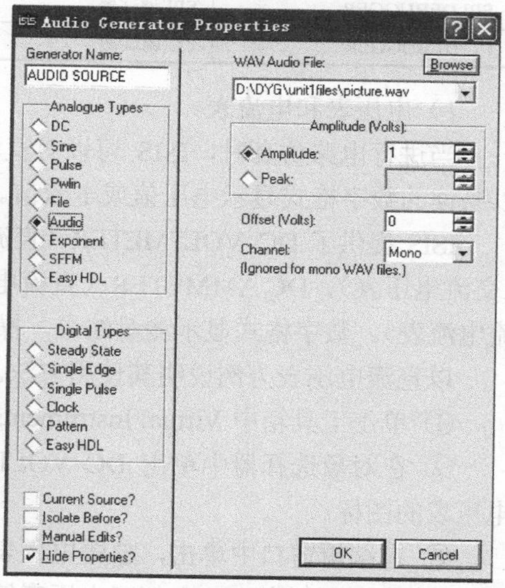

图 3.1.19　“音频信号发生器的属性设置”对话框

对图 3.1.20 进行图表仿真，观察音频波形，可同时在音频信号发生器上接一扬声器，并且可以听到此音频文件的声音。扬声器元件的选取可以直接输入“SPEAKER”，在出现的元件列表中选取“Library”为“ACTIVE”属性的元件。

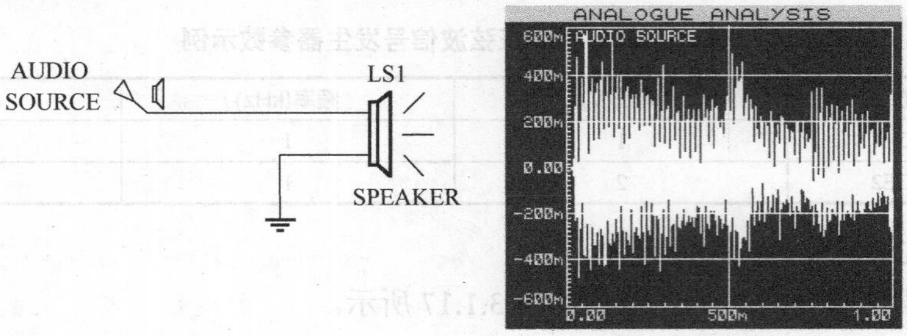

图 3.1.20　音频信号发生器与扬声器的连接

2. 虚拟仪器

虚拟仪器为电路参数的测量工具，ISIS 为用户提供了如表 3.1.26 所示的 12 种虚拟测量仪器，单击工具箱中的图标，则在对象选择器中列出所有可能的虚拟仪器模式（图 3.1.21）。部分介绍如下。

表 3.1.26　虚拟仪器及含义表

名称	含义	名称	含义
OSCILLOSCOPE	示波器	SIGNAL GENERATOR	信号发生器
LOGIC ANALYSER	逻辑分析仪	PATTERN GENERATOR	模式发生器
COUNTER TIMER	计数/定时器	DC VOLTMETER	直流电压表
VIRTUAL TERMINAL	虚拟终端	DC AMMETER	直流电流表
SPI DEBUGGER	SPI 调试器	AC VOLTMETER	交流电压表
I^2C DEBUGGER	I^2C 调试器	AC AMMETER	交流电流表

1）电压表和电流表

当进行电路仿真时，ISIS 可以对直流电压/电流、交流电压/电流以易读的数字格式显示电压值或电流值。

ISIS 提供了 DC VOLTMETER（直流电压表）、AC VOLTMETER（交流电压表）、DC AMMETER（直流电流表）、AC AMMETER（交流电流表）。数字格式显示测量结果，操作简单。

以直流电压表为例说明其使用方法。

① 单击工具箱中 Virtual Instruments Mode 按钮。

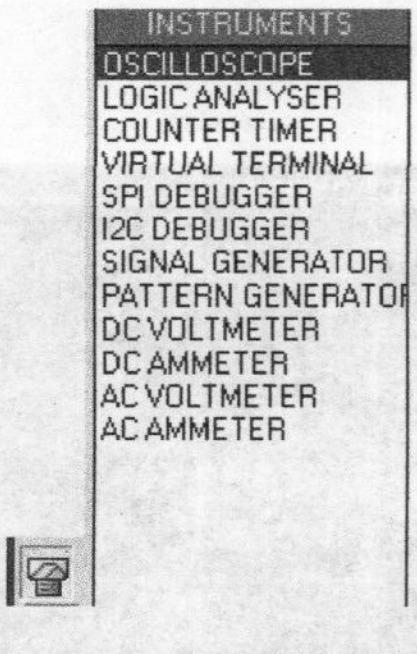

图 3.1.21　虚拟仪器模式

② 在对象选择器中单击 DC VOLTMETER，则在预览窗口出现电压表的图标。

③ 在编辑窗口中单击，放置电压表图标，如图 3.1.22 所示。

④ 选中电压表，双击打开电压表编辑对话框如图 3.1.23 所示，元件的名称及标号可以显示或隐藏，Display Range 显示电压测量范围，系统提供了三种电压范围，即 Volts（伏）、Millivolts（毫伏）、Microvolts（微伏）。通常选择量程范围时要使待测信号的电压值小于量程范围，若测量时电压表显示+MAX，表示量程过小，需要选择大量程值。

其他电表（交/直流电流表、交流电压表）的使用方法与直流电压表的使用方法相同。需要注意的是，交流电压表和交流电流表的示值为有效值。

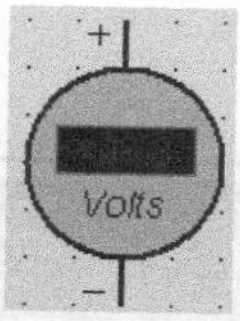

图 3.1.22　电压表图标

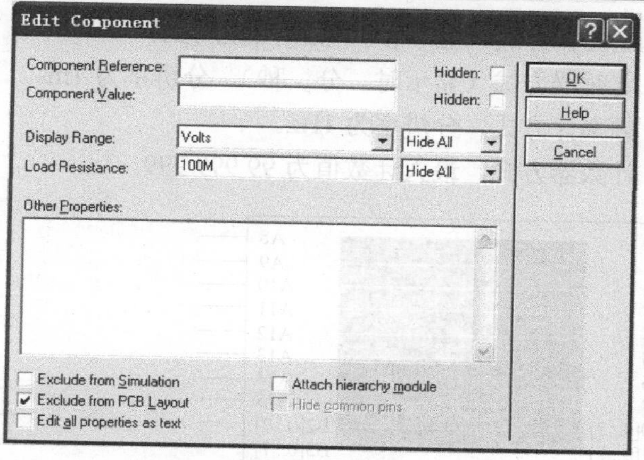

图 3.1.23　“电压表编辑”对话框

2）虚拟示波器

① 单击工具箱中的 Virtual Instruments Mode 按钮，选择 Oscilloscope 选项，则在预览窗口显示出虚拟示波器符号。

② 在编辑窗口单击，添加示波器如图 3.1.24 所示。

③ 在仿真界面中，单击“运行”按钮，将弹出如图 3.1.25 所示的虚拟示波器界面，虚拟示波器窗口与真实的示波器相同，每个 Y 拥有一套独立垂直控制系统，几个 Y 通道共用一套水平控制系统和触发控制系统。

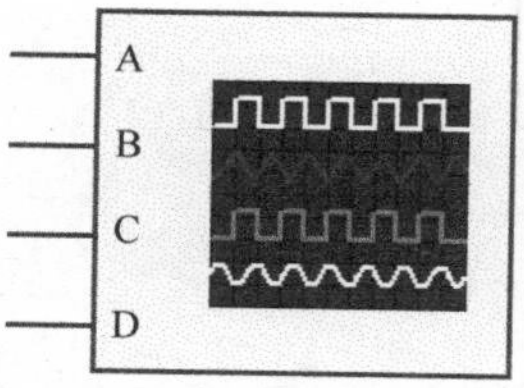

图 3.1.24　虚拟示波器

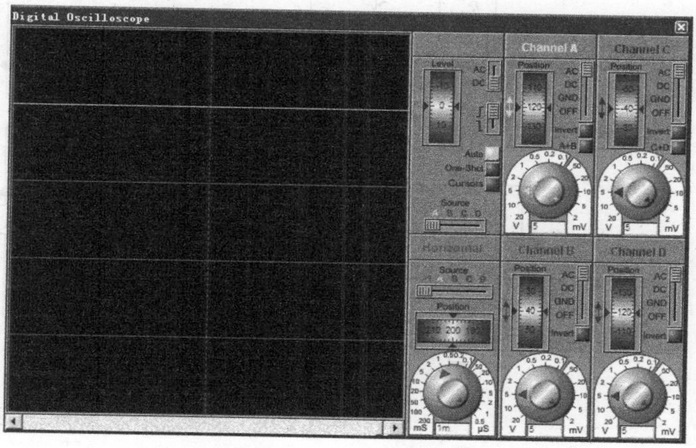

图 3.1.25　虚拟示波器界面

3）逻辑分析仪

逻辑分析仪（Logic Analyser）如图 3.1.26 所示。它用来记录进入捕捉缓冲器中的数字信号，是一个数据采样过程，采样过程可以实时启动、捕获、暂停操作，采样分辨率可根据需要记录的最短脉冲宽度进行调整。

4）定时器/计数器

Proteus 提供的定时器/计数器（COUNTER TIMER）如图 3.1.27 所示。它是一个通用的数字仪器，可用于测量时间间隔、信号频率和脉冲数。它具有如下几种操作模式：

① 定时器方式（显示秒），分辨率为 1μs。

② 定时器方式（显示时、分、秒），分辨率为 1ms。

③ 频率计方式，分辨率为 1Hz。

④ 计数器方式，最大计数值为 99 999 999。

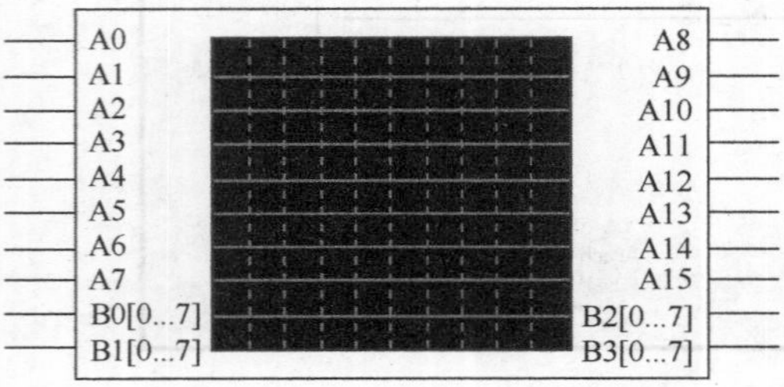

图 3.1.26　虚拟逻辑分析仪

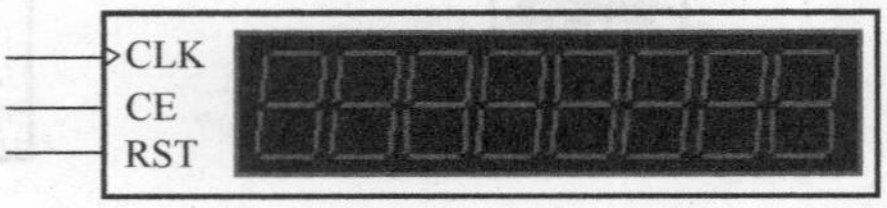

图 3.1.27　虚拟定时器/计数器

其模式数值在虚拟仪器界面显示，也可以在仿真期间选择 Debug 下 VSM Counter Timer 的弹出界面显示，在该界面中可以选择复位电平极性、门信号极性、手动复位和工作模式等。

5）虚拟仪器使用实例

常用的虚拟仪器定时器/计数器和示波器的使用实例如图 3.1.28 所示。

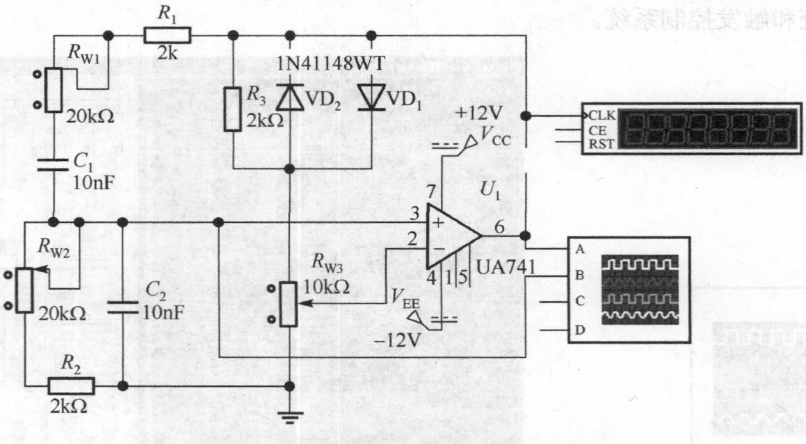

图 3.1.28　定时器/计数器和示波器的使用

其中定时器/计数器作为频率计测量电路频率，示波器用于显示电路波形。单击仿真运行，定时器/计数器和示波器分别弹出如图 3.1.29 和图 3.1.30 所示的运行结果。

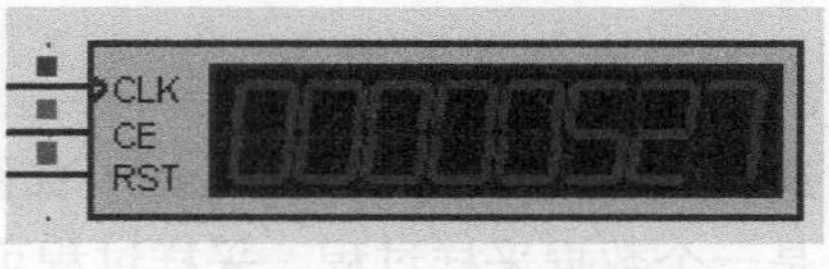

图 3.1.29　交互式仿真中定时器/计数器运行结果

3．图表分析工具

尽管 Proteus VSM 提供的虚拟仪器为用户提供良好的交互动态仿真功能，但其仿真结果和状态随着仿真结束而消失，不能存储和打印仿真数据结果。为此 ISIS 还提供了一套静态的仿真分析图工具，无须运行仿真，随着电路参数的修改，电路中的各点波形将重新生成，并以图表的形式存储在数据文件中，供以后分析或打印。

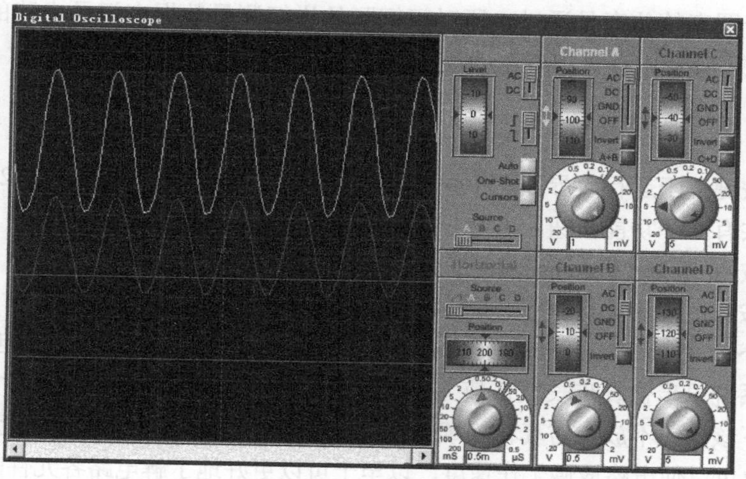

图 3.1.30　交互式仿真中示波器运行结果

1）探针

Proteus 中提供电压探针和电流探针，用于显示电路中的实时电压和电流。在专用工具栏中单击 Voltage Probe Mode 按钮，在网络线上添加，则可显示网络线上的电压值；单击 Current Probe Mode 按钮，将其串联到指定的网络线上，可以实时显示该支路的电流值。双击探针，打开其属性对话框，可对其进行命名等设置。

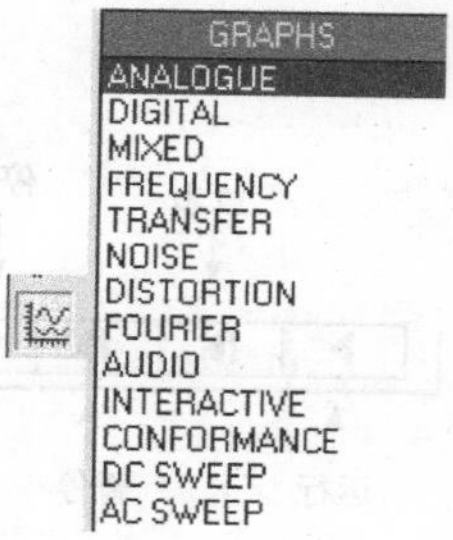

图 3.1.31　图表分析类别

2）分析图

在专用工具栏中单击 Graph Mode 按钮，则在对象选择器中列出所包含的所有选项如图 3.1.31 所示，包含模拟、数字、混合、频率特性、传输特性和噪声分析等，其含义如表 3.1.27 所示，可以直接加入原理图中进行详细的分析。

表 3.1.27　图表分析类别及含义

类别	含义	类别	含义
ANALOGUE	模拟波形	FOURIER	傅里叶分析
DIGITAL	数字波形	AUDIO	音频分析
MIXED	模数混合波形	INTERACTIVE	交互分析
FREQUENCY	频率响应	CONFORMANCE	一致性分析
TRANSFER	转移特性分析	DC SWEEP	直流扫描
NOISE	噪声波形	AC SWEEP	交流扫描
DISTORTION	失真分析		

3.1.5　Proteus 电路仿真方法

电路仿真是利用电子器件的数学模型，通过数值计算来表现电路工作状态的一种手段。在实现电路前，通过原理图的仿真分析验证电路设计的正确性。Proteus VSM 有实时仿真和基于图表的仿真两种方式。实时仿真是在电路原理图中添加适当的虚拟仪器（如信号源、示波器、电压/电流表等），然后启动实时仿真，实时跟踪电路状态的变化，检验电路是否达到设计指标；基于图表的仿真是通过一段时间间隔的详细测量数据来记录电路的工作状态，通过分析该记录数据验证电路设计的正确性。

1．Proteus ISIS 实时仿真

实时仿真按键位于运行主界面左下角像播放器操作按钮一样，如图 3.1.32 所示。

仿真按键共有 4 个功能按钮，各按钮功能如下。

（1）运行按钮：启动 Proteus ISIS 仿真。

（2）单步按钮：单步运行程序，是仿真按照预设的时间步长（单步执行时间增量，可使用“System”菜单下的“Set Animation Options”菜单命令，弹出如图 3.1.33 所示电路配置对话框进行步长设置，系统单步仿真步长默认值为 50ms）进行。每单击一次仿真进行一个步长时间后停止。如果按下该按钮不放，仿真将连续进行，直到释放单步按钮。这种功能可更为详尽地监测电路，同时也可以使电路放慢工作速度，以至于可以更好地了解电路各元件间的相互关系。

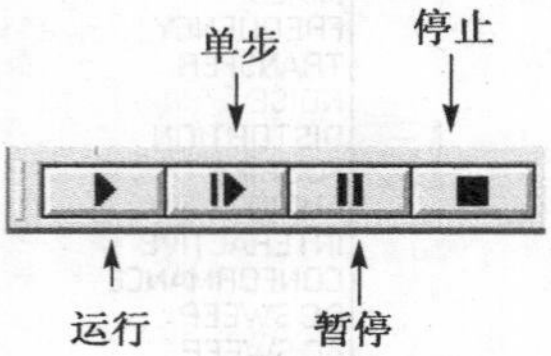

图 3.1.32　仿真按键

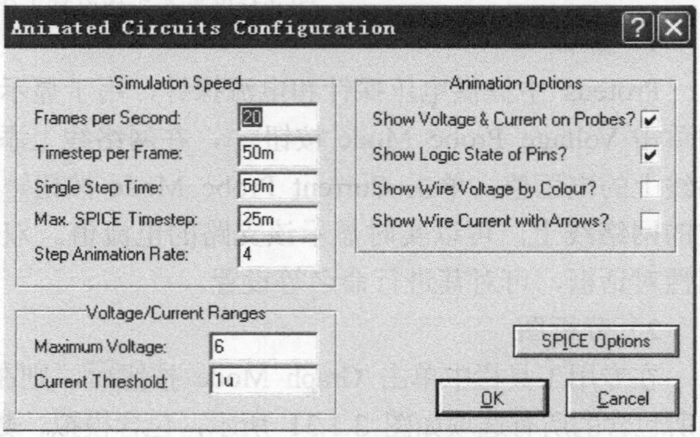

图 3.1.33　电路配置对话框

（3）暂停按钮：暂停程序仿真。它可以延缓仿真的进行，再次按下可继续仿真，也可暂停后进行步进仿真。也可通过键盘上的“Pause Break”键完成，但这种情况需要恢复时要用仿真按钮操作。

（4）停止按钮：停止 Proteus ISIS 实时仿真，所有可动状态停止，模拟器不占用内存，另外也可以通过“Shift+Pause Break”组合键完成。

2．实时仿真中的电路测量

Proteus ISIS 实时仿真时，暂停仿真后可查看元件参数信息，如节点电压或引脚逻辑状态，有些元件也可显示相对电压，如图 3.1.34 所示。

3．图表仿真

图表仿真涉及一系列按钮和菜单的选择操作。主要目的是把电路中某点对地的电压或某条支路的电流相对时间轴的波形自动绘制出来。图表仿真的主要步骤如下。

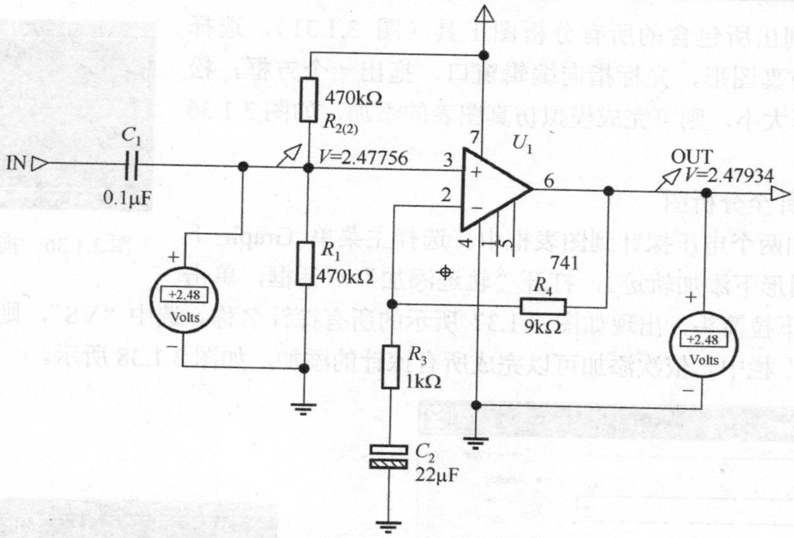

图 3.1.34　系统实时仿真参数结果

（1）在电路中被测点添加电压探针，或在被测支路添加电流探针。

（2）选择放置波形的类别，并在原理图中拖出用于生成仿真波形的图表框。

（3）在图表框中添加探针。

（4）设置图表属性。

（5）单击图表仿真按钮生成所加探针对应的波形。

（6）存盘及打印输出。

数字图表分析用于绘制逻辑电平随时间变化的曲线，图表中的波形代表单一数据位或总线的二进制电平值。这里以模拟电路的图表仿真为例介绍图表仿真的使用方法和步骤。

1）设置探针

按照图 3.1.35 绘制一个完整的电路，然后电路的输入端与输出端分别设置电压探针 V_S 和 U_O，用来记录其相应的波形数据。

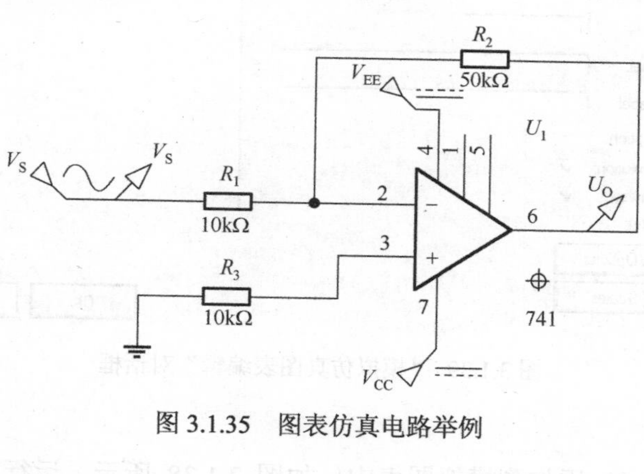

图 3.1.35　图表仿真电路举例

2）设置波形类别

单击 Proteus ISIS 的左侧工具箱中的 Graph Mode（选择图形模式）的按钮图标，则在

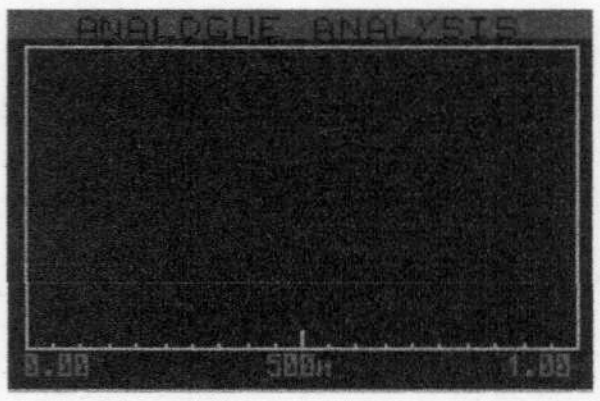

图 3.1.36　拖出的图表框

对象选择器中列出所包含的所有分析图工具（图 3.1.31），选择 ANALOGUE 仿真图形，光标指向编辑窗口，拖出一个方框，松开左键确定方框大小，则可完成模拟仿真图表的添加，如图 3.1.36 所示。

3）添加探针至分析图

接下来添加两个电压探针到图表框中。选择主菜单 Graph 下 ADD Trace（图形下添加轨迹），打开“轨迹添加”对话框，单击“Probe P1”的下拉箭头，出现如图 3.1.37 所示的所有探针名称。选中“VS”，则该探针自动添加到“Name”栏中。依次添加可以完成所有探针的添加，如图 3.1.38 所示。

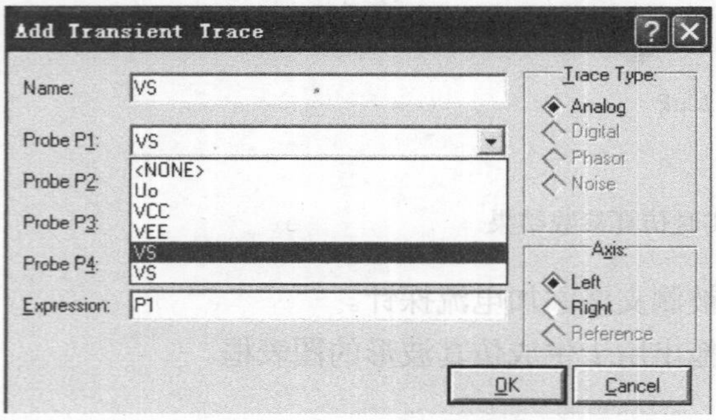

图 3.1.37　添加轨迹对话框

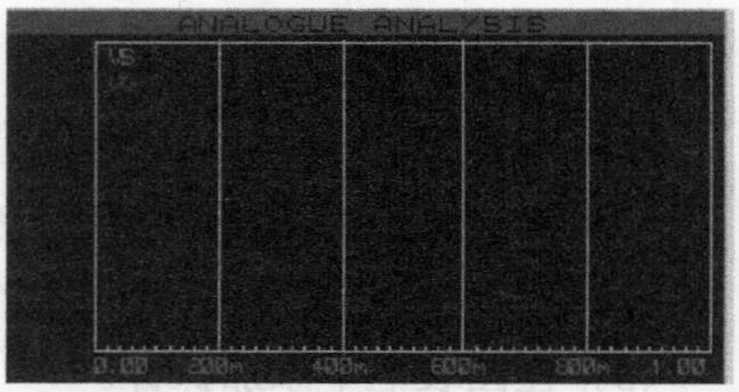

图 3.1.38　编辑后的模拟图表

4）设置模拟仿真图表属性

先添加仿真图表，再双击调出仿真图表对话框如图 3.1.39 所示，设置相应的参数，包括图表标题、仿真起始时刻、仿真终止时刻、左右坐标轴标签。

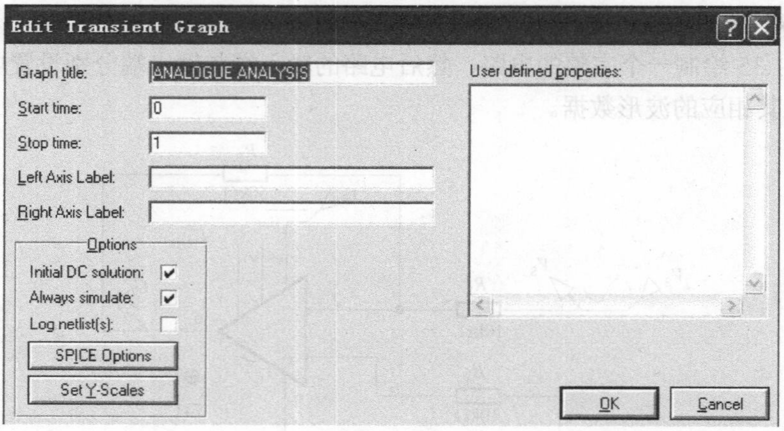

图 3.1.39　“模拟仿真图表编辑”对话框

5）运行图表仿真

将输入 V_S、输出 U_O 添加到模拟图表中，如图 3.1.38 所示。运行 Graph 下 Simulate 命令，即可进行图表仿真，输出如图 3.1.40 所示的结果。

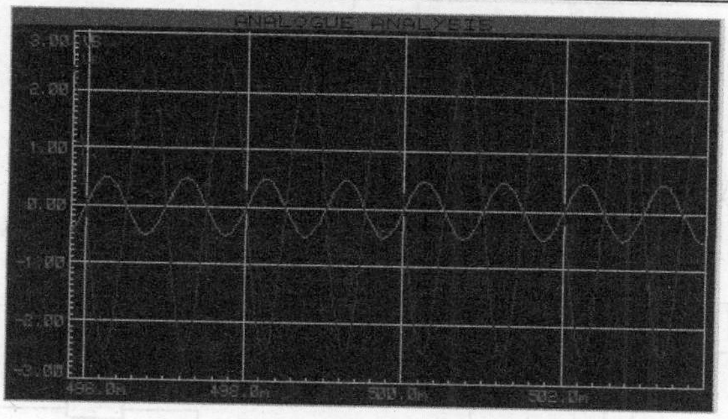

图 3.1.40　模拟图表输出结果

3.2　集成运放的应用仿真

3.2.1　仿真实验目的

（1）学会利用 Proteus 软件绘制运放应用电路的基本方法。

（2）掌握运放应用电路输入与输出关系的仿真及测试方法。

3.2.2　虚拟实验仪器与器件

（1）虚拟示波器（OSCILLOSCOPE）。

（2）信号源（Generator Mode）。

（3）直流电压表（DC VOLTMETER）。

（4）运放（741）。

3.2.3　绘制仿真电路图

1．反相比例运算电路

仿真电路如图 3.2.1 所示。电压放大倍数为：

$$A_u = -\frac{R_F}{R_1} \tag{3.2.1}$$

2．同相比例运算电路

仿真电路如图 3.2.2 所示。电压放大倍数为：

$$A_u = 1 + \frac{R_F}{R_1} \tag{3.2.2}$$

3．反相加法运算电路

仿真电路如图 3.2.3 所示。其输出电压表达式为：

$$u_o = -R_F\left(\frac{u_{i1}}{R_1}+\frac{u_{i2}}{R_2}\right) \tag{3.2.3}$$

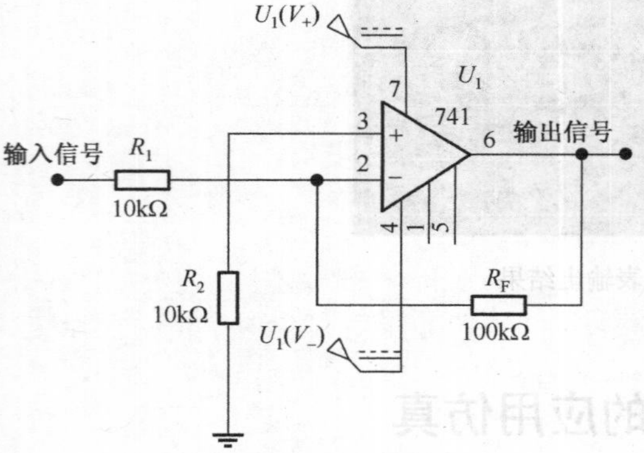

图 3.2.1　反相比例运算电路

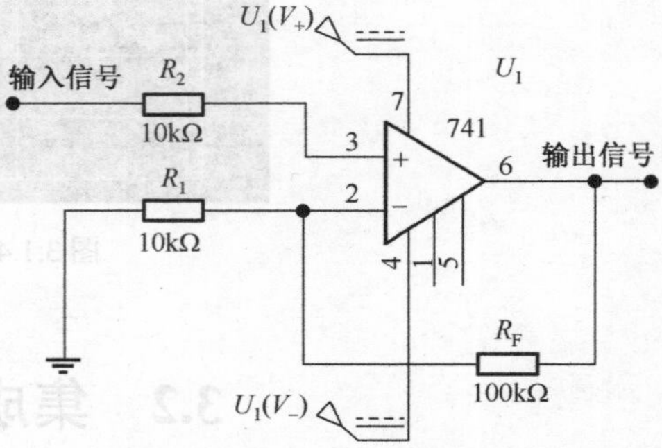

图 3.2.2　同相比例运算电路

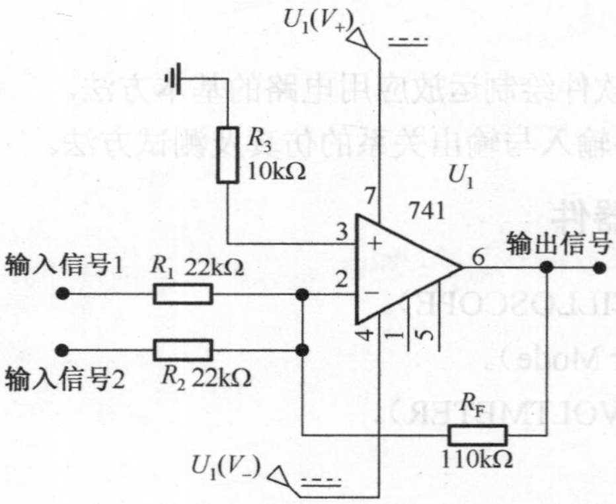

图 3.2.3　反相加法运算电路

3.2.4　仿真实验内容

1. 反相比例运算电路

1）直流反相比例放大电路

根据图 3.2.1 所示仿真电路，电源电压设置为 $U_+=12\text{V}$，$U_-=-12\text{V}$，添加直流电压表如图 3.2.4 所示。输入一定大小的直流电压信号，测量输入电压、输出电压及电压放大倍数，测量结果记录于表 3.2.1 中，并分析仿真结果。

表 3.2.1　直流反相比例放大电路仿真结果

输入电压	输出电压	电压放大倍数	理论电压放大倍数

改变 R_2 的阻值为 100kΩ，观察电阻不平衡时对仿真结果的影响。

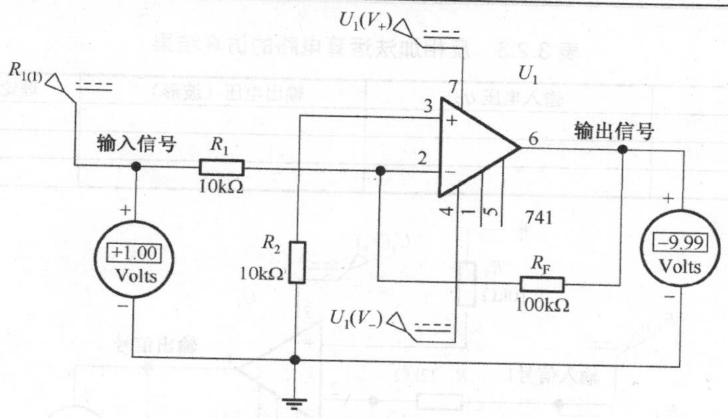

图 3.2.4　直流反相比例放大电路的仿真

2）交流反相比例放大电路

保持上述仿真电路不变，输入一定幅度和频率的正弦交流信号，观察输出与输入信号之间的相位关系和大小关系，如图 3.2.5 所示。测量结果记录于表 3.2.2 中，并分析仿真结果。

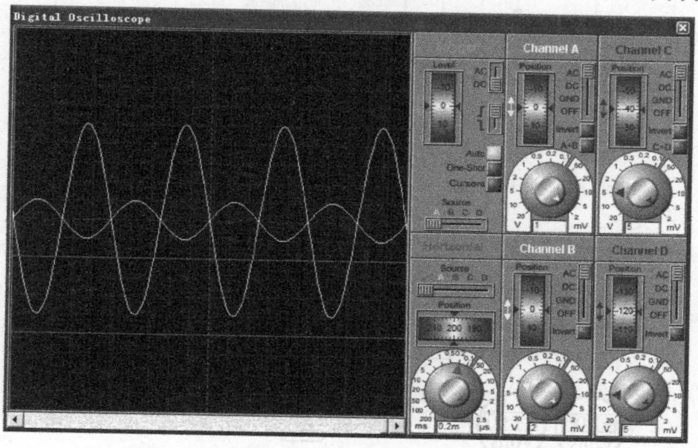

图 3.2.5　交流反相比例放大电路的仿真

表 3.2.2　交流反相比例放大电路仿真结果

输入电压幅值	输出电压幅值	电压放大倍数	理论电压放大倍数

2．反相加法运算电路

根据图 3.2.3 所示的仿真电路，分别完成如下仿真。

（1）同时加入两个正的直流输入电压信号，测量输入、输出电压值，电路如图 3.2.6 所示。测量结果记录于表 3.2.3 中，并分析仿真结果。

（2）同时加入两个极性不同的直流输入电压信号，测量输入、输出电压值，电路如图 3.2.7 所示。测量结果记录于表 3.2.3 中，并分析仿真结果。

（3）同时加入幅值 0.5V、频率 2kHz 的正弦交流电压信号和峰-峰值 2V、频率 1kHz 的方波电压信号，用示波器测量相应的输出电压波形，电路如图 3.2.8 所示。测量结果记录于表 3.2.3 中，并分析仿真结果。

表 3.2.3　反相加法运算电路的仿真结果

输入电压 u_{I1}	输入电压 u_{I2}	输出电压（波形）	理论输出电压（波形）

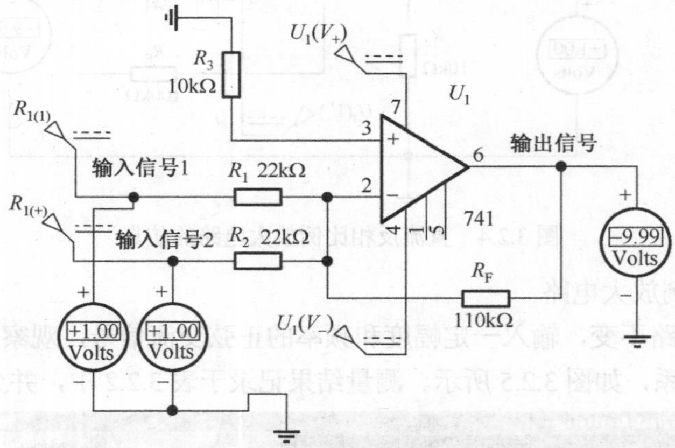

图 3.2.6　两个正的直流输入电压信号相加的仿真

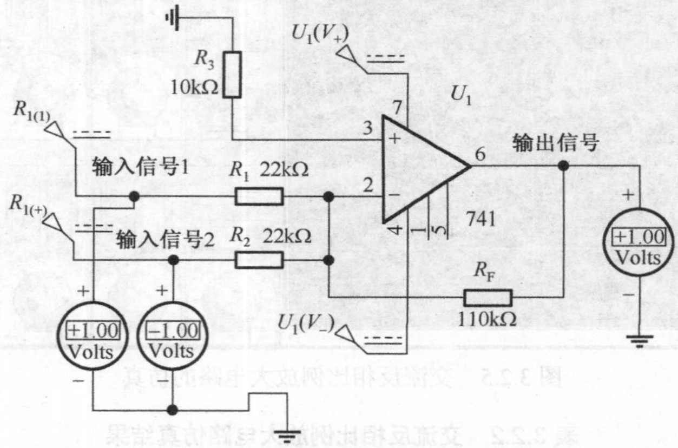

图 3.2.7　正、负两个直流输入电压信号相加的仿真

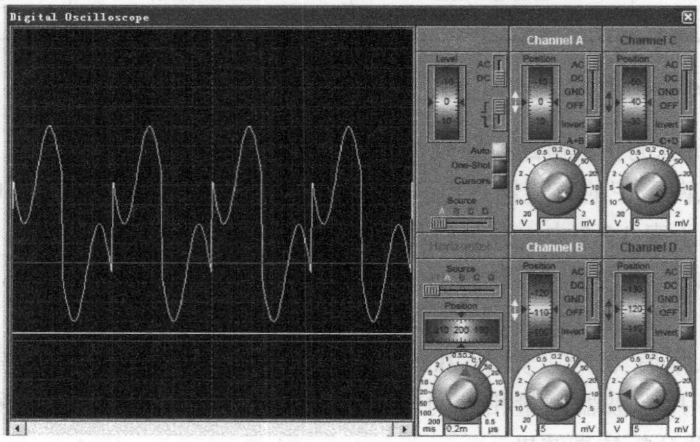

图 3.2.8　正弦电压信号和方波电压信号相加的仿真

3.2.5　扩展仿真实验内容

某红外传感器测量到的信号如图 3.2.9 所示，在 t_1～t_2 时间段表示检测到较强的发热体接近安全区域，需要对该情况进行报警。采用集成运放设计出该报警电路并进行仿真调试，功能要求如下。

（1）对检测到的弱信号进行适当的放大。

（2）采用发光二极管指示报警。

提示：首先将传感器测量到的信号进行电压放大，然后经电压比较器进行输出控制发光二极管指示报警。

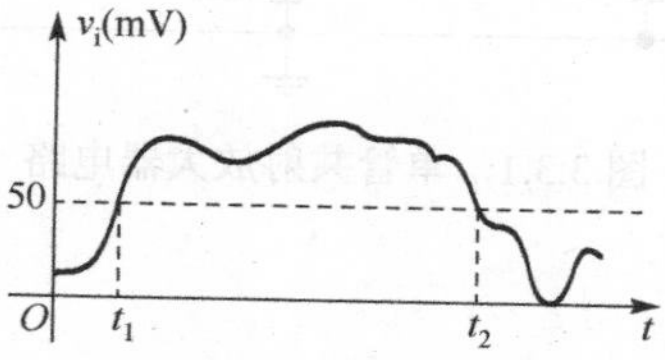

图 3.2.9　红外传感器测量的信号

3.3　单管共射放大器仿真

3.3.1　仿真实验目的

（1）掌握单管共射放大电路的基本工作原理。

（2）掌握单管共射放大电路静态工作点仿真调整的方法。

（3）掌握单管共射放大电路交流失真的分析和解决方法。

3.3.2　虚拟实验仪器与器件

（1）三极管（2N2926）。

（2）可调电阻（POT-HG）。

（3）开关（SWITCH，SW-SPDT-MOM）。

（4）信号源（GENERATOR MODE）。

（5）直流电压表（DC VOLTMETER）。

（6）虚拟示波器（OSCILLOSCOPE）。

（7）电压探针（VOLTAGE PROBE MODE）。

（8）频率特性分析图（FREQUENCY RESPONSE）。

3.3.3　绘制仿真电路图

单管共射放大器仿真电路如图 3.3.1 所示，图中电位器 R_W 在元件库中的名称为“POT_HG”，双掷开关 K1 为“SW-SPDT”，单掷开关 K2、K3 为“SWITCH”，三极管为 2N2926。

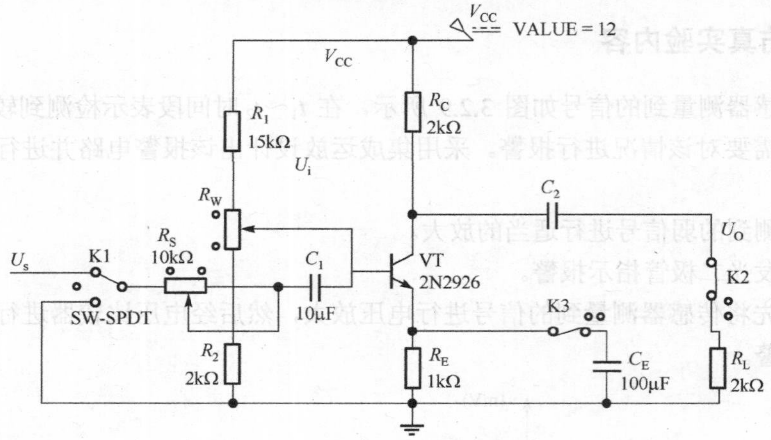

图 3.3.1　单管共射放大器电路

3.3.4　仿真实验内容

1. 静态工作点测量、工作状态与失真分析

（1）在图 3.3.1 中添加虚拟信号源、直流电压表、探针和示波器，仿真电路如图 3.3.2 所示。在 device 中查三极管 2N2926 的β值填入表 3.3.1 中。设置 V_{CC}=12V，U_s 为 1kHz 幅度为 100mV 的正弦波交流信号。

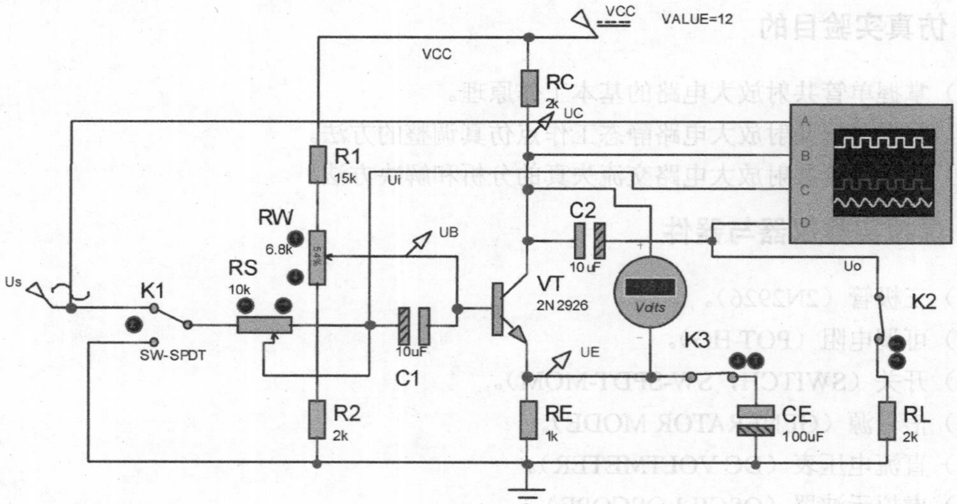

图 3.3.2　单管共射放大器仿真电路

表 3.3.1　静态工作点测量及输出波形记录表（β=　　　）

R_W 位于	U_B（测量）	U_E（测量）	U_C（测量）	U_{CE}（计算）	I_C（计算）	I_E（计算）	VT 的工作状态	U_o 波形
1.中间点								
2.最上端								
3.最下端								

注：计算 $U_{CE}=U_C-U_E$，$I_C=(V_{CC}-U_C)/R_c$，$I_E=U_E/R_c$；电压电位 V，电流单位 mA。

（2）首先将开关 K1 接地，R_s 置 0，R_W 置于中间点，通过探针和直流电压表测量 U_B、U_C、U_E 的直流电位和管压降 U_{CE}，测量结果填入表 3.3.1 中。然后将开关 K1 接至信号源 U_S，四通道虚拟示波器 A、B、C、D 均置于交流耦合，选择 ChA 为触发源，观察输出 U_o 的波形，若有失真，适当减小 U_s 的幅度，直至 U_o 不失真。

（3）根据表 3.3.1 的要求，调节电位器 R_W 至最上端和最下端，在调节 R_W 的过程中，观察 U_C、U_o 的波形的变化，将仿真测量的数据与输出波形填入表中。

数据分析要求：分析静态工作点对输出波形失真的影响。

仿真结果示例如图 3.3.3 所示。

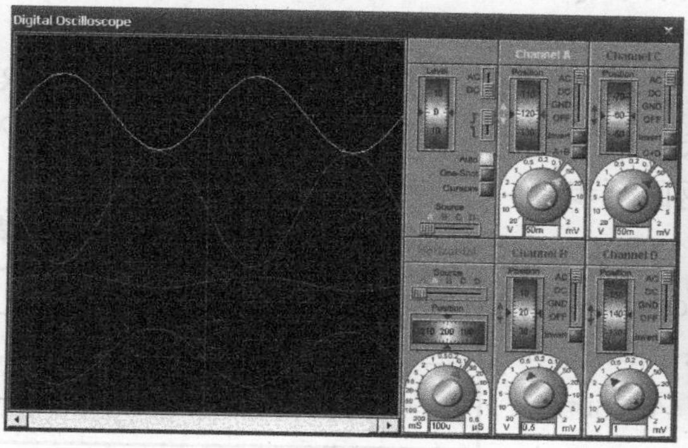

(a) Q 点处于放大区

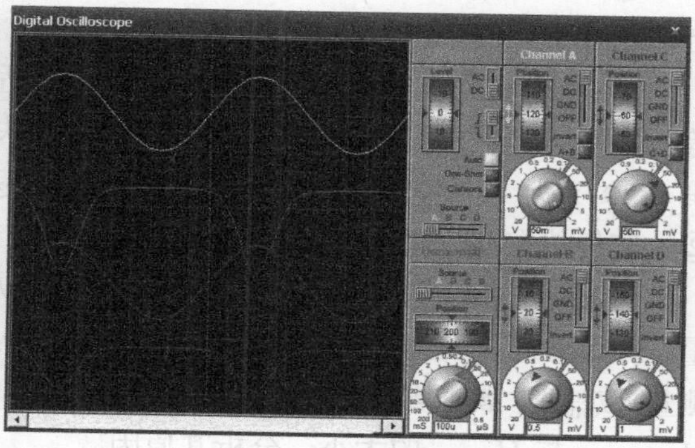

(b) Q 点处于截止区

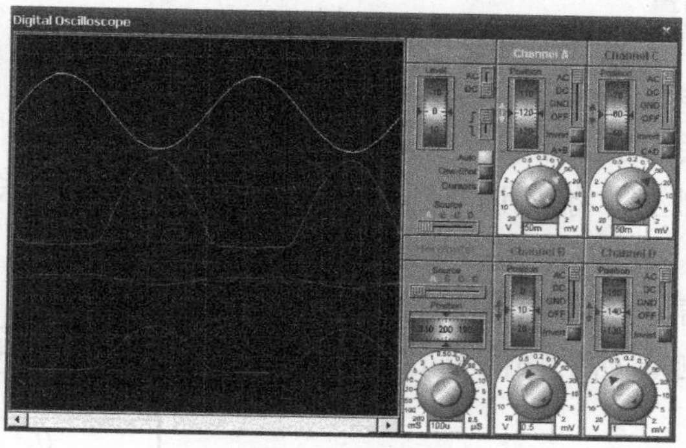

(c) Q 点处于饱和区

ChA：U_s；　ChB：U_C；　ChC：U_i；　ChD：U_o

图 3.3.3　不同状态下的输入/输出仿真波形示例

2．最佳静态工作点调整

参照 2.3 节式（2.3.4）估算出 K2、K3 闭合时电路的最佳静态工作电压

$$U_{CEQ}=U_{ommax}=V_{CC}\left(1-\frac{R_C+R_E}{R_C+R_E+R_L'}\right)$$

将计算结果填入表 3.3.2 中。

结合仿真 1 中的失真现象判断方法，将 Q 点调整到最佳状态，使其达到最大不失真输出。方法如下。

（1）调节 R_w，观测 U_{CE} 使之等于理论值，同时观察输入 U_i 和输出信号 U_o 波形，注意 U_i 与 U_o 的相位关系约为180°，U_o 波形有以下几种情况。

① 当 U_o 没有失真，适当增大输入信号幅度 U_{im}，使之出现失真，若饱和与截止失真刚刚同时出现，说明 Q 点已经调整到最佳状态，直接进入第（2）步。否则进入步骤②～④的 Q 点调节。

② 当只出现饱和失真（底部失真），则需降低 Q 点，即向下端微调 R_w 至消除失真为止，返回步骤①。

③ 当只出现截止失真（顶部失真），则需升高 Q 点，即向上端微调 R_w 至消除失真为止，返回步骤①。

④ 当饱和失真和截止失真均出现时，则适当减小输入信号幅度 U_{im}（也可以通过增大 Rs 等效实现），若使饱和与截止失真刚刚同时消失，说明 Q 点已经调整到最佳状态，直接进入第（2）步；否则，若仍然有饱和失真，则返回至步骤②；若仍然有截止失真，则返回至步骤③。

（2）用直流电压表测量实际最佳 Q 点的 $U_{CEQ(测量)}$，测量结果填入表 3.3.2 中，并与 $U_{CEQ(计算)}$ 进行比较；用示波器测量 U_{ommax}，测量结果填入表 3.3.2 中。比较 $U_{CEQ(计算)}$、$U_{CEQ(测量)}$ 与 U_{ommax} 的大小，分析其原因。

表 3.3.2　最大不失真输出电压记录表

测试内容	V_{CC}=12V
$U_{CEQ(计算)}$	
$U_{CEQ(测量)}$	
U_{ommax}	

3．动态参数 A_v 的测量

注意：最佳静态工作点调好后，不再改变 R_W。

电压增益的测量方法与步骤如下。

（1）在仿真 2 的基础上，将 R_s 调节到最大（即 R_s=10kΩ），用示波器同时监视测量 U_i 和 U_o，在调节输入信号 U_s 幅度时，始终保持输入和输出信号不失真，观测输出信号 U_o 的幅度变化。

（2）用示波器同时测量 U_i 的幅值和 U_o 的幅值，填入表 3.3.3 中。

（3）比较 U_i 和 U_o 的相位关系，画出 U_i 和 U_o 的对比波形，如果有相移，分析说明产生的原因并测试证明其正确性。

表 3.3.3　动态参数- A_v 测量记录表

测试条件	接射极电容 C_E=100uF	
U_i	幅度	波形
U_o	幅度	波形
A_v(计算)= U_o/ U_i		
A_v(理论计算)		

注意：A_v 理论计算中的 r_{be} 由表 3.3.2 中的 $U_{EQ(测量)}$ 求出。

$$A_v = -\beta\frac{R'_L}{r_{be}}, \qquad r_{be}=\left[300+(1+\beta)\frac{26}{U_{EQ}/R_E}\right]\Omega$$

4．动态参数 R_i、R_o 的测量

输入/输出电阻的测量原理参见 2.3.5 节的单管放大电路动态参数测量。

1）输入电阻 R_i 的测量

（1）在仿真 3 的基础上，将 R_s 调节到最大（即 R_s=10kΩ），用示波器同时监视测量 U_i 和 U_o，在调节输入信号 U_s 幅度时，始终保持输入和输出信号不失真，观测输出信号 U_o 的幅度变化。

（2）用示波器同时测量并记录输入信号 U_i 的幅值和信号源 U_s 的幅值，填入表 3.3.4 中。

要求：计算出 R_i 测量值并与其理论值分析比较，说明原因。

2）输入电阻 R_o 的测量

（1）在仿真 3 的基础上，将 R_s 调节到最大（即 R_s=10kΩ）。

（2）断开负载电阻 R_L，即断开开关 K2，在调节输入信号 U_s 幅度时，用示波器同时监视测量 U_i 和 U_o，始终保持输入和输出信号不失真，观测输出信号的幅度变化，此时的输出幅度为 U_{oo}，用示波器同时测量并记录 U_{oo} 的幅值，填入表 3.3.5 中。

（3）然后接上负载电阻 R_L，即合上开关 K2，观测输出信号的幅度变化，此时的输出幅度为 U_o，用示波器测量并记录 U_o 的幅值，填入表 3.3.5 中。

表 3.3.4　动态参数-R_i 测量记录表

测试条件	接射极电容 C_E=100μF
信号源幅度 U_s	
输入幅度 U_i	
R_i=R_sU_i / （U_s-U_i）	

表 3.3.5　动态参数-R_o 测量记录表

测试条件	接射极电容 C_E=100μF
负载开路 U_{oo}	
带负载 U_o	
R_o=R_L(U_{oo}-U_o) / U_o	

要求：与 R_o 理论计算结果进行分析比较，说明原因。

3.3.5　扩展仿真实验内容

1．A_{vs} 频率特性的测量

为便于频率特性仿真，将图 3.3.2 中的虚拟示波器和直流电压表删除。频率特性分析操作步骤如下。

（1）嵌入虚拟频率特性分析工具：选择“模式”→“图表模式”→“Frequency”选项，放置于原理图的画布中，如图 3.3.4 所示。Frequency 分析工具的左侧纵轴为 Gain（增益）刻度，右侧为 Phase（相位）刻度。

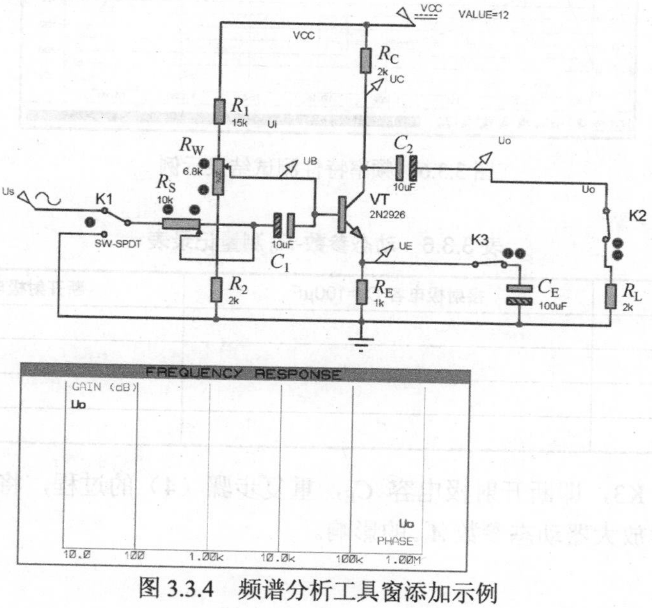

图 3.3.4　频谱分析工具窗添加示例

（2）添加待测信号：用鼠标左键将原理图上的待测信号量 U_o 分别拖至“Frequency Response”窗的左侧和右侧，表示可以进行 U_o 的幅度和相位频率分析，如图 3.3.4 所示。

（3）设置参考信号源：打开 Frequency Response 工具窗，打开“编辑频率图表”设置窗口，如图 3.3.5 所示。将 U_s 设置为参考源，改变起始、截止频率为 10Hz、10MHz。

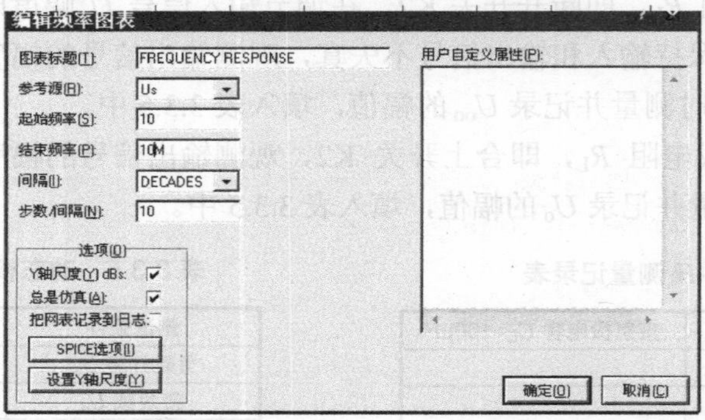

图 3.3.5　参考信号源设置

（4）仿真测量：在 Frequency Response 工具窗中，单击“仿真图表”按钮，得到如图 3.3.6 所示的频率特性曲线，测量通带增益、上限截止频率、下限截止频率、3dB 带宽。测量结果记录于表 3.3.6 中。

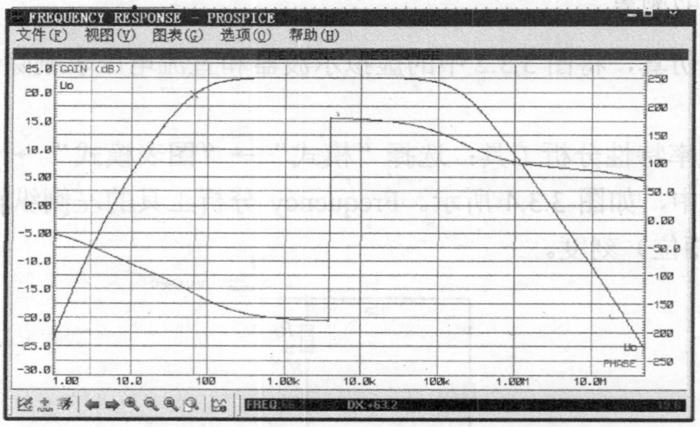

图 3.3.6　频率特性测试结果示例

表 3.3.6　动态参数-R_o 测量记录表

测试条件	接射极电容 C_E=100μF	断开射极电容 C_E=100μF
A_{vs}（dB）		
上限截止频率（Hz）		
下限截止频率（Hz）		
3dB 带宽		

（5）断开开关 K3，即断开射极电容 C_E，重复步骤（4）的过程，将结果记录于表 3.3.6 中。分析 C_E 对共射放大器动态参数 A_{vs} 的影响。

2. R_E 对 R_i 的影响仿真研究

断开图 3.3.2 中的开关 K3，重做 3.3.4 节的动态参数 R_i、R_O 的测量的仿真实验，分析比较 R_E 对 R_i 的影响。

3.4　前置放大器的仿真研究

3.4.1　仿真实验目的

（1）了解前置放大器的特性及前置放大器的组成。

（2）差分信号的仿真产生与测试；用三运放构成仪表放大器，并进行仿真测试。

（3）通过仿真了解阻抗匹配、偏置电路设计及共模信号抑制的常用方法。

3.4.2　虚拟实验仪器与器件

（1）虚拟示波器（OSCILLOSCOPE）。

（2）电压探针（VOLTAGE PROBE MODE）。

（3）信号源（GENERATOR MODE）。

（4）直流电压表（DC VOLTMETER）。

（5）可调电阻（POT-H）。

（6）运放（OP07）。

3.4.3　绘制电路图

前置放大器组成的典型应用电路如图 3.4.1 所示。

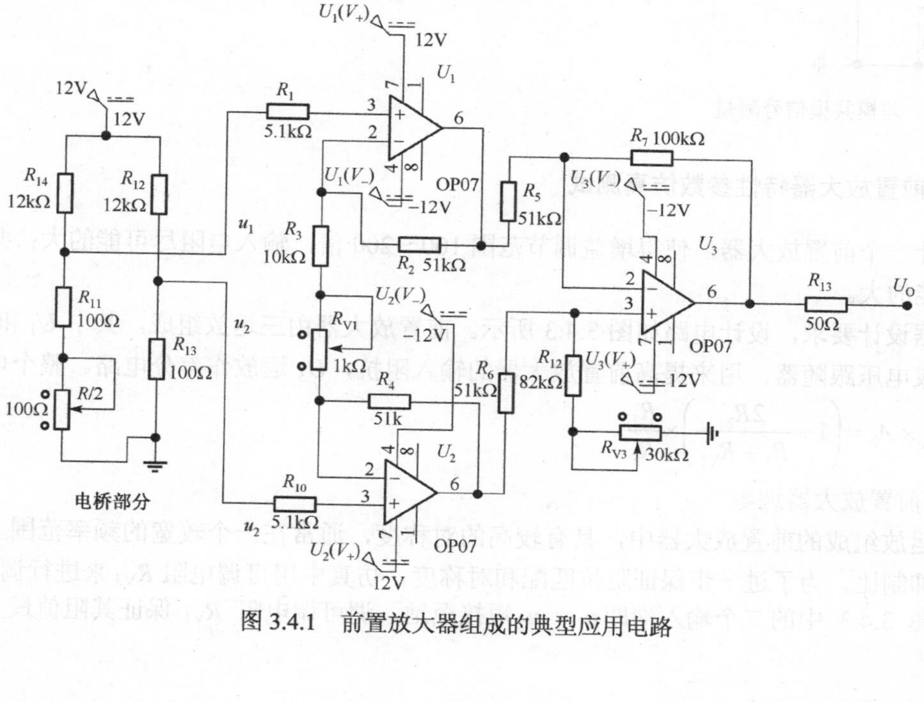

图 3.4.1　前置放大器组成的典型应用电路

在前置放大器应用电路中，涉及的主要公式如下。

差模信号是两个输入电压之差：$u_{Id}=U_{i1}-U_{i2}$。

共模信号是两个输入电压的算术平均值：$u_{Ic}=(U_{i1}+U_{i2})/2$。

差模电压增益：$A_d=u_{od}/u_{Id}=u_{od}/(U_{i1}-U_{i2})$。

共模电压增益：$A_c=u_{oc}/u_{Ic}=2u_{oc}/(U_{i1}+U_{i2})$。

根据线性放大电路叠加原理求出总的输出电压：$U_o=A_d u_{Id}+A_c u_{Ic}$。

共模抑制比：$K_{CMR}=|A_d/A_c|$。

3.4.4 仿真测试内容

1. 差模信号、共模信号的测量

图 3.4.2 为电桥电路，改变 R_{10} 使 A 点电压发生变化，模拟二路微弱输入信号，测量 A、B 两点电位，计算其共模电压和差模电压，如表 3.4.1 所示。步骤是在 A、B 两点引出线的末端加上电压探针，如图 3.4.2 所示。

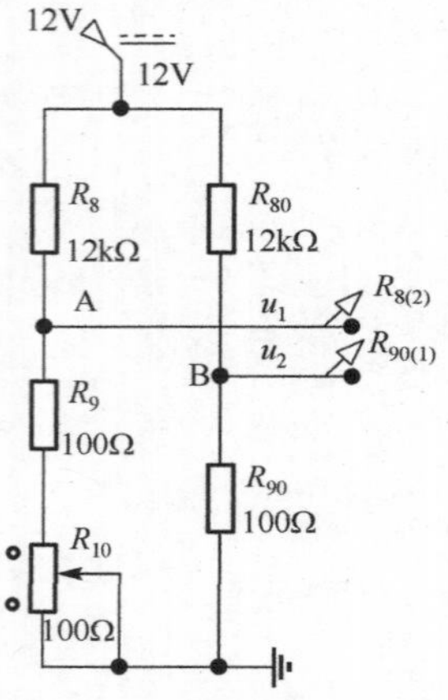

图 3.4.2　差模共模信号测量

表 3.4.1　共模、差模电压测试

组数	A 点电压 u_1	B 点电压 u_2	共模电压 $u_{Ic}=(u_1+u_2)/2$	差模电压 $u_{Id}=u_1-u_2$
1				
2				
3				

2. 前置放大器特性参数仿真测试

设计一个前置放大器，使得增益调节范围 100～200 倍，输入电阻尽可能的大；共模抑制比尽可能的大。

根据设计要求，设计电路如图 3.4.3 所示。前置放大器由三运放组成，其中 U_1 和 U_2 二个运放组成电压跟随器，用来提高前置放大器的输入阻抗，U_3 运放作差分电路。整个电路的增益 $A=A_1\times A_2=\left(1+\dfrac{2R_2}{R_3+R_{V1}}\right)\times\dfrac{R_7}{R_5}$。

1）前置放大器调零

三运放组成的前置放大器中，具有较高的对称度，通常在一个较宽的频率范围上保持高的共模抑制比。为了进一步保证阻抗匹配和对称度，仿真中用可调电阻 R_{V3} 来进行调零。

将图 3.4.3 中的二个输入端即 u_1、u_2 短接至地，调可调电阻 R_{V1} 保证其阻值最大时接入电路（此时电路增益最小）。用万用表观测U_o端的直流电压，调节可调电位器 R_{V3}，使得该点电压输出为 0。仿真电路图如图 3.4.4 所示。

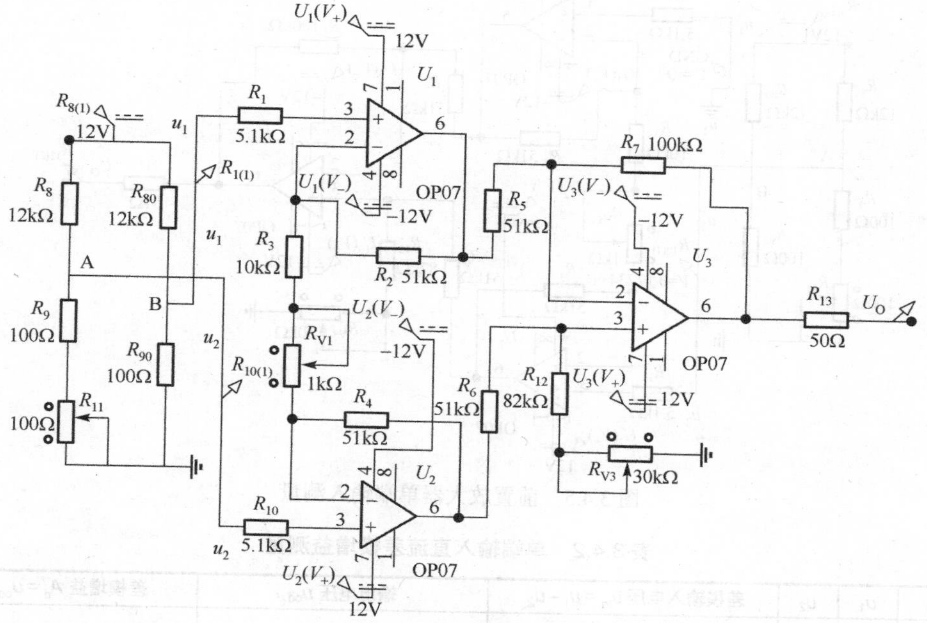

图 3.4.3　前置放大器电路

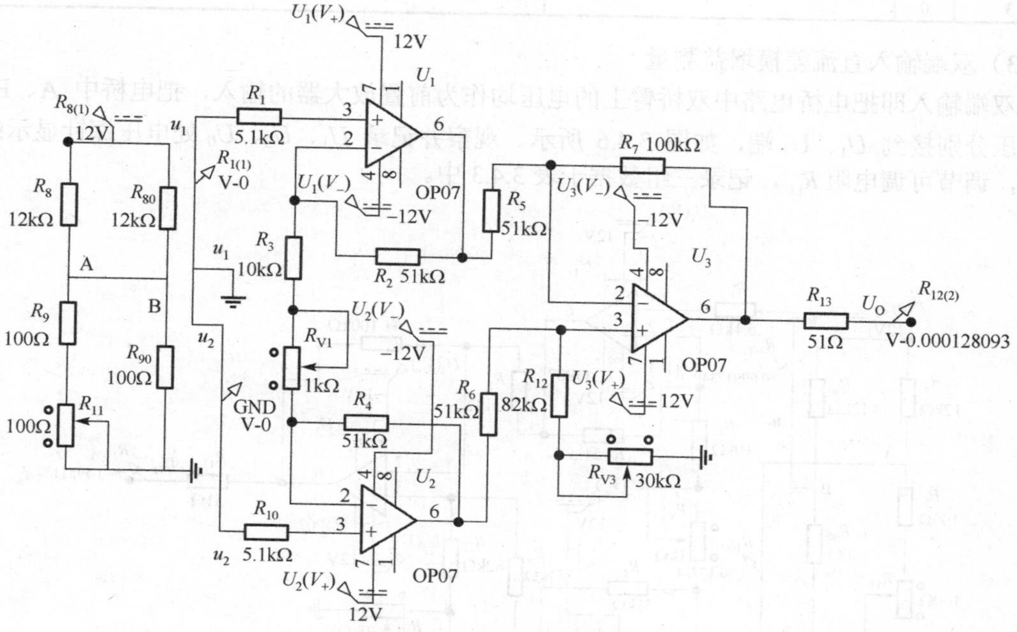

图 3.4.4　前置放大器调零

2）单端输入直流差模增益测量

构建如图 3.4.2 的电桥电路，其输出信号用于做前置放大器的输入。完成后的仿真图如图 3.4.5 所示。通过调节可调电阻R_{11}，观察 A 点和U_o处电压探针的显示值，记录于表 3.4.2 中。

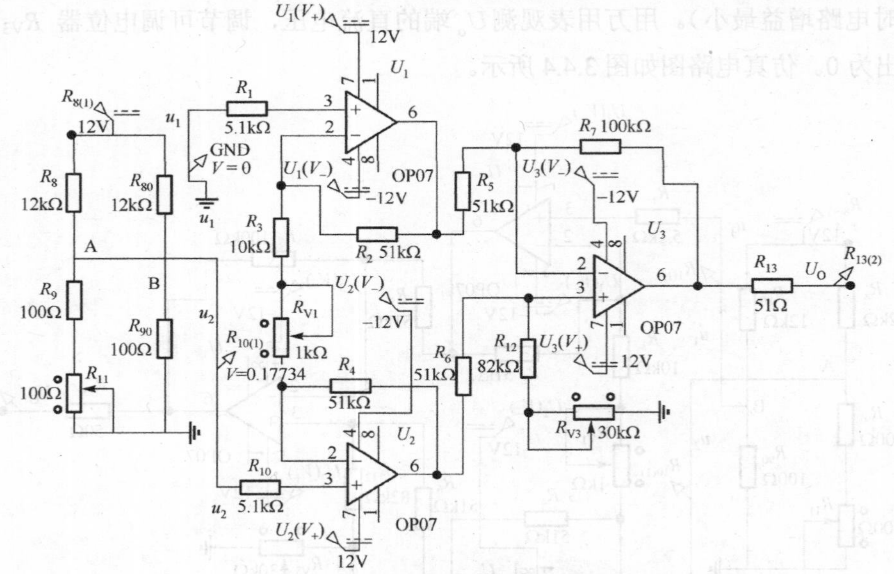

图 3.4.5　前置放大器单端输入测量

表 3.4.2　单端输入直流差模增益测量

组数	u_1	u_2	差模输入电压 $u_{Id}=u_1-u_2$	输出电压 u_{od}	差模增益 $A_d=u_{od}/u_{Id}$
1	0				
2	0				
3	0				

3）双端输入直流差模增益测量

双端输入即把电桥电路中双桥臂上的电压均作为前置放大器的输入，把电桥中 A、B 点的电压分别接到 U_1、U_2 端，如图 3.4.6 所示。观察并记录 U_1、U_2、U_0 处电压探针显示的电压值，调节可调电阻 R_{11}，记录三组数据于表 3.4.3 中。

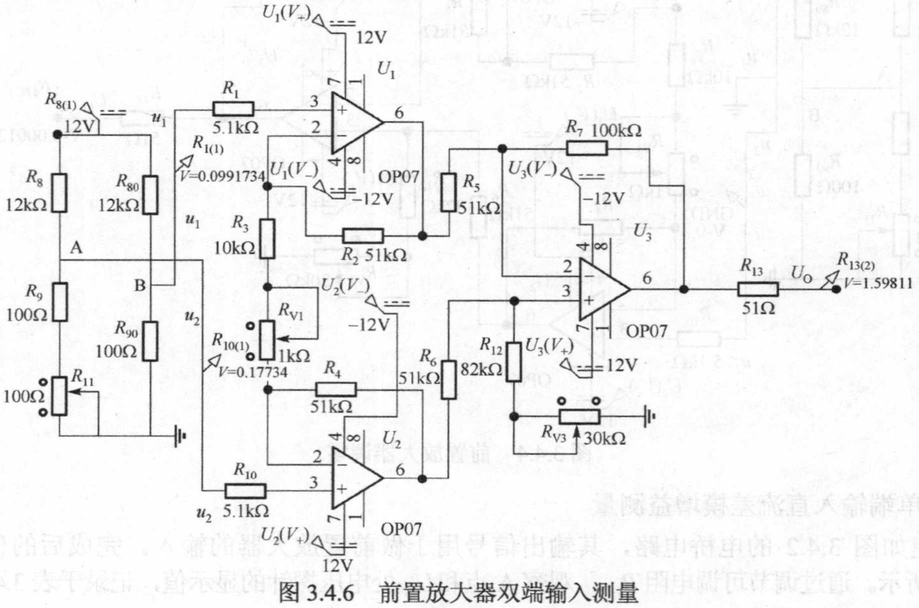

图 3.4.6　前置放大器双端输入测量

表 3.4.3　双端输入直流差模增益测量

组数	u_1	u_2	差模输入电压 $u_{Id}=u_1-u_2$	输出电压 u_{od}	差模增益 $A_d=u_{od}/u_{Id}$
1					
2					
3					

4）共模增益测量

如图 3.4.7 所示，不接电桥电路，直接把 u_1 和 u_2 端短接后去接信号源 U_i，此信号源为正弦信号。U_i 频率为 1kHz，幅值可调，分别为 1V、1.5V、2V 时，观察输入/输出波形。

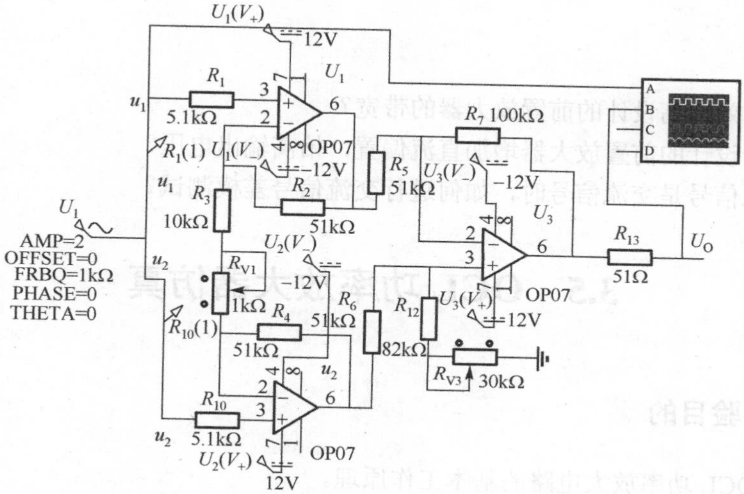

图 3.4.7　共模增益测量

单击 Proteus 中仿真运行键后，可观察示波器窗口，如图 3.4.8 所示。

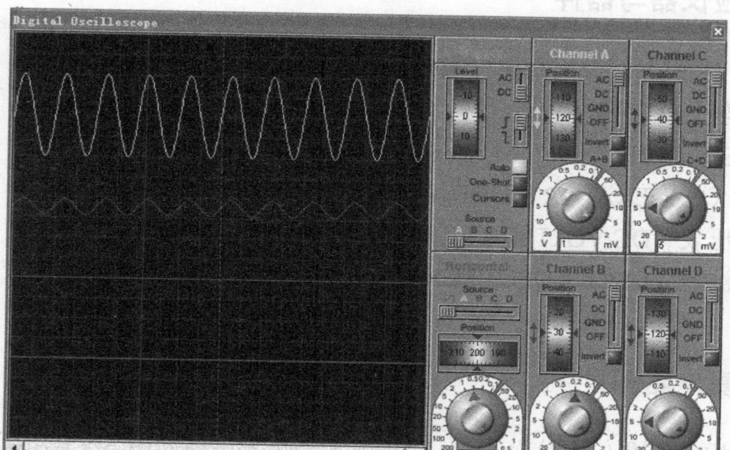

图 3.4.8　输入/输出波形观测

其中，A 通道为输入信号，B 通道为输出信号。通过虚拟示波器可以观察到：当输入信号发生变化时，输出信号 U_o 的幅度仅为 200mV 左右，且基本不变。改变 U_i 的幅值，通过示波器观测，记录三组数据于表 3.4.4 中。

表 3.4.4 共模增益测量

组数	$u_1 = u_2$	共模电压 $u_{Ic} = (u_1 + u_2)/2$	输出电压 u_{oc}	差模增益 $A_c = u_{oc}/u_{Ic}$
1				
2				
3				

3.4.5 思考题

（1）如何有效提高设计的前置放大器的带宽？

（2）如何给设计的前置放大器增加直流偏置，抬高输出电压？

（3）当输入信号是交流信号时，如何进行交流信号差模测试？

3.5 OCL 功率放大器仿真

3.5.1 仿真实验目的

（1）掌握 OCL 功率放大电路的基本工作原理。

（2）了解 OCL 功率放大电路交越失真的产生和解决方法。

（3）掌握 OCL 功率放大电路的静态和动态仿真方法。

3.5.2 虚拟实验仪器与器件

（1）三极管（2N3058、2N2905、TIP41）。

（2）可调电阻（POT-HG）。

（3）开关（SWITCH）。

（4）信号源（GENERATOR MODE）。

（5）直流电压表（DC VOLTMETER）。

（6）虚拟示波器（OSCILLOSCOPE）。

（7）扬声器（SPEAKER）。

3.5.3 绘制仿真电路图

复合三极管构成的准互补对称 OCL 功率放大器仿真电路如图 3.5.1 所示，图中两个电位器 R_{W1}、R_{W2} 在元件库中的名称为“POT_HG”，开关 K 为“SWITCH”。

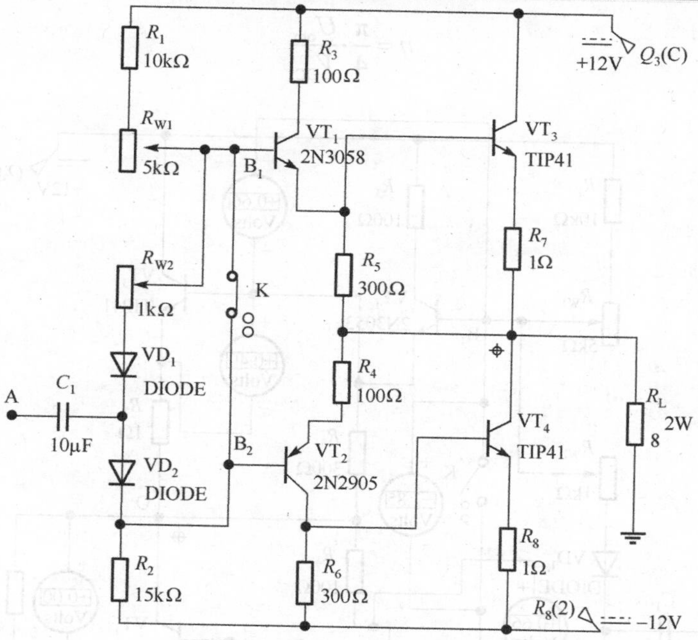

图 3.5.1　OCL 功率放大电路仿真图

3.5.4　仿真实验内容

1．静态调试仿真

（1）输出端 O 点电位 U_o 的调整：断开开关 K，为了使输出交流波形的正、负半周对称，调节电位器 R_{W1}，使 O 点电位 U_o 基本为零，如图 3.5.2 所示。

（2）三极管“甲乙类工作状态”的调整：为了不产生交越失真，断开开关“K”，调节电位器 R_{W2}，用直流电压表分别测量二极管 VD_1、VD_2 两端电压、B_1、B_2 间电压和三极管 VT_1～VT_2 的 B-E 间电压，参考值如表 3.5.1 所示，将各测量值填入表 3.5.1 中。

表 3.5.1　参考值与测量值

	U_{VD1}	U_{VD2}	$U_{B_1B_2}$	$U_{BE}(VT_1)$	$U_{BE}(VT_2)$	$U_{BE}(VT_3)$	$U_{BE}(VT_4)$
参考值（V）	0.5～0.7	0.5～0.7	1.8～2	0.6～0.7	0.6～0.7	0.3～0.5	0.3～0.5
测量值（V）							

2．动态调试仿真

（1）测量输出功率：输入端 A 接入幅度为 4V、频率为 1kHz 的正弦波交流信号，用示波器观察输出信号的幅值和相位变化情况，如图 3.5.3 所示。并记录此时的输出电压幅度 U_{om}，计算出输出功率 P_o 和效率 η。对于 OCL 功率放大电路，设其输出电压幅度为 U_{om}，电源电压为 $\pm V_{CC}$，负载电阻为 R_L，则输出功率为：

$$P_o = \frac{1}{2}U_{om}^2 / R_L \qquad (3.5.1)$$

$$\eta = \frac{\pi}{4} \cdot \frac{U_{om}}{V_{CC}} \tag{3.5.2}$$

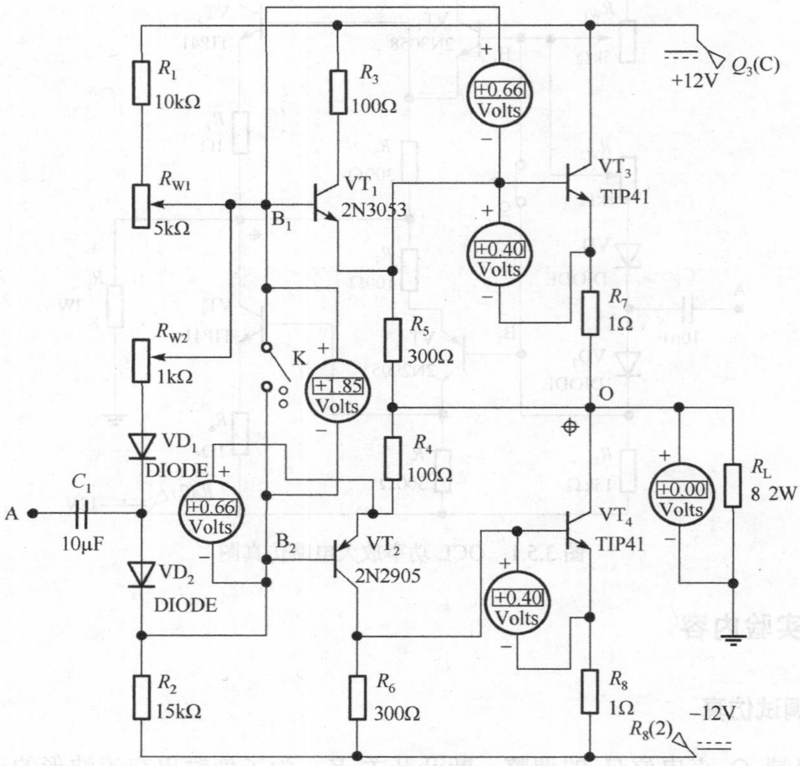

图 3.5.2　静态调试仿真图

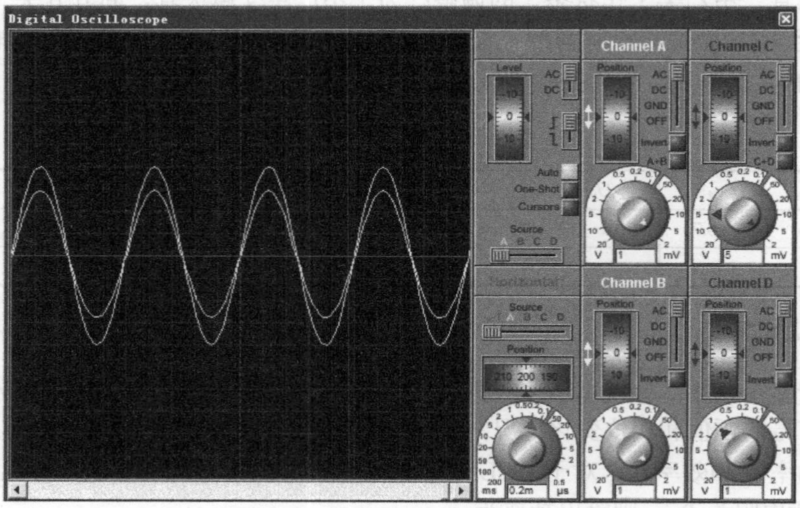

图 3.5.3　输入、输出波形

（2）闭合开关 K，使 B_1、B_2 间的电路支路短接，观察交越失真情况，如图 3.5.4 所示。画出交越失真时的输出波形。

（3）测量最大输出功率：断开开关 K，恢复原电路。逐步增大输入信号的幅度，观察输出波形的失真情况，如图 3.5.5 所示。用示波器测量输出信号的最大不失真电压幅值，计算出最大输出功率 P_{om} 和最高效率 η_{max}。

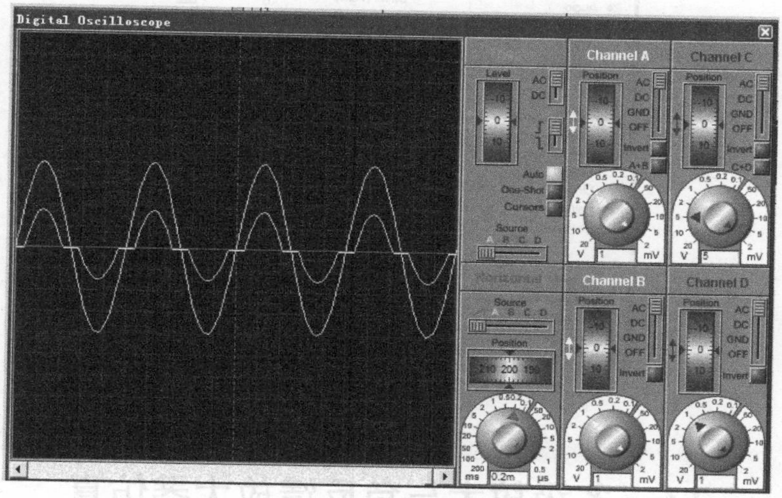

图 3.5.4　交越失真波形

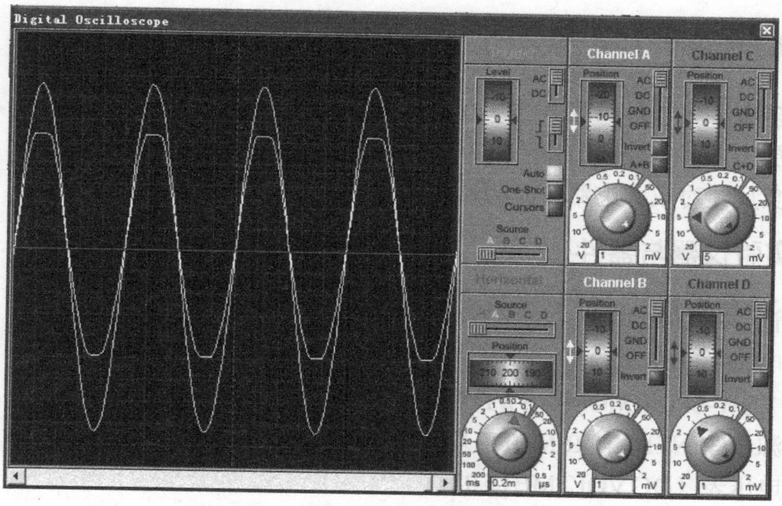

图 3.5.5　输入信号过大时，输出波形的失真情况

3.5.5　扩展仿真实验内容

将负载电阻 R_L 换为扬声器“SPEAKER”，并使正弦输入信号的频率从 100～1kΩ范围内变化，运行仿真电路，试听计算机所带音箱发出的声音情况。然后将正弦输入信号换为 AUDIO 信号，并加载某个音频文件“*.wav”，如图 3.5.6 所示，试听此时音箱发出的音乐声音。

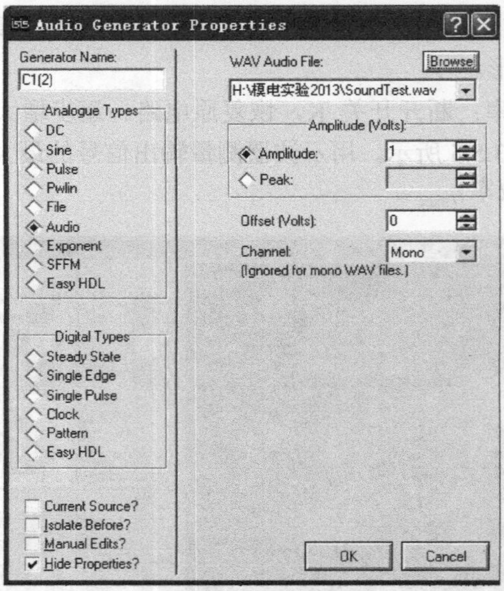

图 3.5.6　AUDIO 信号加载界面

3.6　多级放大与负反馈放大器仿真

3.6.1　仿真实验目的

（1）掌握多级放大与各级放大的基本关系。

（2）学习放大电路负反馈的作用。

（3）掌握负反馈对放大电路性能的影响以及应用负反馈的方法。

3.6.2　虚拟实验仪器与器件

（1）三极管（2N2926）。

（2）可调电阻（POT-HG）。

（3）开关（SW-SPDT-MOM、SWITCH）。

（4）信号源（GENERATOR MODE）。

（5）直流电压表（DC VOLTMETER）。

（6）虚拟示波器（OSCILLOSCOPE）。

（7）电压探针（VOLTAGE PROBE MODE）。

（8）频率特性分析图（FREQUENCY RESPONSE）。

3.6.3　绘制仿真电路图

多级放大与负反馈放大器仿真电路如图 3.6.1 所示，图中两个电位器 R_{V1}、R_{V2} 在元件库中的名称为“POT_HG”，开关 K 为“SWITCH”。

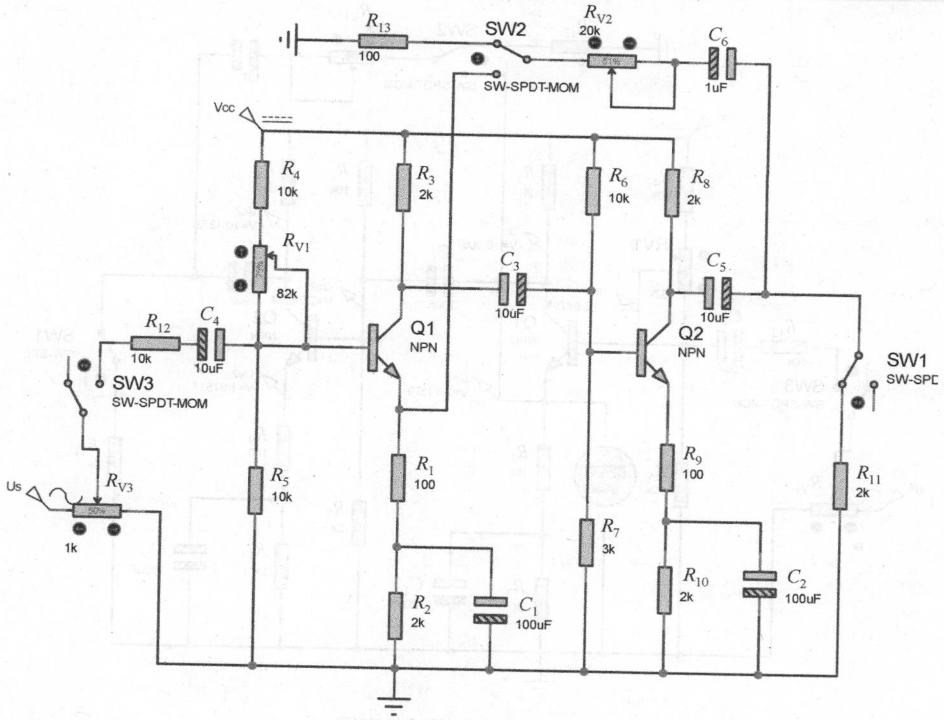

图 3.6.1 多级放大与负反馈放大器

3.6.4 仿真实验内容

1. 静态调试仿真

（1）第一级 Q 点调整：拨动开关 SW3，断开与信号源的连接，启动实时仿真，用直流电压表或电压探针观测 Q1 管的 U_{e1} 电位，调节电位器 R_{V1}，使 I_{CQ1}=1mA，即 U_{e1}=2.1V，如图 3.6.2 所示。

（2）用电压探针测量各级三极管的其他 E、B、C 引脚的电位，测量结果记入表 3.6.1 中。

表 3.6.1 静态工作点测试

	测量值				
	I_{CQ}(mA)	U_{BQ}(V)	U_{EQ}(V)	U_{CQ}(V)	U_{CEQ}(V)
第一级	1.0				
第二级					

2. 开环时放大器性能指标仿真测试

将电路开环，考虑反馈网络的负载效应（SW2 接至 R_{13}），带负载电阻 R_{11}，如图 3.6.3 所示。

参照 3.3 节单管放大器仿真实验方法，测量开环情况下，电路的中频电压放大倍数 A_{uu}，输入电阻 R_i，输出电阻 R_o。

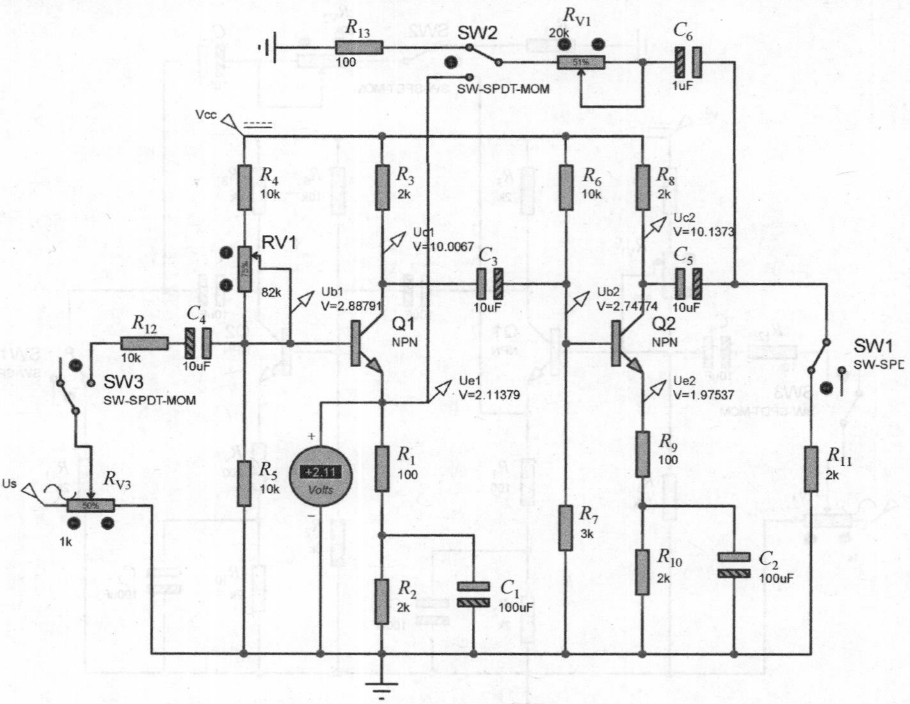

图 3.6.2　静态调试仿真图

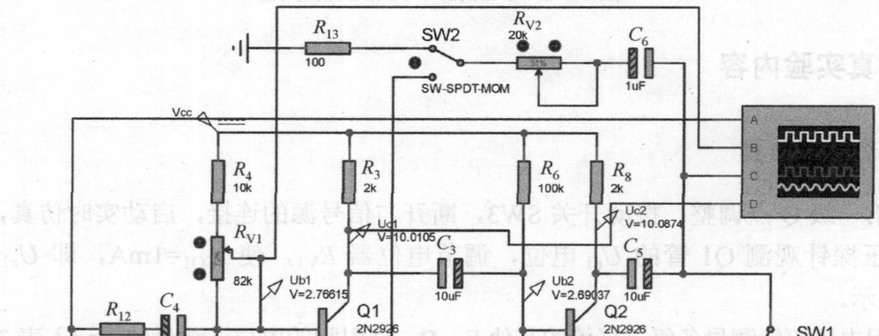

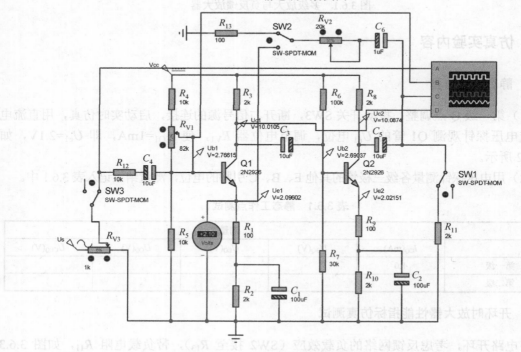

图 3.6.3　开环动态性能测试仿真图

（1）以 f = 1kHz，幅度 U_s =20 mV 的正弦信号（实际信号幅度以输出端不失真，且便于测量为准）输入放大器，负载 R_{11} 接通（SW1 接至左侧），用虚拟示波器监视输出波形 U_o，

在 U_o 不失真的情况下，用示波器测量开环情况下 U_s（Ch A）、U_i（Ch B）、U_{o1}（Ch D）、U_o（Ch C），记入表 3.6.2 中。

（2）断开负载 R_{11}，在输出不失真的情况下，测量空载时的 U_o'，记入表 3.6.2 中

表 3.6.2　参数测量数据（R_{V2}=20kΩ）

	U_s(mV)	U_i(mV)	U_{o1}(mV)	U_o(mV)	U_o'(mV)
开环					
闭环					

开环时各级输入、输出仿真波形如图 3.6.4 所示。

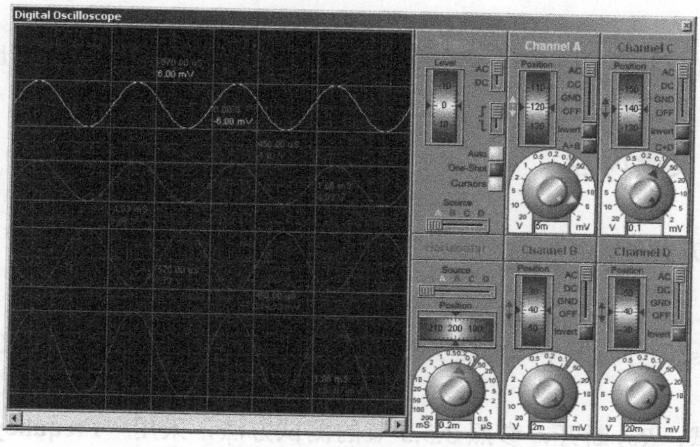

图 3.6.4　开环时各级输入、输出仿真波形

分析计算：根据实测值，计算出电压放大倍数及输入电阻、输出电阻，并填入表 3.6.3 中表中：$A_{u1}=\dfrac{U_{o1}}{U_i}$　$A_{u2}=\dfrac{U_o}{U_{o1}}$　$A_{uu}=\dfrac{U_o}{U_i}$　$R_i=\dfrac{U_i}{U_s-U_i}R_{12}$　$R_o=\dfrac{U_o'-U_o}{U_o}R_{11}$

表 3.6.3　放大器动态参数计算（R_{V2}=20kΩ）

动态参数	实测值				
	A_{u1}	A_{u2}	A_{uu}	R_i(kΩ)	R_o(kΩ)
开　环					
闭　环					
结果分析	$1+A_{uu}F_{uu}$		A/A_f	R_{if}/R_i	R_o/R_{of}
反馈深度					

3．闭环时负反馈放大器性能指标的测量

引入 R_{V2}=20kΩ 反馈网络（开关 SW2 接至 Q1 是发射极），适当加大输入信号 U_s（约 50mV，实际信号幅度以输出端不失真，且便于测量为准），在输出波形不失真的情况下，参照开环时参数测量方法，测试闭环参数记入表 3.6.2 中。

按照同样的方法计算 A_{uuf}、R_{if}、R_{of}，根据实验结果，计算电路参数填入表 3.6.3 中。

计算反馈深度 $|1+A_{uu}F_{uu}|$ 时，反馈系数：$F_{uu}=\dfrac{U_f}{U_o}\approx\dfrac{R_1}{R_1+R_{V2}}$。

计算反馈深度的理论值时，$|1+A_{uu}F_{uu}|$中的A_{uu}为按公式计算的结果。

计算反馈深度的实测值时，$|1+A_{uu}F_{uu}|$中的A_{uu}为实测的开环放大倍数。

分析实验结果：A_{uuf}与A_{uu}，R_{if}与R_i，R_{of}与R_o的比值，是否符合$|1+AF|$倍关系？

4．观察负反馈对非线性失真的改善

以下测试保持接入R_{11}不变。

（1）将R_{V2}断开，使反馈开环，输入端加入1kHz的正弦信号，输出端接示波器。调节R_{V3}，逐渐增大输入信号U_i的幅度，使输出信号出现失真，记下此时的输出波形和输出电压幅度。

（2）R_{V2}接通，在闭环情况下，调节R_{V3}，增大输入信号的幅度，使输出电压的幅度与上面记录的幅度相同，记录输出波形，比较有负反馈时输出电压波形的变化。

3.6.5　扩展仿真实验内容

1．通频带的仿真测试

（1）删除图3.6.3中的虚拟示波器和直流电压表，添加探针U_o，并将U_o添加至“Frequncy Response”分析图中，如图3.6.5所示。设置图表分析参考源为U_s，频率范围10～10MHz。

（2）开环测试：R_{V2}断开，参照3.3.5节的测试方法，采用“Frequncy Response”图表分析工具测量开环时上、下限频率f_L和f_H，记入表3.6.4中。

（3）闭环测试：引入R_{V2}反馈支路，用“Frequncy Response”图表分析工具测量闭环时上、下限频率f_L和f_H，记入表3.6.4中。

分析f_{BW}测试结果是否满足(1+*AF*)的关系。

表3.6.4　通频带测量（注意：带负载R_{11}）

	f_L (Hz)	f_H (kHz)	f_{BW} (kHz)
开环放大器			
负反馈放大器			
反馈深度			

2．不同反馈深度的放大器性能指标仿真研究

（1）将R_{V2}换成1kΩ、2kΩ，分别测量闭环放大倍数，上、下限频率f_L和f_H，结果记录于表3.6.5中。

（2）在R_{V2}=2kΩ时，将R_1短路，测量闭环放大倍数，上、下限频率f_L和f_H，结果记录于表3.6.5中。

表3.6.5　不同反馈深度的参数测量数据

R_{V2}	U_i(mV)	U_o(V)	A_{uf}实测结果	f_L	f_H
1 kΩ					
2 kΩ					
2 kΩ（R_1短路）					

分析讨论反馈深度对负反馈放大器性能指标的影响。

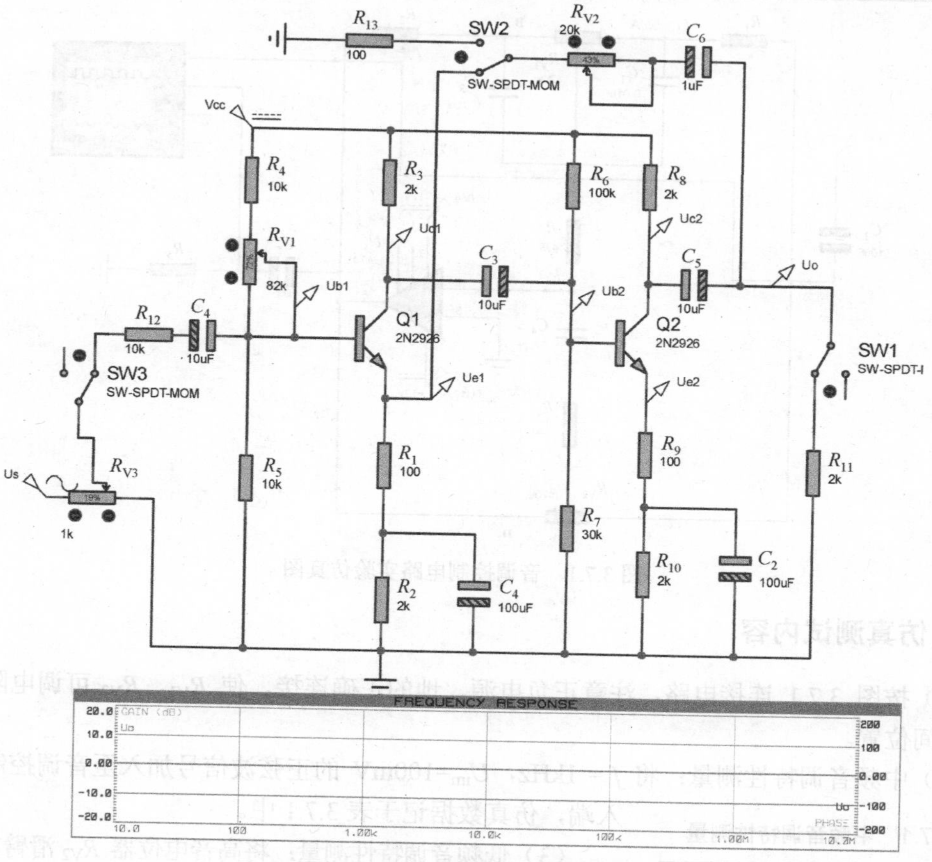

图 3.6.5　放大器频率特性分析测试图

3.7　音调控制电路仿真研究

3.7.1　仿真实验目的

（1）了解滤波器概念。

（2）掌握音调控制电路的测试方法。

3.7.2　虚拟实验仪器与器件

（1）示波器（OSCILLOSCOPE）。

（2）可调电阻（POT-H）。

（3）有极性电容（CAP-E）。

3.7.3　绘制仿真电路图

运算放大器组成的负反馈音调控制电路仿真图如图 3.7.1 所示。

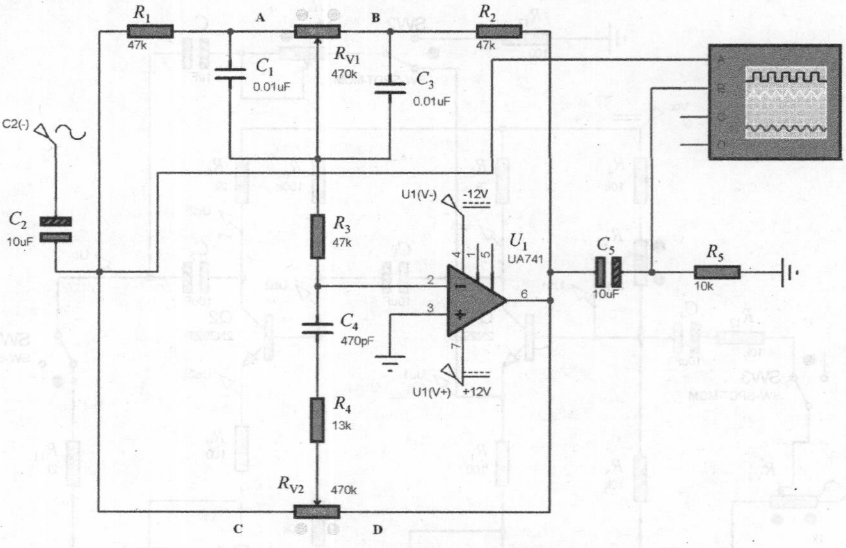

图 3.7.1　音调控制电路实验仿真图

3.7.4　仿真测试内容

（1）按图 3.7.1 连接电路，注意正负电源、地的正确连接。使 R_{V1}、R_{V2} 可调电阻器滑臂均置中间位置。

（2）中频音调特性测量：将 $f = 1\text{kHz}$，U_{im}=100mV 的正弦波信号加入至音调控制器的输入端，仿真数据记于表 3.7.1 中。

表 3.7.1　中频音调特性测量

中心频率	输出 u_o	A_u(dB)

（3）低频音调特性测量：将高音电位器 R_{V2} 滑臂居中，将低音电位器 R_{V1} 滑臂置于最左端（A 端），保持 U_{im}=100mV，调节信号频率 f 分别为 f_{L1}、f_{Lx}、f_{L2}，测量其相应的低音提升输出幅值 U_{om}，结果填入表 3.7.2 的 f_{L1}、f_{Lx}、f_{L2} 三列中；将低音电位器 R_{V1} 滑臂置于最右端（B 端），重复上述测量过程，测量其相应的低音衰减输出幅值 U_{om}，测量填入表 3.7.2 中。

表 3.7.2　低频音调特性测量

测量频率点		f_{L1}	f_{LX}	f_{L2}
理论值		40	100	400
低频提升	音调电位器	R_{V1} 调向输入端 A 端，R_{V2} 居中		
	实测 u_o 幅值			
	理论计算 u_o 幅值	700	398	140
	A_u(dB)	17	12	3
低频衰减	音调电位器	R_{V1} 调向输出端 B 端，R_{V2} 居中		
	实测 u_o 幅值			
	理论计算 u_o 幅值			
	A_u(dB)	−17	−12	−3

图 3.7.2 为 f_{LX}=100Hz，低音调向输入端 A 端，高音电位器居中时，输入与输出信号波形。其中 A 通道为输入信号 u_i 波形，B 通道为输出信号 u_o 波形。通过虚拟示波器观察可得，u_o 的幅值为 350mV，将此结果填入表 3.7.2 中。

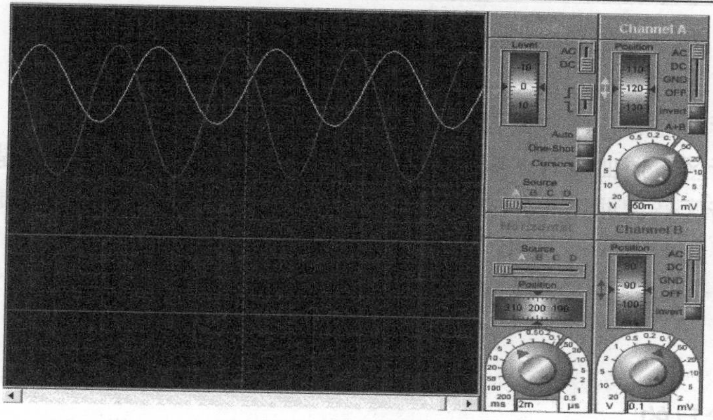

图 3.7.2　虚拟示波器波形

（4）高频音调特性测量：将低音电位器 R_{V1} 滑臂居中，将低音电位器 R_{V2} 的滑臂分别置于最左端（C 端）和最右端（D 端），保持 U_{im}=100mV，测量方法同（3），依次测量输入信号频率为 f_{H1}、f_{Hx}、f_{H2} 时的输出幅值 U_{om}，测量结果分别填入表 3.7.3 中。

表 3.7.3　高频音调特性测量

测量频率点		f_{H1}	f_{HX}	f_{H2}
理论值				
高频衰减	音调电位器	R_{V2} 调向输出端 D 端，R_{V1} 居中		
	实测幅度值			
	理论计算 u_o 幅值	70	25	14
	A_u(dB)	−3	−12	−17
高频提升	音调电位器	R_{V2} 调向输入端 C 端，R_{V1} 居中		
	实测幅度值			
	理论计算 u_o 幅值			
	A_u(dB)	3	12	17

图 3.7.3 为 f_{H1}=2.5kHz,，高音调向输入端 C 端，低音电位器居中时，输入与输出信号波形。其中 A 通道为输入信号 u_i 波形，B 通道为输出信号 u_o 波形。通过虚拟示波器观察可得，u_o 的幅值为 150mV，将此结果填入表 3.7.3 中。

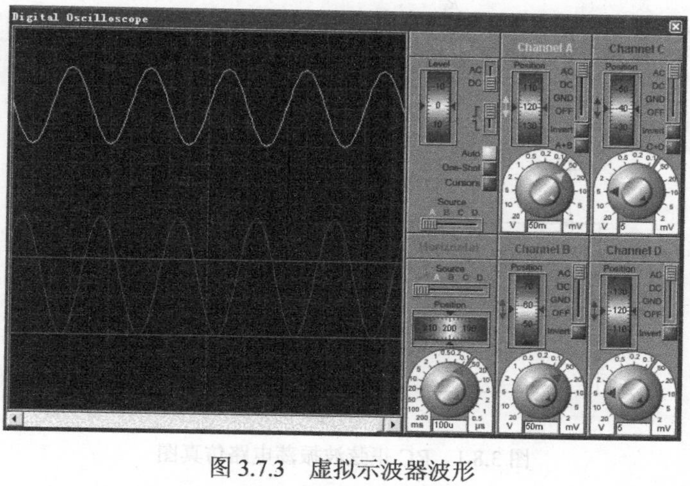

图 3.7.3　虚拟示波器波形

3.7.5　思考题

（1）测试中音增益时，调节低音、高音电位器时是否有变化？为什么？

（2）测试低音区音调曲线时，应该调节哪个电位器？如何调节使增益提升？

（3）测试高音区音调曲线时，应该调节哪个电位器？如何调节使增益衰减？

3.8　信号产生与转换电路仿真研究

3.8.1　仿真实验目的

（1）了解正弦波振荡电路的基本工作原理。

（2）掌握 RC 正弦波振荡电路的调试和分析方法。

（3）掌握方波、三角波发生器的调试和分析方法。

3.8.2　虚拟实验仪器与器件

（1）集成运放（μA741）。

（2）二极管（1N4148）。

（3）可调电阻（POT-HG）。

（4）虚拟示波器（OSCILLOSCOPE）。

3.8.3　绘制仿真电路图

1．RC 正弦波振荡电路图

RC 正弦波振荡仿真电路如图 3.8.1 所示，图中 3 个电位器 R_{W1}、R_{W2}、R_{W3} 在元件库中的名称为“POT_HG”，其中 R_{W1}、R_{W2} 大小相等，二极管 VD 在元件库 Diodes 中，电容 C 在元件库 Capacitors 中。

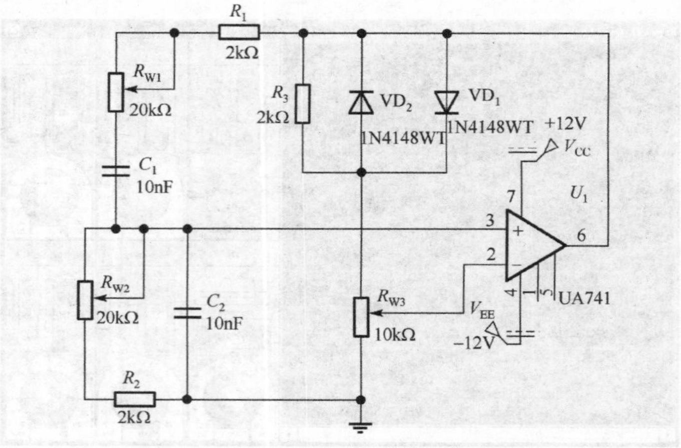

图 3.8.1　RC 正弦波振荡电路仿真图

该电路由放大电路、正反馈网络、选频网络和稳幅环节这四部分组成，电路的振荡频率为：

$$f_0 = \frac{1}{2\pi\sqrt{(R_{w1}+R_1)(R_{w2}+R_2)C_1C_2}}$$

2．方波-三角波产生电路图

方波-三角波产生电路，可采用一个迟滞比较器和积分器实现。参考仿真电路如图 3.8.2 所示。

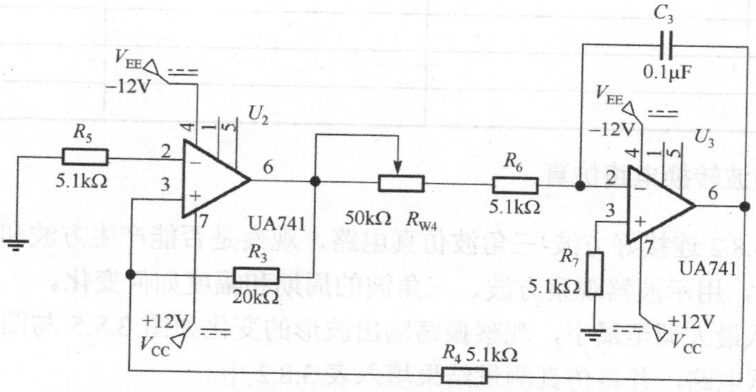

图 3.8.2　方波-三角波转换电路仿真图

三角波的幅度为：$U_{TOM}=\pm\frac{R_4}{R_3}U_{OM}$，其中 U_{OM} 为方波的输出幅度，该值与电源电压有关。

方波的周期 $T=\frac{4R_4(R_{w4}+R_6)C_3}{R_3}$

3.8.4　仿真测试内容

1．RC 正弦波振荡电路仿真

（1）参考图 3.8.1 的 RC 正弦波振荡电路，在 R_{w1}、R_{w2} 位于中间位置时，调节 R_{w3} 使电路起振，观察振荡输出波形频率和幅值的变化，确定振荡频率和幅值与 RC 的关系，如图 3.8.3 所示。

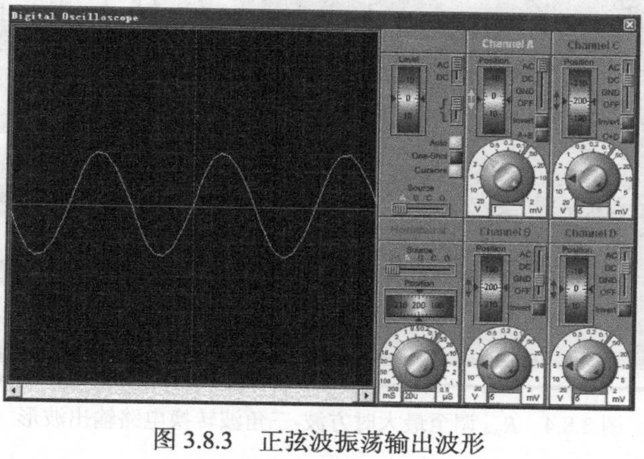

图 3.8.3　正弦波振荡输出波形

（2）在振荡波形不失真情况下，基本保持 R_{w3} 的触点位置不变，调节 R_{w1}、R_{w2}（保持两个电位器阻值相等），使其阻值同时逐渐增大或同时逐渐减小，观察振荡输出波形频率和幅度的变化，并且按照观测指标测试电路，并将仿真测量结果填入表 3.8.1 中。

表 3.8.1　正弦波振荡电路参数测量

	R_{w1}、R_{w2} 调至最小值	R_{w1}、R_{w2} 调至中间某个值	R_{w1}、R_{w2} 调至最大值
f_o（Hz）测量值			
幅值 V_{om}（V）			
$R_{w1}+R_1$			
$R_{w2}+R_2$			
f_{ot}（Hz）计算值			

2．方波-三角波转换电路仿真

（1）参考图 3.8.2 连接好方波-三角波仿真电路，观察是否能产生方波和三角波。

（2）调节 R_{w4}，用示波器观察方波、三角波的周期和幅度如何变化。

（3）将 R_{w4} 从最大调至最小，观察振荡输出波形的变化如图 3.8.5 与图 3.8.6 所示，按照实验观测指标测试电路，并将仿真测量结果填入表 3.8.2 中。

表 3.8.2　方波-三角波转换电路参数测量

	R_{w4} 调至最小值		R_{w4} 调至中间某个值		R_{w4} 调至最大值	
	幅值（U_{om}）	波形	幅值（U_{om}）	波形	幅值（U_{om}）	波形
三角波						
方波						
f_o(Hz)测量值						
$R_{w4}+R_6$						
f_{ot}(Hz)计算值						

（4）观察频率过高（R_{w4} 最小）时，输出波形的变化。

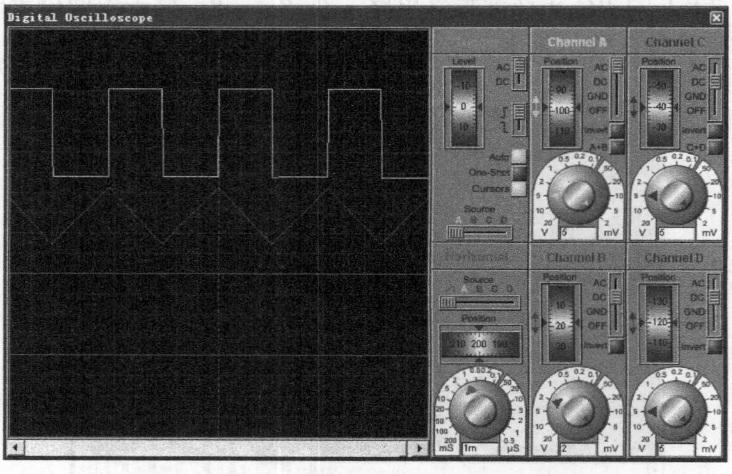

图 3.8.4　R_{w4} 调至最大时方波-三角波转换电路输出波形

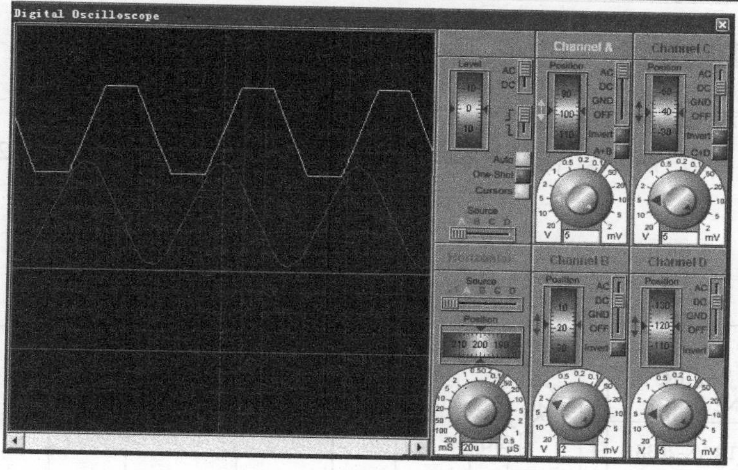

图 3.8.5　R_{w4} 调至最小时方波-三角波转换电路输出波形

3.8.5　扩展仿真实验内容

（1）在 RC 正弦波振荡电路中，调节 R_{w1}、R_{w2} 为不同的阻值，测量正弦波振荡频率，并与理论值进行比较。

（2）在方波产生电路的输出端加两个方向相反的稳压管，改变方波、三角波输出幅度。

（3）修改方波-三角波转换电路，使输出波形的占空比可调（即变为矩形波-锯齿波转换电路）。

3.9　集成直流稳压电源仿真研究

3.9.1　仿真实验目的

（1）了解集成直流稳压电源的基本工作原理。

（2）学会在 Proteus 中选择变压器、整流二极管、滤波电容及集成稳压器来设计直流稳压电源。

（3）掌握直流稳压电路的仿真调试及主要技术指标的测试方法。

3.9.2　虚拟实验仪器与器件

（1）变压器（TRAN-2P3S）。

（2）可调电阻（POT-HG）。

（3）整流桥（BRIDGE）。

（4）开关（SW-SPST）。

（5）信号源（GENERATOR MODE）。

（6）直流电压表（DC VOLTMETER）。

（7）虚拟示波器（OSCILLOSCOPE）。

3.9.3　绘制仿真电路图

三端固定式稳压器构成的±12V 直流稳压电源仿真电路如图 3.9.1 所示，可调直流稳压电源原理图如图 3.9.2 所示。在元件库中变压器 TR 的名称为“TRAN-2P3S”，整流桥“BRIDGE”。

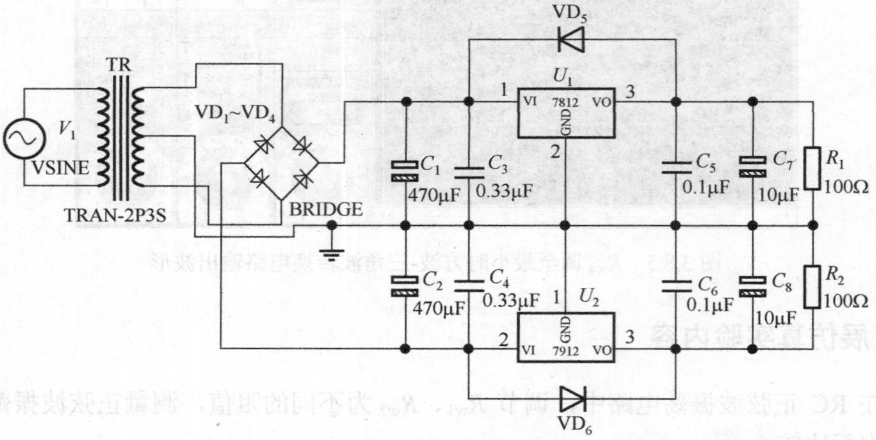

图 3.9.1　±12V 直流稳压电源仿真电路图

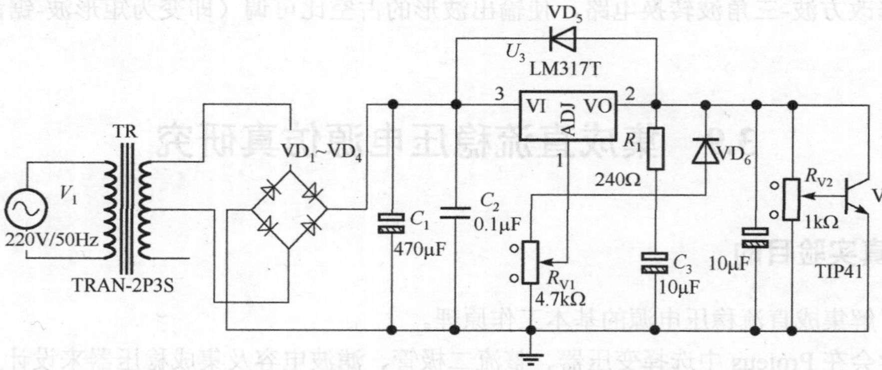

图 3.9.2　可调直流稳压电源（输出电流可调）仿真电路图

3.9.4　仿真研究与测试

1. 整流滤波电路的参数测量

整流滤波电路仿真图如图 3.9.3 所示，在元件库中开关名称为“SW-SPST”，变压器参数设置为：LP=37.7H、LS=1H、RP=10m、RS=1m。

改变电容的大小，测量 U_2 和 U_i，计算整流系数 $K=U_i/U_2$（U_i 直流、U_2 交流有效值）。测量 U_2 用交流万用表，测量 U_i 用虚拟示波器，耦合方式选用 DC 耦合。U_i 测量波形如图 3.9.4 所示，将测量值填入表 3.9.1 中。

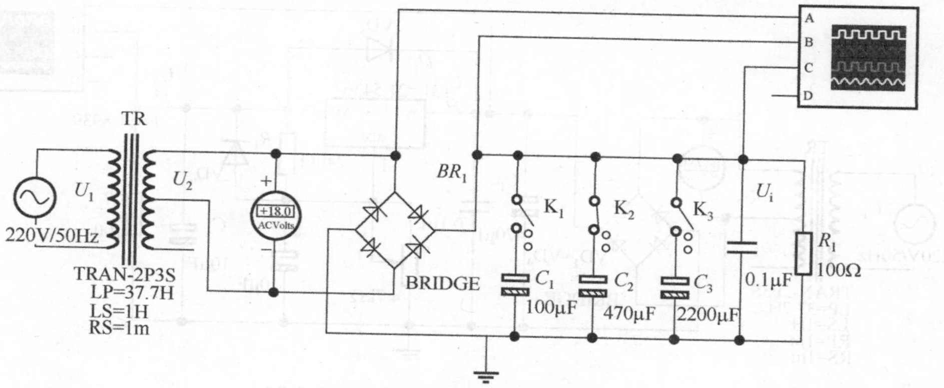

图 3.9.3　整流滤波电路仿真图

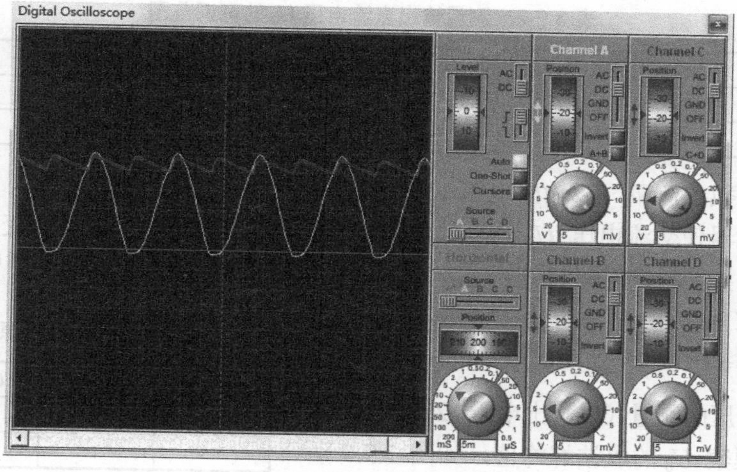

图 3.9.4　整流滤波输出波形

表 3.9.1　整流滤波电路的参数测量

电容值	100μF	470μF	2200μF
负载值	100Ω	100Ω	100Ω
电压值 U_2			
电压值 U_i			
整流系数 $K=U_i/U_Z$			
波形			

2．可调式直流稳压电源性能测试

可调式直流稳压电路仿真图如图 3.9.5 所示，U_i 和 U_o 用电压探针测量，用虚拟示波器观测纹波电压。

（1）测量输出电压 U_o 调节范围，$U_o=1.25\times(1+R_{V1}/R_1)$。向上调节 R_{V1} 至最上端，测量 U_o 最大值；向下调节 R_{V1} 至最下端，测量 U_o 的最小值，将测量结果填入表 2.8.3 中。

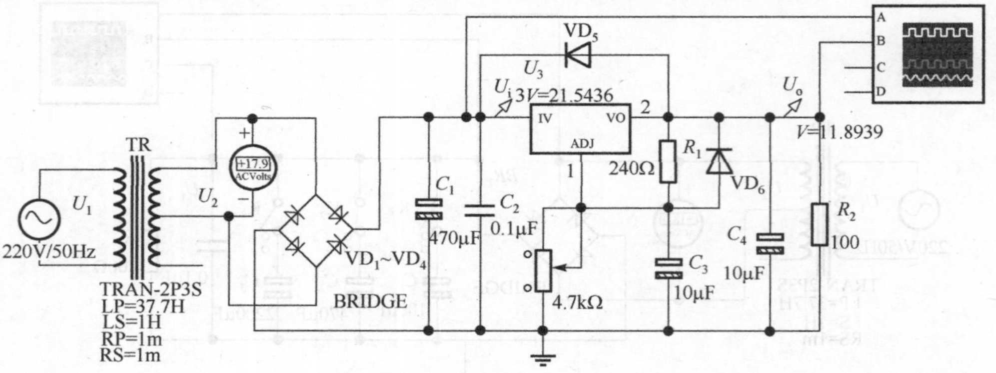

图 3.9.5　可调式直流稳压电路仿真图

表 3.9.2　测量输出直流电压 U_o 的可调范围

测量项	U_2(V)	U_i(V)	$U_{o\max}$(V)	$U_{o\min}$(V)
测量值				
计算值	—	—		

（2）稳压系数的测量（以输出电压 12V 为例）。

先设置变压器使交流电压 U_2 的有效值为 18V，测量 U_i、U_o；再设置变压器使交流电压 U_2 的有效值为 21V 后，测量 U_i'、U_o'，计算 S_R,。将测量的结果填入表 2.8.4 中。

则稳压系数为：

$$S_V = (\Delta U_o / U_o)/(\Delta U_2 / U_2)$$

表 3.9.3　稳压电源性能测试表

U_2	U_i(V)	U_o(V)	计算 S_R
18V			
21V			

（3）纹波电压的测量（以输出电压 12V 为例）。

用示波器观察 U_o 的纹波峰峰值，如图 3.9.6 所示，此时 B 通道输入信号采用交流耦合 AC，电压基准为 2mV。测量 $U_{op\text{-}p}$ 的值（约几 mV）。

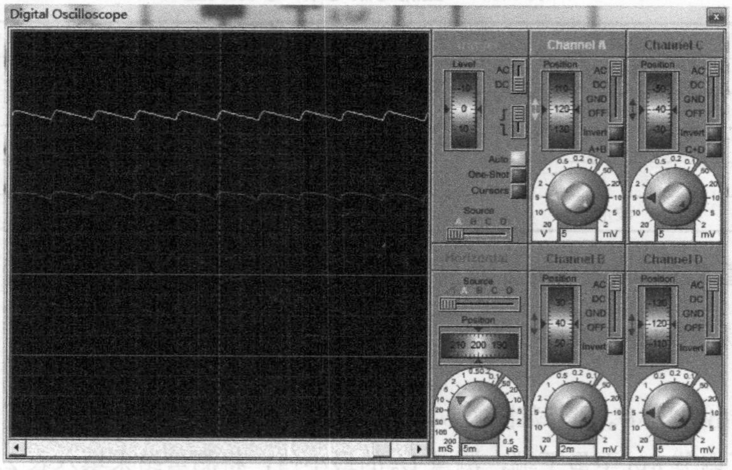

图 3.9.6　纹波电压测量结果

3.9.5　扩展仿真测试内容

（1）三端固定式稳压器 LM7812、LM7912 设计的±12V 直流稳压电源电路仿真图如图 3.9.7 所示。用交流电压表分别测量变压器原副边线圈的输出电压，用电压探针测量稳压器的输入、输出电压。测量结果填入表 3.9.4 中。

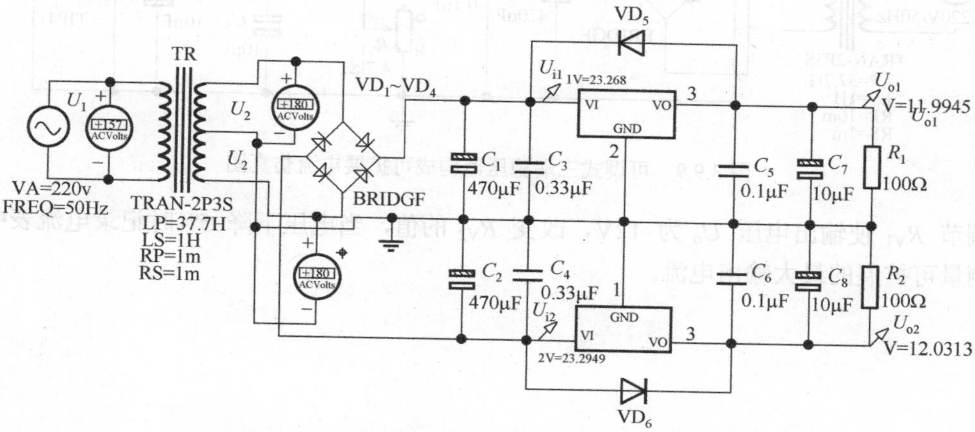

图 3.9.7　三端固定式稳压器构成的±12V 直流稳压电源电路仿真图

表 3.9.4　±12V 直流稳压电源性能测试表

变压器原边电压	变压器副边电压		稳压器的输入电压		稳压器的输出电压	
	U_2	U_2'	U_{i1}	U_{i2}	U_{o1}	U_{o2}

（2）大功率三极管构成的可变电流负载电路仿真图如图 3.9.8 所示，电流 I_o 用电流探针测量，U_o 用电压探针测量。调节 R_{V1} 使输出电压 U_o 为 12V，改变可变电阻 R_{V2} 的值，当电压下降 5%时记录电流表中的读数，测量最大输出电流 I_{omax}。

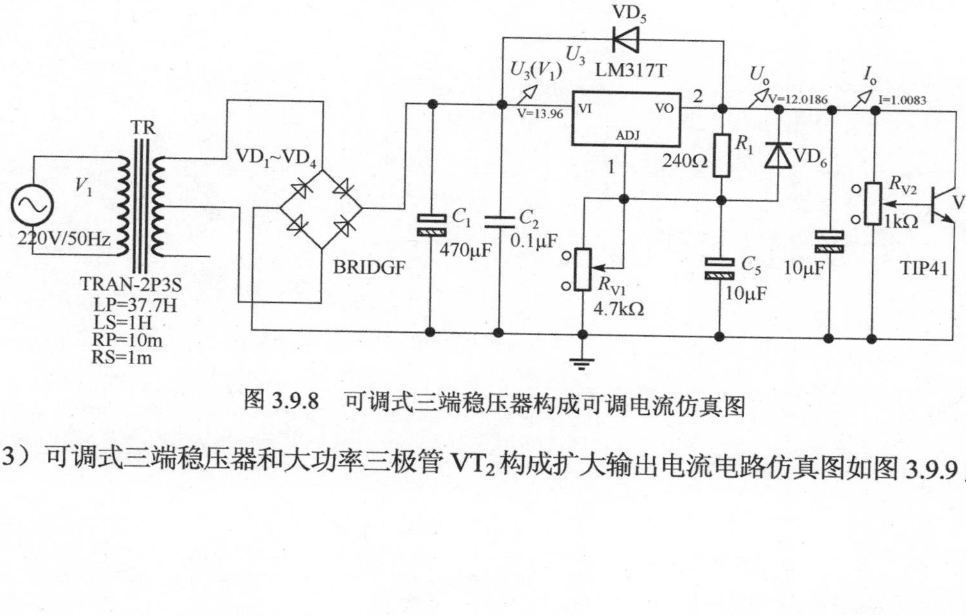

图 3.9.8　可调式三端稳压器构成可调电流仿真图

（3）可调式三端稳压器和大功率三极管 VT_2 构成扩大输出电流电路仿真图如图 3.9.9 所示。

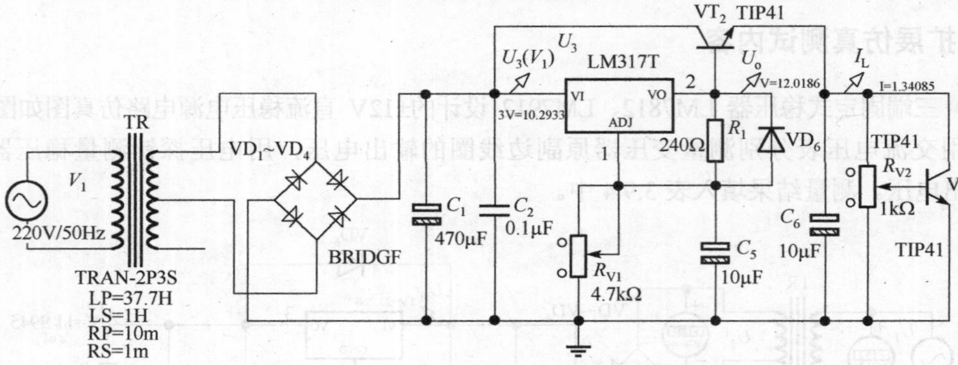

图 3.9.9　可调式三端稳压器构成可扩展电流仿真图

调节 R_{V1} 使输出电压 U_o 为 12V，改变 R_{V2} 的值，当电压下降 5%时记录电流表中的读数，测量可扩展的最大输出电流。

第 4 章　模拟电路综合设计实训

4.1　卡拉 OK 放大器

4.1.1　技术指标要求

（1）要求能够放大电压幅值 5mV 的拾音器和电压幅值 100mV 伴音信号。

（2）正负 12V 双直流电源供电，负载阻抗 8Ω 时，输出功率>1W。

（3）要求具有音调调节功能。

（4）输入阻抗≫20kΩ。

4.1.2　设计方案

1．总体框图

扩音机综合电路框图如图 4.1.1 所示，主要包括五大基本模块：小信号放大、信号处理、功率放大、音频信号产生和直流电源。这 5 个模块在前面实验中已经分别介绍，实训项目需综合前面的实验内容组成扩音机综合电路。

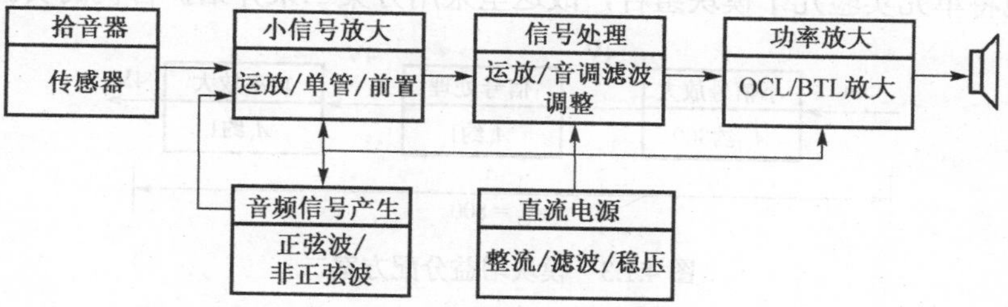

图 4.1.1　扩音机综合电路框图

（1）扩音机电路中小信号放大电路实现对输入的音频信号进行电压放大，可以由单管放大电路实现，也可以用运算放大电路实现，还可以由前置放大电路完成。

（2）信号处理电路实现放大后音频信号滤波，可以进行高低音的提升或衰减。

（3）功率放大电路实现音频信号的功率放大，可以采用 OCL 电路，也可以采用 BTL 电路，还可以用集成功率放大电路。功率放大的信号驱动扬声器发声。

（4）音频信号电路产生的正弦波可以模拟伴音信号，作为调试扩音机电路的信号源。

（5）直流电源电路产生的±12V 电压源可以为整个电路供电。

考虑到该电子系统包含模块多、调试难，实训过程可以简化为小信号放大电路、信号处理电路和功率放大电路 3 个模块电路的联合设计与调试。调试时音频信号函数发生器的信号代替，±12V 电压源由直流稳压电源提供。音频信号产生电路和直流稳压电源产生电路的联合调试作为扩展内容。

2．模块增益分配方案

考虑到拾音器的输出电压幅值约 5mV，要放大压幅值约 4V，功率约 1W 的信号来驱动扬声器（8Ω），则小信号放大电路、信号处理电路和功率放大电路 3 个模块总的电压增益为 800。常用的各模块增益分配方案有两种。

（1）方案一的模块增益分配方案如图 4.1.2 所示。

在该方案中，小信号放大电路电压增益约为 40，信号处理电路在中频区的电压增益约 1，功率放大电路的电压增益约 20。因该方案的功率放大电路要进行电压放大，所以要在前面加放大器和功率放大电路一起构成一个负反馈放大电路。该方案因在输出级引入了负反馈，输出信号比较稳定。

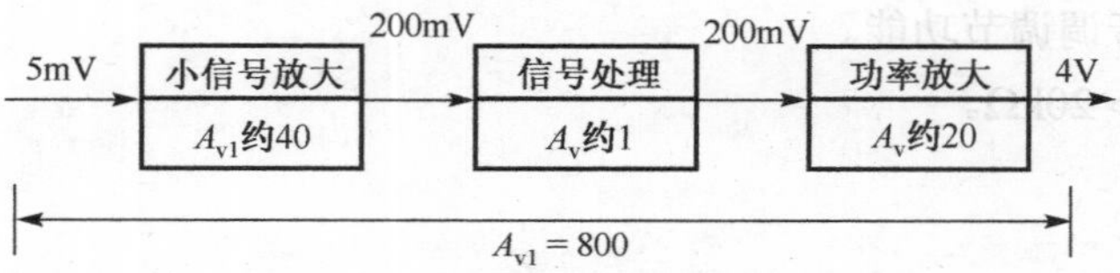

图 4.1.2　模块增益分配方案一

（2）方案二的模块增益分配方案如图 4.1.3 所示。

在该方案中，小信号放大电路电压增益约 800，信号处理电路在中频区的电压增益仍然约 1，功率放大电路的电压增益约 1。该增益与实验 2.5 节的功率放大电路一致。采用该方案可以更方便地将单元实验几个模块组合，故这里采用方案二来介绍扩音机的实验。

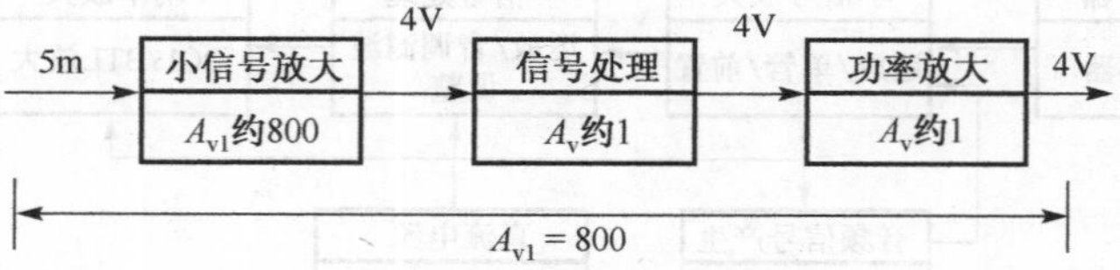

图 4.1.3　模块增益分配方案二

4.1.3　设计说明与参考电路

1．单元模块电路

1）小信号放大电路

根据扩音机各模块增益分配方案，若输入端拾音器提供的音频信号电压幅值为 5mV，伴音信号电压幅值为 100mV，因音频信号幅值较小，小信号放大电路需先将 5mV 的音频信号先放大一些，再与伴音信号求和，将信号幅值放大为 4V 输出给信号处理电路。

因已知音频信号输出阻抗达到 20kΩ，小信号放大电路可采用输入阻抗高，抗干扰能力强的前置放大电路实现。再用反相求和电路将放大了的拾音器输出信号和伴音信号求和，将信号幅值放大到约 4V。考虑到 2.4 节中的前置放大电路的电压增益可以从 1 到几百可调。前置运放电路的后面可加一级电压增益为 20 的反相求和运算放大电路，使整个电路的电压增益在没有伴音信号时可调至 800，有伴音信号时，在反相求和运算放大电路的输入端加一个 1kΩ 的电位器分压，则可灵活改变要放大信号的电压幅值。前置运放参考电路如图 4.1.4 所示，该电路与 2.4 节的电路相同，实验原理参见 2.4 节。图 4.1.5 为输入电压可调，电压增益为 20 的反相求和运算放大电路，实验原理参见 2.2 节。

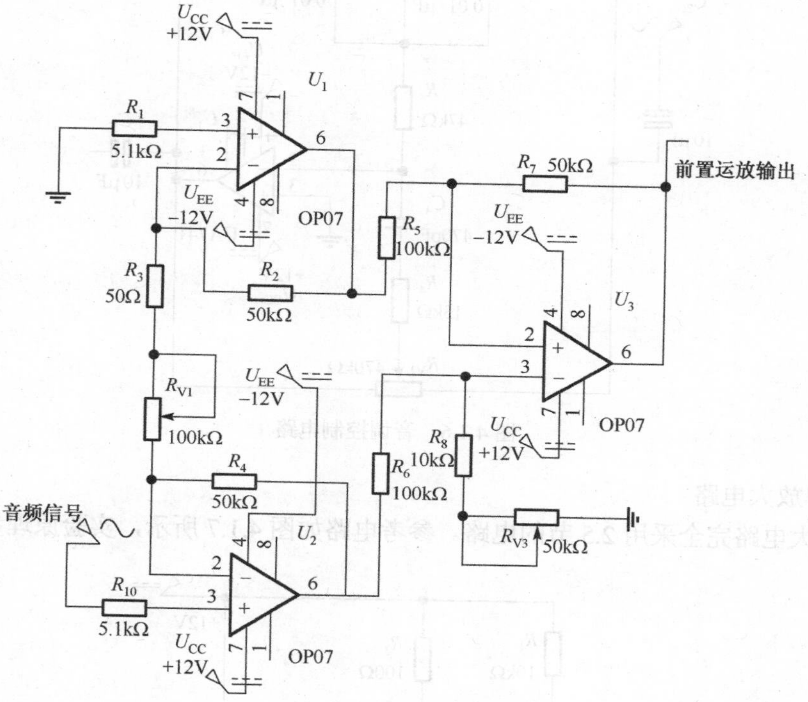

图 4.1.4　前置运算放大电路

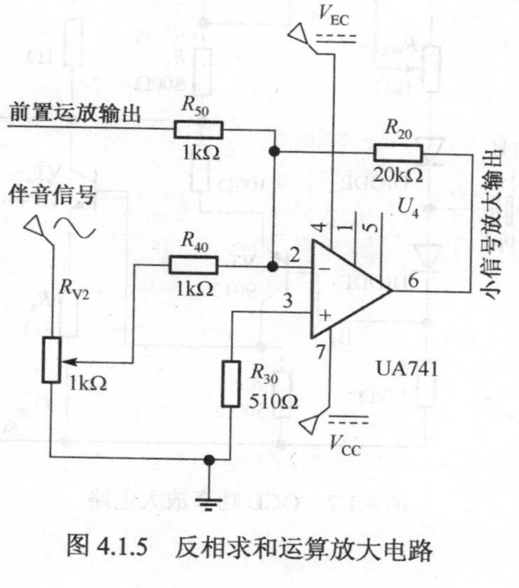

图 4.1.5　反相求和运算放大电路

2）信号处理电路

信号处理电路完全采用 2.6 节中的音调控制电路。参考电路如图 4.1.6 所示，实验原理参见 2.6 节。

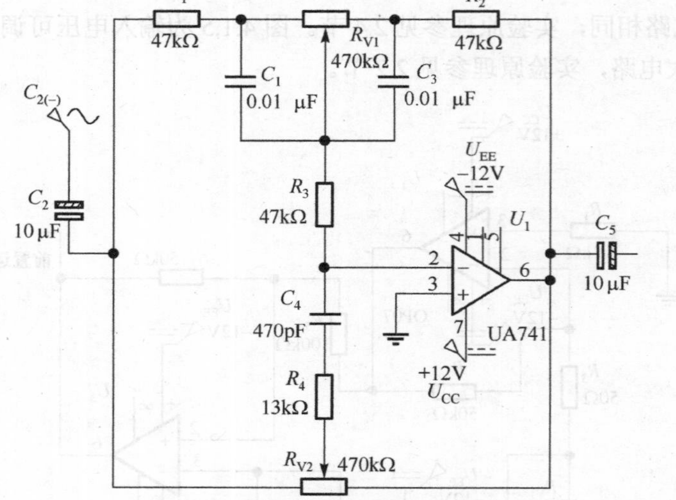

图 4.1.6　音调控制电路

3）功率放大电路

功率放大电路完全采用 2.5 节的电路。参考电路如图 4.1.7 所示，实验原理参见 2.5 节。

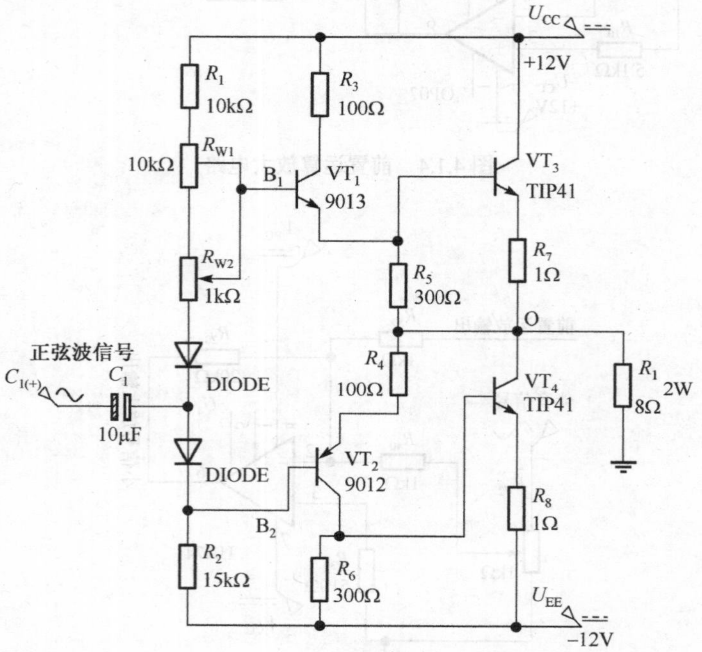

图 4.1.7　OCL 功率放大电路

2. 扩音机整体电路

扩音机整体电路参考图 4.1.3 的模块图，根据自己设计的模块电路，将小信号放大电路、信号处理电路和功率放大电路级联构成。为降低噪声，提高音质，参考图 4.1.4～图 4.1.6 中通用运放可以换成低噪宽带运放 NE5532、LM4562 等专用音响运放芯片。在整体电路输入端加入音频测试信号，适当调节小信号放大电路可变增益电位器，使小信号放大电路输出幅值约 4V 的信号。调节信号处理电路中相关的电位器，可改变音频信号幅度的衰减与提升。调整好功率放大电路，最终在 8Ω 负载上获得约 1W 的输出功率。

4.1.4　测试内容

第一步：模块单元电路的单独调试。各模块单元电路均用±12V 直流双电源供电。参考图4.1.3 调整各模块电路，分别调试每个模块电路，使之都能独立的正常工作。即用频率为 1kHz，幅值为适当值（该值参照 2.2、2.4、2.5、2.7 节的内容）的交流正弦信号初步测试模块电路是否有无失真的输出，初步测试模块电路是否有无失真的输出。若有，则调整电路参数，使之输出正常。

第二步：逐级调测与联调测试。注意调节各模块时，都要把后一级连接到前一级作为前一级的负载。

（1）小信号放大电路模块安装调试：连接小信号放大电路和信号处理电路，采用函数发生器为小信号放大电路的音频输入端加入幅值为 5mV、频率为 1kHz 的交流正弦信号，为伴音信号输入端加入幅值为 100mV、频率为 1kHz 的交流正弦信号，用示波器测量小信号放大电路的输出信号幅值，调节小信号放大电路中可改变增益的电位器，改变输出电压的幅值，使其最大能达到约 4V。注意该级放大后的音频信号和伴音信号的相位，小信号放大电路应该实现两路信号的求和，而不是相减。

（2）信号处理电路模块安装调试：断开与小信号放大电路的连接，连接信号处理电路（参考图 4.1.6 音调控制电路）和功率放大电路（参考图 4.1.7），利用函数发生器在信号处理电路输入端加幅值为 1V、频率分别为 1kHz、100Hz、10kHz 的交流正弦信号，分别调节音调电位器（图 4.1.6 中为 R_{V1} 和 R_{V2}），用示波器观察调整音调电位器时输出电压幅度的变化情况（注意：调试完后使 R_{V1} 和 R_{V2} 位于中间位置）。

（3）功率放大电路模块安装调试：断开与信号处理电路的连接，利用函数发生器在功率放大电路（参考图 4.1.7）的输入端加入幅值为 4V、频率为 1kHz 的交流正弦信号，用示波器测量功率放大电路负载上的不失真电压幅值，估算功率。若负载上的输出信号失真，需按实验 2.5 的调试方法调整电路。

（4）扩音机整体电路联调测试：参考图 4.1.3 方案级联小信号放大电路、信号处理电路和功率放大电路，采用函数发生器为小信号放大电路的音频输入端加入幅值为 5mV、频率为 1kHz 的交流正弦信号，为伴音信号输入端加入幅值为 100mV、频率为 1kHz 的交流正弦信号，用示波器分别测量小信号放大电路的输出电压幅值（若该幅值不接近于 4V，可适当调节小信号放大电路中改变增益大小的电位器。注意防止电压调节过大，最后产生过大的功率输出，损坏器件和设备），测量信号处理电路输出信号的幅值，测量功率放大电路的输出信号幅值，并估算功率，填写表 4.1.1 中。

表 4.1.1　扩音机电路参数测量

电压幅值 / 功率频率	音频信号输入	伴音信号输入	小信号放大电路输出幅值	信号处理电路中频区输出幅值	功率放大电路输出幅值	输出功率
1kHz	5mV	100mV				
10kHz	5mV	100mV				
100Hz	5mV	100mV				

（5）在第（4）步的基础上，电路不变，只将函数发生器提供的音频信号和伴音信号的频率由 1kHz 改变为 10kHz，重新测量相关参数，填写表 4.1.1 中；测完后，再将该频率改为 100Hz，重复测量，填写表 4.1.1 中。

（6）实际调试：关闭直流电源，用话筒或拾音器输出信号代替函数发生器提供的音频信号，用收音机的输出信号或者 MP3 的输出信号代替函数发生器提供的伴音信号，用音响代替功率放大电路的负载电阻。打开直流电源，试听音响效果。可适当调节信号处理电路中的音调调节电位器（如音调控制电路中的 R_{V1} 和 R_{V2}），改变高低音提升、压低的音效。若声音偏小，可适当调节小信号放大电路中影响增益大小的电位器（但要防止调节过大，以免输出功率过大，损坏器件和设备），改变音量大小。

4.1.5　扩展实验内容及要求

上述实验的电源不直接用实验室直流电源供电，改用 2.8 节的直流稳压电源电路为上述电路提供±12V 电源。伴音信号也可采用 2.7 节的信号产生与转换电路设计中获得的正弦信号。

4.1.6　选用器材及测量仪表

1. 选用的器材

在 2.2～2.7 节中的实验器件，再增加运放μA741 一个、20kΩ电阻 1 个、1kΩ电阻 2 个、1kΩ电位器 1 个、510Ω 电阻 1 个。

2. 测量仪表

双踪示波器；直流稳压电源；函数信号发生器；多功能实验电路板；数字万用表。

4.1.7　思考题

（1）当电路中电源噪声较大时，应采取什么措施减小电源噪声？

（2）当功率放大电路输出出现自激振荡时，可以采取什么方式减小自激振荡？

4.2　红外对管报警电路

4.2.1　技术指标要求

（1）系统工作电压为+5V。

（2）红外对管间距 1～5m，具有很强的抗干扰能力。

4.2.2　设计方案

红外对管是常用的电子元件，包含一个红外发射管（白色），一个红外接收管（黑色），如图 4.2.1 所示。红外对管常用来检测穿过两管中间的信号，如家电遥控器、液体点滴速度控制、洗衣机内液位测量等，它有很广泛的应用。本实验红外对管报警电路，着重研究红外对管对信号的检测及报警驱动电路。该电路包含电源部分、信号检测部分、执行机构驱动部分等。

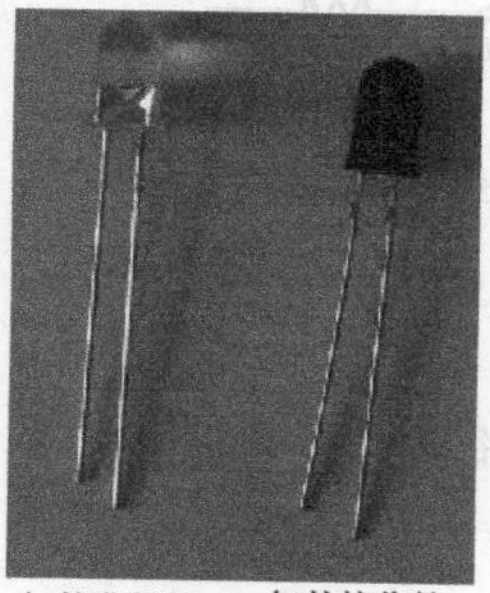

红外发射管　红外接收管

图 4.2.1　红外对管

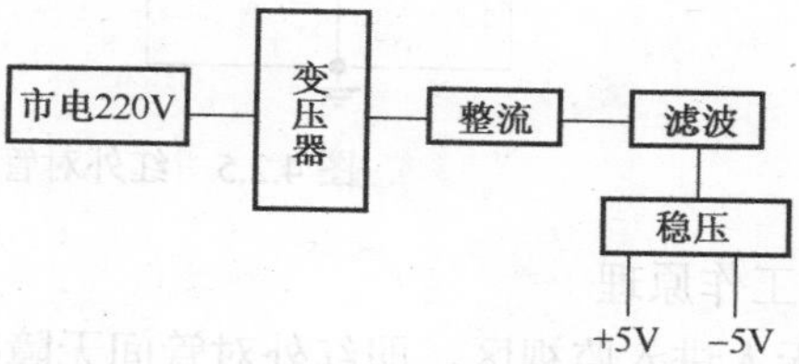

图 4.2.2　电源方案一

1．电源方案

（1）电路采用双电源工作，可由 220V 市电经整流、滤路、稳压后得到±5V 直流电压。方案框图如图 4.2.2 所示。

（2）另一种方案是采用开关电源技术产生直流电压。方案框图如图 4.2.3 所示。

结合学生实验的可操作性，从培养学生动手能力出发，采用（1）中所述方案。

2．红外对管驱动与检测电路方案

当红外接收管收到红外发射管发出的红外光时，其阻值变小，红外接收管上的电压变小。根据这一原理来设计红外对管报警电路。红外对管驱动与检测电路方案框图如图 4.2.4 所示。

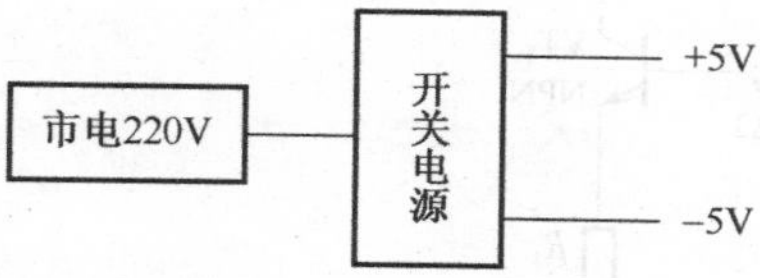

图 4.2.3　电源方案二

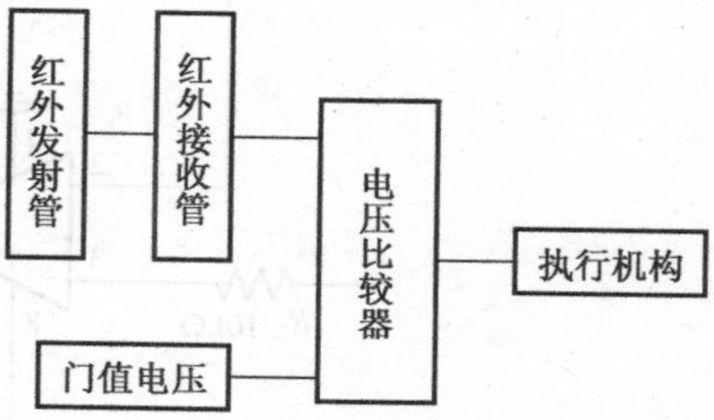

图 4.2.4　红外对管驱动与检测电路方案框图

4.2.3　设计说明与参考电路

1．红外对管检测单元模块电路

1）电路的组成

红外对管检测单元模块电路由电桥电路、比较器电路、稳压电路三部分组成，其中电桥电路中装有红外发射和接收管。单元电路如图 4.2.5 所示。其中，VD_1 是红外发射管，VD_2 是红外接收管，U_1 为电压比较器。

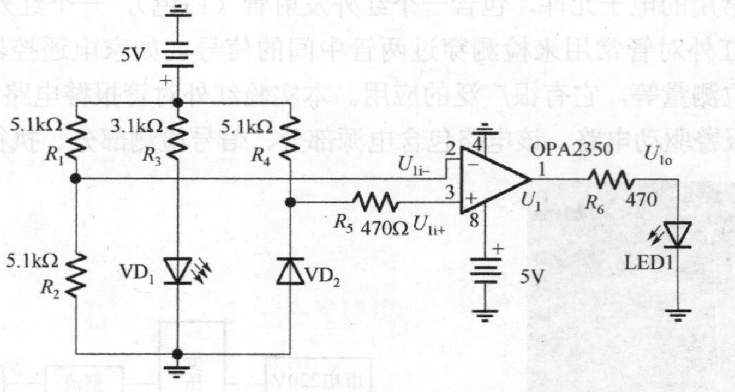

图 4.2.5　红外对管检测单元电路

2）电路工作原理

（1）当无人进入监视区，即红外对管间无障碍物时，VD_2 接收到 VD_1 发出的红外光，如图 4.2.5 所示。R_{D2}（VD_2 等效电阻）很小，所以 U_{1i+} 很小。由于 R_2=R_1=5.1kΩ，则 U_{1i-} = 5V/2=2.5V。运放 U_1 满足 $U_{1i+} < U_{1i-}$，则 U_{1o} 输出低电平，约为 0V。

（2）当有人进入监视区时，红外线被遮挡，VD_2 没有接收到 VD_1 发出的红外光，R_{D2} 很大，U_{1i+}约为 4V，运放 U_1 满足 $U_{1i+} > U_{1i-}$，则 U_{1o} 输出为高电平，约为 5V。

（3）OPA2350 是轨到轨运算放大器，单电源工作。

2. 报警电路

1）电路的组成

报警电路部分设置为声音报警，即当红外发射管和接收管之间有障碍物遮挡时，蜂鸣器发出声音。报警电路如图 4.2.6 所示，其中，三极管 VT_1 选用 PE8050。

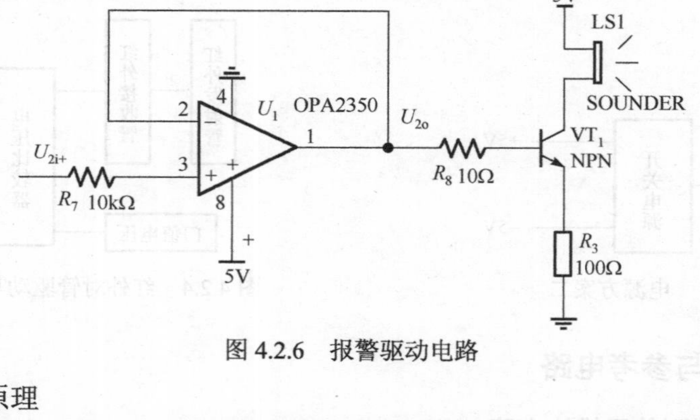

图 4.2.6　报警驱动电路

2）电路工作原理

红外对管检测电路的输出电压在报警电路中作为输入电压，利用运算放大器作电压跟随器，一方面增大驱动能力，另一方面起隔离作用。当 u_i 为高电平时，三极管导通，蜂鸣器发声；当 u_i 为低电平时，三极管截止，蜂鸣器不发声。

4.2.4　测试内容

（1）学习稳压管的作用和比较器的工作原理。

（2）如图 4.2.5、图 4.2.6 所示的连接电路图，检查电路是否出现错误。

连接电路注意事项：

① 红外发射管正向接入电路，红外接收管反向接入电路（长引脚为正，短引脚为负）。

② 光检测电路的电压接+5V，比较器工作电压分别是+5V 和−5V。

③ 先连接电路，检查无误后再接通电源，以免发生短路。

④ 拆线、改线时应该先断开电源。

⑤ 三极管各个引脚连接要正确（判断 e、b、c：将 9013 的引脚指向地面，平面部分朝向自己，则从左往右 3 个引脚分别为 e、b、c）。

（3）记录实验电路各个节点的工作电压：包括报警状态和非报警状态；记录表 4.2.1 和表 4.2.2 中。

表 4.2.1　光检测部分电路测试

工作电压	U_{1i+}	U_{1i-}	U_{1o}	U_{2i+}
报警状态				
非报警状态				

表 4.2.2　警铃驱动部分电路测试

工作电压	U_{2i+}	U_{2o}	U_e	U_b	U_c
报警状态					
非报警状态					

4.2.5　选用器材及测量仪表

（1）红外对管，运放 OPA2350，三极管 PE8050，电阻，导线若干等。

（2）直流稳压电源，数字式万用表，示波器，面包板。

4.2.6　思考题

（1）在红外对管检测单元电路中，如何设计成迟滞比较器以增加抗干扰能力？

（2）在报警驱动电路中，若要驱动继电器工作，电路图应该如何设计？

4.3　12V 直流电动机驱动与转速测量系统

4.3.1　技术指标要求

（1）设计可驱动 12V 直流电动机的电路。

（2）设计转速测量电路，能用示波器观察波形并且获得转速。

（3）电机可以正反两个方向运转。

4.3.2 设计方案

直流电动机的调速方法有 3 种，分别是：①电枢降压调速；②电枢电路串电阻调速；③弱磁调速。对执行机构为小型直流电动机，调速一般采用降低电枢电压调速的方法，即改变直流电动机的工作电压。改变直流电动机调速常用 PWM 调速，本系统侧重于 12V 直流电动机驱动与转速测量电路，系统框图如图 4.3.1 所示。

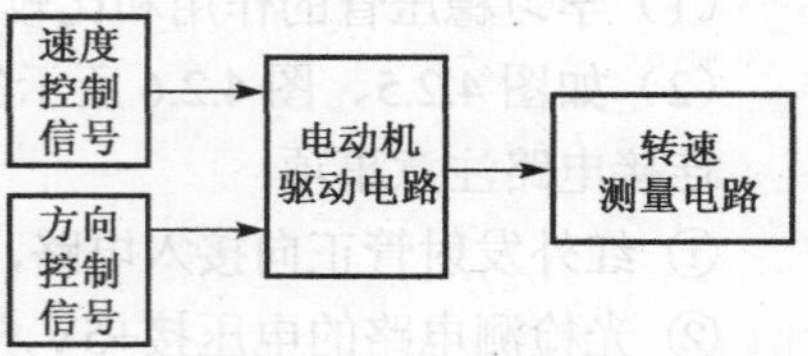

图 4.3.1 系统框图

1. 12V 直流电动机驱动方案选择

一是利用专用电动机驱动芯片实现对直流电动机的驱动，常用的电动机驱动芯片有 L298、UL2003AN 等；二是利用分立元件搭建 H 桥来驱动直流电机。比较两种方案用驱动芯片电路比较复杂而且成本比较高，而分立元件搭建的 H 桥驱动电路简单，完全可以驱动 12V 的直流电动机，满足本次设计的要求。所以选方案二。

2. 转速测量方案选择

1）霍尔传感器检测转速

霍尔传感器是根据霍尔效应制作的一种磁场传感器。在电动机轴上装个磁片，电动机转动带动磁片转动，发生磁场变化，用一个霍尔元件检测变化的次数，通过单片机计数，计算出电机的转速。霍尔传感器受磁场的影响较大，磁钢和传感器间距对信号的采集也有很大的影响，并且磁钢的磁性会随时间的延长而变小，这些都会影响采样精度。

2）光电传感器检测转速

光电传感器是采用光电元件作为检测部件的传感器。检测电路采用红外发光二极管作为光源，给电机转轴上加上带孔的码盘，当红外光正好穿过码盘孔时，使光敏三极管导通，输出低电平，反之输出高电平，这样就将转速转换成光信号的变化，再将光信号的变化送入处理器进行处理，计算出转速。光电检测方法具有精度高、反应快、非接触等优点，而且可测参数多，传感器的结构简单，形式灵活多样。所以选方案二。

4.3.3 设计说明与参考电路

1）驱动电路模块

本驱动电路采用分立元件搭建 H 桥来实现对 12V 小功率直流电动机的驱动。H 桥式电机驱动电路包括 4 个三极管和一个电机。要使电机转动，必须导通对角线上的一对三极管。根据不同三极管对的导通情况，电流可能会从左至右或从右至左流过电机，从而控制电机的转向。如图 4.3.2 所示，当 Q1 管和 Q4 管导通时，电流就从电源正极经 Q1 从左至右穿过电机，然后再经 Q4 回到电源负极。按图中电流箭头所示，该流向的电流将驱动电机顺时针转动。故当三极管 Q1 和 Q4 导通时，电流将从左至右流过电机，从而驱动电机按特定方向转动。图 4.3.3 为另一对三极管 Q2 和 Q3 导通的情况，电流将从右至左流过电机。当三极管 Q2 和 Q3 导通时，电流将从右至左流过电机，从而驱动电机沿另一方向转动。

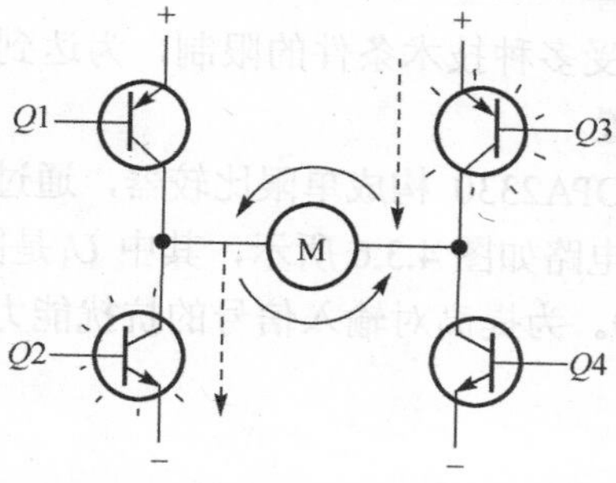

图 4.3.2　H 桥驱动电动机顺时针转动

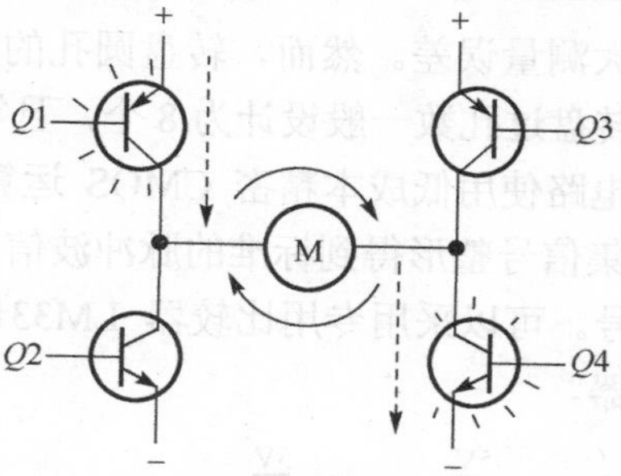

图 4.3.3　H 桥驱动电动机逆时针转动

本系统的 12V 直流电动机驱动原理图如图 4.3.4 所示。其中，Q1 和 Q2 是 PNP 型三极管 8550，Q3 和 Q4 是 NPN 型三极管 8050。U4 和 U5 是两个光电耦合器，用来隔离控制信号与电机的供电电路，以免控制信号受到电机的干扰。Positive 表示正转信号输入端，Negtive 表示反转信号输入端（注意这两个信号不能同时有效）。

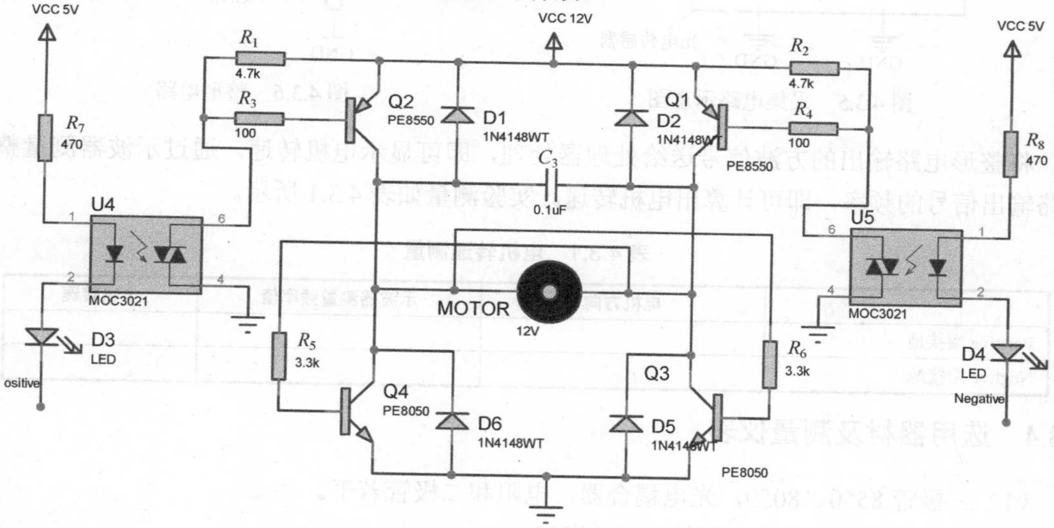

图 4.3.4　H 桥驱动电路图

D3 和 D4 是转向指示灯，当电机正转时 D3 亮，反转时 D4 亮。分析图 4.3.4 中，电动机正转时的工作情况。电动机正转时，Q2 和 Q3 导通，Q1 和 Q4 截止。需要 Q2 和 Q3 导通，就必须给 Q2 的基极低电平，即 Positive 端输入信号为低电平。即当 Positive 端输入信号为低电平（接地）时，直流电动机以工作电压为 12V 正转。电动机反转情况请读者自行分析。

2）转速测量电路

测速电路主要由采集电路和整形电路两部分。采集电路中应用了比较常见的光电测速方法来实现，其具体做法是将电机轴上固定一个圆盘，圆盘上绕中心均匀对称分布 8 个圆孔，在圆盘的一侧固定一个发光二极管，其位置对准圆孔，在另一侧和发光二极管平行的位置固定一个光敏三极管，当电机带动圆盘转动使得红外光正好穿过圆孔时，红外光将射到光敏三极管上，使三极管导通，反之三极管截止，示意图如图 4.3.5 所示。转盘上圆孔个数决定了测量精度，个数越多，精度越高，单位时间内获得脉冲数越多，这样可避免相邻过孔间距过大造成的较大测量误差。然而，转盘圆孔的实际个数受多种技术条件的限制，为达到预定的测速效果，转盘过孔数一般设计为 8 个，且等间距设置。

整形电路使用低成本精密 CMOS 运算放大器 OPA2330 构成单限比较器，通过上拉电阻 *R*p，对采集信号整形得到标准的脉冲波信号。整形电路如图 4.3.6 所示，其中 U_i 是图 4.3.5 中的 U_o 信号。可以采用专用比较器 LM331、LM339。为提高对输入信号的抗扰能力，可采用迟滞比较器。

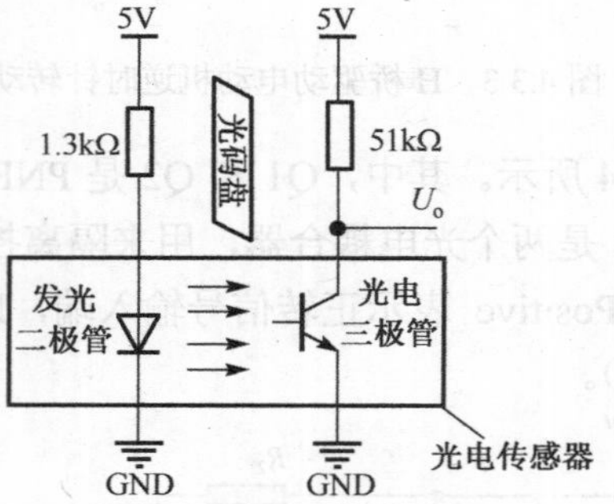

图 4.3.5　采集电路示意图

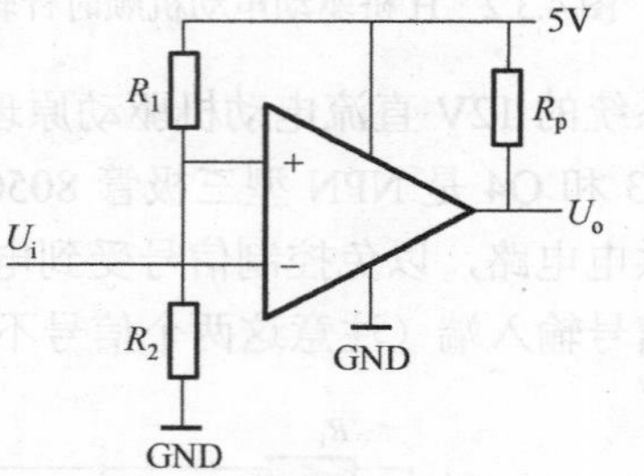

图 4.3.6　整形电路

将整形电路输出的方波信号送给处理器处理，即可显示电机转速。通过示波器测量整形电路输出信号的频率，即可计算出电机转速。实验测量如表 4.3.1 所示。

表 4.3.1　电机转速测量

	电机方向	示波器测量频率值	电机转速
Positive 端接地			
Negtive 端接地			

4.3.4　选用器材及测量仪表

（1）三极管 8550、8050，光电耦合器，电阻和二极管若干。

（2）发光二极管、光敏三极管、OPA2330。

（3）直流稳压电源、示波器、万用表。

4.3.5　思考题

（1）如何改变直流电动机转速？在本实验中 Positive 处接信号发生器输出的 PWM 波可以调速吗？

（2）测速传感器出来的信号为什么要经过整形电路？还有哪些整形电路？

4.4　语音信号带通滤波器

4.4.1　技术指标要求

设计一带通滤波器，对幅度为 U_i=100mV、频率 20～200kHz 的频带语言信号滤波。

要求：通带增益 $K_p = 2$，上限截止频率 $f_H = 3.5\text{kHz}$，下限截止频率 $f_L = 250\text{Hz}$，阻带衰减不小于–40dB/10 倍频。

4.4.2 设计方案

滤波器在通信测量和控制系统中得到了广泛的应用。一个理想滤波器要求幅频特性在通带内为一常数，在阻带内为零，没有过渡带，还要求群延时函数在通带内为一常量，这在物理上是无法实现的。然而实际的滤波器距此有一定的差异，为此实践中往往选择适当逼近方法实现对理想滤波器的最佳逼近。常用有三种逼近方法：巴特沃斯逼近（Butterworth），切比雪夫逼近（Chebyshev）、贝赛尔逼近等。

其中，Butterworth 滤波器在通带内响应最为平坦；Chebyshev 滤波器在通带内响应在一定范围内有起伏，但带外衰减速率较大，其相频特性比 Butterworth 类型要差。一般来说，幅频特性越好，相频特性就越差。

无源滤波器的带宽和频率响应特征取决于组成它的电感和电容值的精度，其电路简单，高频性能好，工作可靠；但其缺点是：通带信号有能量损耗，有比较明显的负载效应，体积和重量比较大，电感还会引起电磁干扰。

而采用运算放大器构成的有源滤波器将比采用电感实现的无源滤波器频率响应更好、通带更平坦。而有源滤波器采用运算放大器和电阻器来替代电感器，由于有源滤波器的精度取决于电阻和电容值的精度，不再取决于电感和电容值的精度，因此精度得到充分提高。另外，便宜的电阻比便宜的电感精度高得多，此外，现在运算放大器价格低廉，因此有源滤波器往往比用电感实现的无源滤波器便宜。

用运算放大器和 RC 网络组成的有源滤波器还具有许多独特的优点。因为不用电感元件，所以免除了电感所固有的非线性特性、磁场屏蔽、损耗、体积和重量过大等缺点。由于运算放大器的增益和输入电阻高，输入电阻低，负载效应小，因此能提供一定的信号增益和缓冲作用，这种滤波器的频率范围为 10^{-3}～10^{7}Hz，频率稳定度可做到（10^{-3}～10^{-5}）/℃，频率精度为 3%～5%，并可用简单的级联来得到高阶滤波器且调整也很方便。但是，其通带范围受到运放的限制，需要直流电源，一般适用于低频、低压、小功率等场合。

滤波器根据对频率选择要求的不同，滤波器可分为低通、高通、带通与带阻四种。一般来说，滤波器的阶数 *n* 越高，幅频特性阻带衰减的速率越快，越接近理想的滤波器，但 RC 网络的阶数越多，元件参数计算越烦琐，电路调试越困难。

通常为了获得较高的阻带衰减，采用二阶的有源滤波器较多。二阶有源滤波器的构成方式有两类：一类是无限增益多路反馈式（MFB），选择适当类型无源元件 Y_1～Y_5，以构成低通、高通、带通滤波器，如图 4.4.1 所示；另一类是压控制电压源式（VCVS），又称 Sallen-Key 构成方式，选择适当类型无源元件 Y_1～Y_4，以构成低通、高通、带通滤波器，如图 4.4.2 所示。

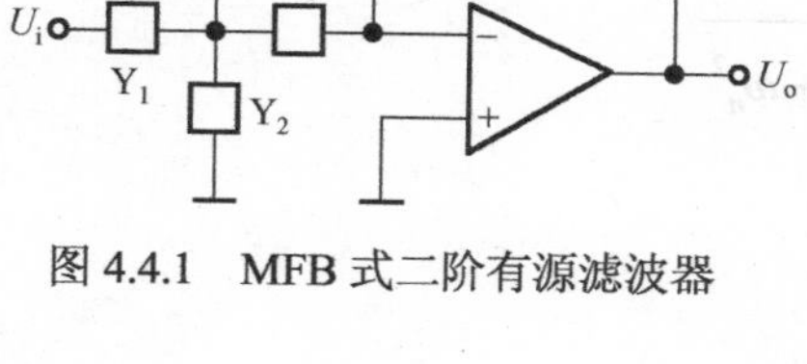

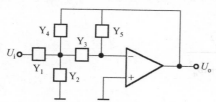

图 4.4.1　MFB 式二阶有源滤波器

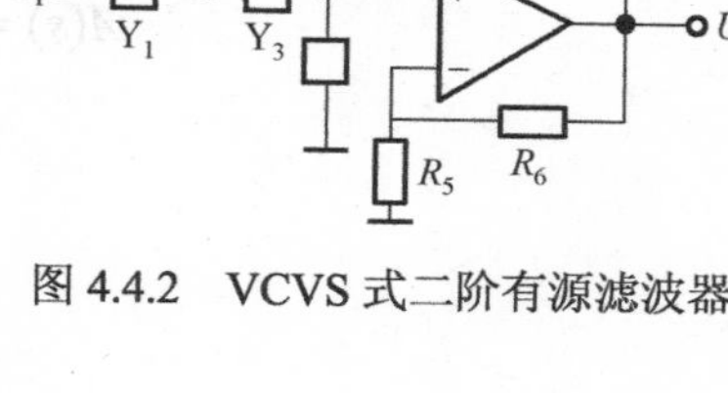

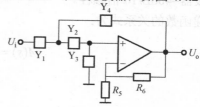

图 4.4.2　VCVS 式二阶有源滤波器

1．方案一：直接式带通滤波

该方案如图 4.4.3 所示。其特点是电路简单，元器件少，且只需要一个运算放大器。但是其缺点是调试非常困难。一般应用于要求不高的场合。

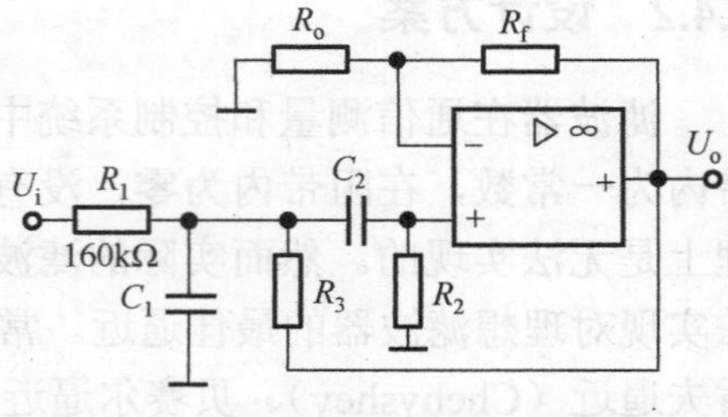

图 4.4.3　直接式带通滤波器示意图

2．方案二：间接式带通滤波

该方案以低通和高通的串联方式构成，通常要求第一级为低通（上限截止频率 f_H），第二级为高通（下限截止频率 f_L），并且必须满足：$f_L < f_H$。如图 4.4.4 所示。其特点是需要 2 个运算放大器分别构成低通和高通滤波器，电路复杂，元器件多。但其优点是：用该方法构成的带通滤波器的通带较宽，通带截止频率易于调整，易于调试，上、下限截止频率的可以分别调试互不影响，该方案较为常用。

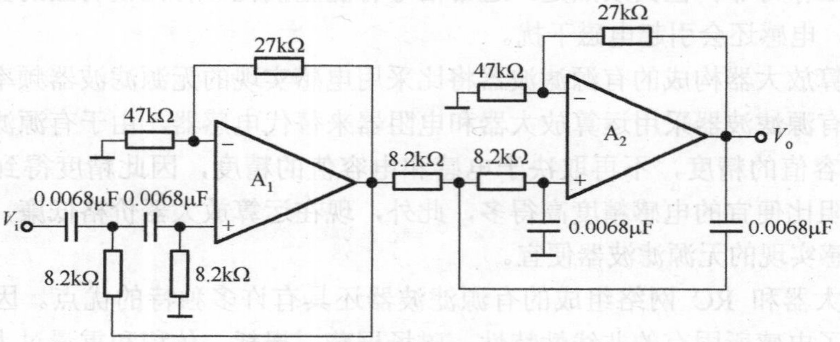

图 4.4.4　间接式带通滤波器示意图

据此，采用方案二设计该带通滤波器。

4.4.3　设计说明与参考电路

1．二阶有源低通滤波器（LPF）设计方法

这里以 Butterworth 滤波器的 Sallen-Key 构成方式为例说明设计方法与步骤。

1）基本原理

典型二阶有源低通滤波器如图 4.4.5 所示，为防止自激和抑制尖峰脉冲，在负反馈回路可增加电容 C_3，C_3 的容量一般为 22pF～51pF。该滤波器每节 RC 电路衰减–20dB/10 倍频程，每级滤波器–40dB/10 倍频程。

传递函数的关系式为：

$$A(s) = \frac{A_{vf}\omega_n^{\ 2}}{s^2 + \dfrac{\omega_n}{Q}s + \omega_n^{\ 2}} \tag{4.4.1}$$

式中，

通带增益：
$$K_p = A_{vf} = 1 + \frac{R_b}{R_a} \tag{4.4.2}$$

上限截止频率：
$$\omega_n = \frac{1}{\sqrt{R_1 R_2 C_1 C_2}} \tag{4.4.3}$$

品质因数：
$$Q = \frac{\sqrt{R_1 R_2 C_1 C_2}}{C_2(R_1 + R_2) + (1 - A_{vf})R_1 C_1} \tag{4.4.4}$$

2）设计方法

下面介绍设计二阶有源 LPF 时选用 R、C 的两种方法。

方法一：设 $A_{vf} = 1$，$R_1 = R_2 = R$，则 $R_a = \infty$，以及

$$Q = \frac{1}{2}\sqrt{\frac{C_1}{C_2}}, \quad f_n = \frac{1}{2\pi R\sqrt{C_1 C_2}}$$

$$C_1 = \frac{2Q}{\omega_n R}, \quad C_2 = \frac{1}{2Q\omega_n R}, \quad n = \frac{C_1}{C_2} = 4Q^2$$

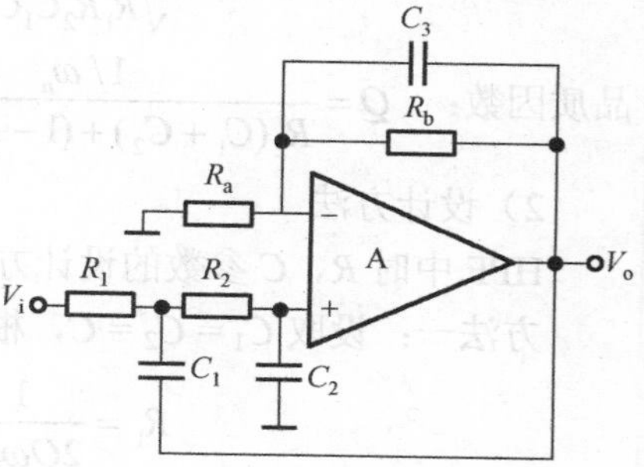

图 4.4.5　二阶 Sallen-Key 方式 LPF

方法二：$R_1 = R_2 = R$，$C_1 = C_2 = C$，则

$$Q = \frac{1}{3 - A_{vf}}, \quad f_n = \frac{1}{2\pi RC}$$

由上式得知，f_n、Q 可分别由 R、C 值和运放增益 A_{vf} 的变化来单独调整，相互影响不大，因此该设计法对要求特性保持一定 f_n 而在较宽范围内变化的情况比较适用，但必须使用精度和稳定性均较高的元件。

3）设计实例

要求设计如图 4.4.5 所示的具有巴特沃斯特性（$Q \approx 0.707$）的二阶有源 LPF，$f_n = 1\text{kHz}$。按方法一和方法二两种设计方法分别进行计算，可得如下两种结果。

方法一：取 $A_{vf} = 1$，$Q \approx 0.707$，选取 $R_1 = R_2 = R = 160\text{k}$，可得

$$\frac{C_1}{C_2} \approx 2, \quad R = \frac{1}{\omega_n C}, \quad C_1 = \frac{2Q}{\omega_n R} = 1400\text{pF}, \quad C_2 = \frac{C_1}{2} = 700\text{pF}$$

方法二：取 $R_1 = R_2 = R = 160\text{k}\Omega$，$Q = 0.707$，可得

$$C_1 = C_2 = \frac{1}{2\pi f_n R} = 0.001\mu\text{F}$$

2．二阶有源高通滤波器（HPF）设计方法

1）基本原理

HPF 与 LPF 几乎具有完全的对偶性，把图 4.4.5 中的 R_1、R_2 和 C_1、C_2 位置互换就构成如图 4.4.6 所示的二阶有源 HPF。两者的参数表达式与特性也有对偶性。

传递函数的关系式为：

$$A(s)=\frac{A_{vf}s^2}{s^2+\frac{\omega_n}{Q}s+\omega_n{}^2} \qquad (4.4.5)$$

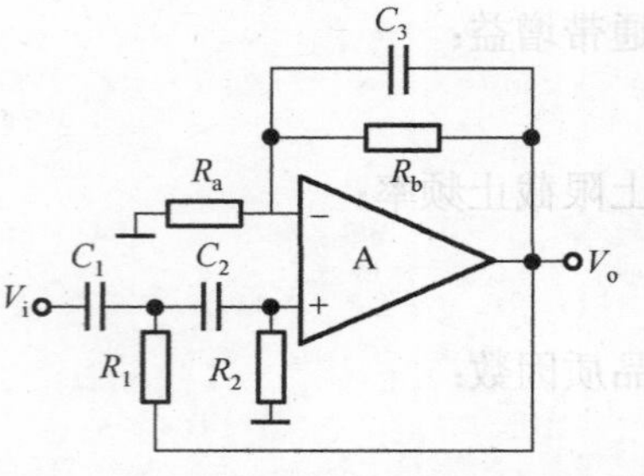

图 4.4.6　二阶 Sallen-Key 方式 HPF

式中，

通带增益：　$K_p=A_{vf}=1+\dfrac{R_b}{R_a}$　(4.4.6)

下限截止频率：　$\omega_n=\dfrac{1}{\sqrt{R_1R_2C_1C_2}}$　(4.4.7)

品质因数：　$Q=\dfrac{1/\omega_n}{R_2(C_1+C_2)+(1-A_{vf})R_2C_2}$　(4.4.8)

2）设计方法

HPF 中时 R、C 参数的设计方法与 LPF 相似，有两种。

方法一：设取 $C_1=C_2=C$，根据要求的 Q、f_n、A_{vf} 可得

$$R_1=\frac{1}{2Q\omega_nC},\qquad R_2=\frac{2Q}{\omega_nC},\qquad n=\frac{R_1}{R_2}=4Q^2$$

方法二：$R_1=R_2=R$，$C_1=C_2=C$，根据所要求的 Q、f_n 可得

$$A_{vf}=3-\frac{1}{Q},\quad R=\frac{1}{2\pi f_nC}$$

由上式得知，f_n、Q 可分别由 R、C 值和运放增益 A_{vf} 的变化来单独调整，相互影响不大，因此该设计法对要求特性保持一定 f_n 而在较宽范围内变化的情况比较适用，但必须使用精度和稳定性均较高的元件。

3）设计实例

设计如图 4.4.6 所示的具有巴特沃斯特性的二阶有源 HPF（Q≈0.707），已知 f_n = 1kHz，计算 R、C 的参数。

若按方法一：设 $A_{vf}=1$，选取 $C_1=C_2=C=1000\text{pF}$，求得 $R_1=112\text{k}\Omega$，$R_2=216\text{k}\Omega$，各选用 110KΩ 与 220kΩ 标称值即可。

若按方法二：选取 $R_1=R_2=R=160\text{k}\Omega$，求得 $A_{vf}=1.58$，$C_1=C_2=C=1000\text{pF}$

3．滤波器设计注意事项

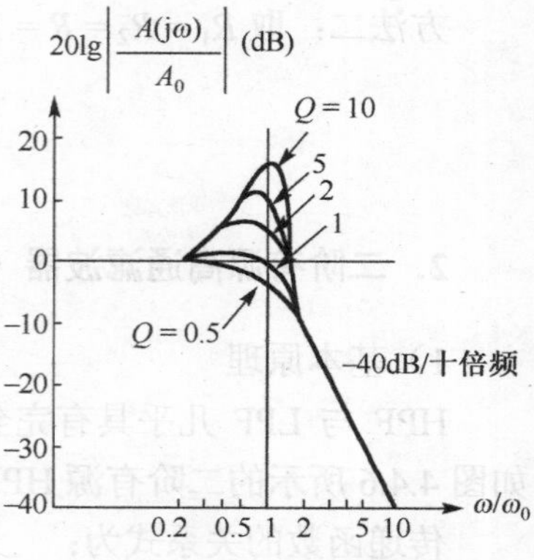

图 4.4.7　二阶 LPF 的幅频特性

（1）利用滤波器串联的方式，可以实现高阶滤波器。

例如：一阶 + 二阶低通 = 三阶低通

（2）利用滤波器串联的方式，可以实现带通滤波器。

例如：低通 + 高通 = 带通（$f_H>f_L$）

（3）对二阶滤波器，Q 值的不同，其幅频特性差异较大，以二阶 LPF 的幅频特性为例（图 4.4.7）。

当 Q>0.707 后，在截止频率处与通带的增益就开始出现起伏，Q 值越大，起伏差异就越大。通常

$Q = 1/\sqrt{2} = 0.707$，　　为 Butterworth 特性

$Q \approx 0.96$　　为 Chebyshev 特性

（4）先选择电容 C 的标称值，电容 C 的初始值靠经验决定，电容必须选用损耗小的优质电容，电容的取值一般是大于 10pF。通常截止频率 f_n 与电容 C 的取值以下面的经验数据作参考：

$f_n \leqslant$ 100Hz　　$C = (10\sim0.1)\ \mu F$

$f_n = (100\sim1000)$Hz　　$C = (0.1\sim0.01)\ \mu F$

$f_n = (1\sim10k)$Hz　　$C = (0.01\sim0.001)\ \mu F$

$f_n = (10\sim1000k)$Hz　　$C = (1000\sim100)$pF

$f_n \geqslant$ 1000kHz　　$C = (100\sim10)$pF

（5）运放的选用：应根据工作频率范围选择合适的运放。在构成较高频率的有源滤波器时，不但应选用增益带宽积高的，且要注意选择转换速率 SR 高的运放，运放的增益带宽积≥$(3\sim5)K_p f_H$。

（6）电阻：应选用温度系数小的电阻，且精度高一些，有时精度需要达到 1%，并且可以用 2 只电阻串联构成所需阻值。

（7）在实际制作有源滤波器之前，应先根据所设计的电路及元器件值，利用电路仿真软件进行模拟，并利用软件的分析功能对滤波器的各项性能指标进行分析，以减少实际调试工作量。

4.4.4　选用器材及测量仪表

（1）直流稳压电路。

（2）函数信号发生器。

（3）双踪示波器。

（4）万用表。

（5）LM324 1 片，电阻，电容若干。

4.4.5　测试内容

（1）基本要求：根据前面介绍的方法计算电路的元件值、截止频率和增益，要求误差在±10%以内。

提示：LPF 增益分配为 1，HPF 增益分配为 2。

① 设计一个二阶有源低通滤波器，要求截止频率 $f_H = 3000$Hz。

② 设计一个二阶有源高通滤波器，要求截止频率 $f_L = 300$Hz。

（2）根据计算的元件值，安装上述两种有源滤波器电路。在运放直流电源电压为±12V，测试信号 U_i = 100mV，用点频法测各滤波器的幅频特性，测试结果分别填入表 4.4.1～表 4.4.3 中，并画出幅频特性曲线。实验调整、修改元件值，使性能参数、幅频特性满足要求。

注意：① BPF 测试的电路结构如图 4.4.4 所示。

② 电路连接好后将输入信号短路，测量第一级输出与第二级输出静态电压是否近似为零，若相差太大，应检查电路连接是否有误或元件损坏。

③ 在实验时，若某项指标偏差较大，应根据性能参数的表达式调整、修改相应元件的值。

表 4.4.1　LPF 测试结果（U_i = 100mV）

频率（Hz）	$f_H/10$	$f_H/2$	f_H	$10f_H$
幅度（mV）				

表 4.4.2　HPF 测试结果（U_i = 100mV）

频率（Hz）	$f_L/10$	f_L	$2f_L$	$10f_L$
幅度（mV）				

表 4.4.3　BPF 测试结果（U_i = 100mV）

频率（Hz）	$f_L/10$	f_L	$2f_L$	$f_H/2$	f_H	$10f_H$
幅度（mV）						

4.4.6　思考题

（1）如果将低通滤波器与高通滤波器相串联，可以得到什么类型的滤波器，其通带与通带增益各为多少？截止频率如何合理设置？

（2）将 2 级二阶 LPF 相串联，截止频率处的增益与实际要求有何区别，如何调整参数的计算？

（3）为构成所得类型的滤波器，对低通滤波器与高通滤波器的特性有无特定要求。两者哪个在前有无关系？

4.5　信号波形合成器

4.5.1　技术指标要求

设计制作一个电路，能够产生多个不同频率的正弦信号，并将这些信号再合成为近似方波和其他信号。电路示意图如图 4.5.1 所示。

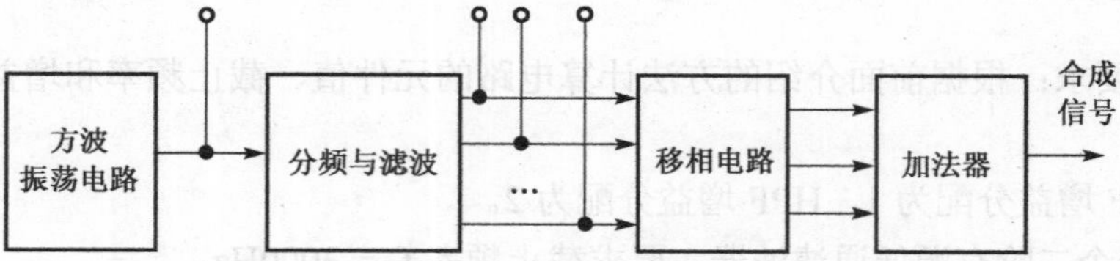

图 4.5.1　电路示意图

设计要求：

（1）方波振荡器的信号经分频与滤波处理，同时产生频率为 10kHz 和 30kHz 的正弦波信号，这两种信号应具有确定的相位关系；

（2）产生的信号波形无明显失真，幅度峰峰值分别为 6V 和 2V；

（3）制作一个由移相器和加法器构成的信号合成电路：将产生的 10kHz 和 30kHz 正弦波信号分别作为基波和 3 次谐波，合成一个近似方波，波形幅度为 5V，合成波形的形状如图 4.5.2 所示。

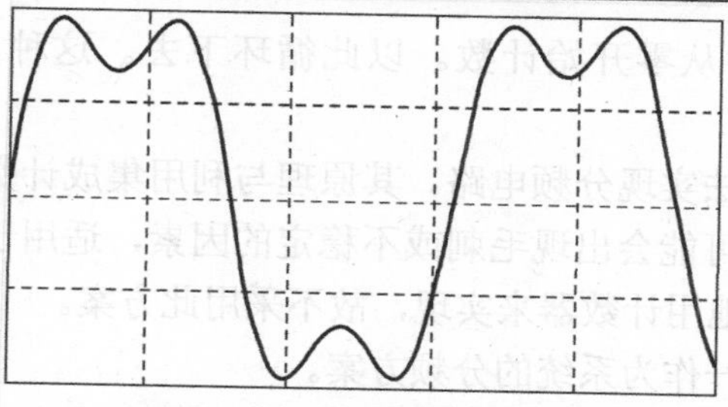

图 4.5.2 利用基波和 3 次谐波合成的近似方波

4.5.2 设计方案

根据设计要求，在某特定频率的方波上要产生几个其他频率方波，按照电路分频的基本原则，f_0 为这些频率的最小公倍数×2。有需求设计 2 个频率为 10kHz、30kHz，其公倍数为 30kHz，再乘以 2，则上述方波发生器为 60kHz。验证一下：60kHz 频率 6 分频得 10kHz，2 分频 30kHz。系统总体框图如图 4.5.3 所示。根据题目要求，通过信号发生器产生方波信号，经分频后得到各路需要的信号，因此信号发生器产生的信号频率应为各路信号频率的公倍数。由于所需信号频率为 10kHz 和 30kHz，其最小公倍数为 30kHz，若使用偶数分频，则应产生 $f = 60\text{kHz}$ 的方波，分别经过 2 分频和 6 分频可以得到 30kHz、10kHz 的方波，经过滤波器取出相应频率的正弦信号；然后用放大电路弥补滤波的幅度衰减，通过调节放大倍数调整各合成信号（正弦波）幅度大小。

由傅里叶变换可知方波可表示为：

$$f(t) = \frac{4a}{\pi}\left(\sin\omega t + \frac{1}{3}\sin 3\omega t + \frac{1}{5}\sin 5\omega t + \frac{1}{7}\sin 7\omega t + \cdots\right)$$

所以频率为 10kHz、30kHz、…对应幅度比例为 $1:\frac{1}{3}:\frac{1}{5}:\frac{1}{7}:\cdots$ 的正弦波可合成方波。同时，各频率分量对应的相位也由三角函数的形式及前面的符号所决定。因此，还需要通过移相电路使各频率信号的相位满足合成方波信号的要求，然后将满足幅度比例和相位条件的不同频率正弦波形叠加合成近似方波。系统总体框图如图 4.5.3 所示。

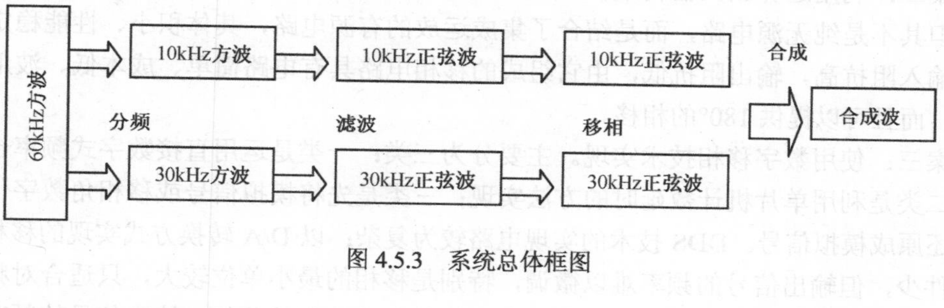

图 4.5.3 系统总体框图

1. 分频电路设计方案

方案一：利用数字电路设计分频电路。通过计数器计数来实现，由待分频的时钟边沿触发集成计数器计数，当计数器到规定值时，输出脉冲进行翻转，并给计数器一个复位信号，使得下一个时钟从零开始计数。以此循环下去。这种方法可以实现任意的整数分频电路。

方案二：使用编程方法实现分频电路。其原理与利用集成计数器相同，实现起来也十分简单，但分频得到的时钟可能会出现毛刺或不稳定的因素，适用于时钟要求不高的设计，且对于整数分频可以很容易地用计数器来实现，故不采用此方案。

根据题意，选择方案一作为系统的分频方案。

2．方波正弦波转换电路设计方案

由分频电路产生的单极性方波需要经过窄带通滤波电路形成正弦波。其带通的范围很窄，要与各次谐波的频率接近。

方案一：使用由 LC 网络组成的无源高阶巴特沃斯滤波器。其通带内相应最为平坦，衰减特性和相位特性都很好，对器件的要求也不高。但其在低频范围内有体积重量大、价格昂贵和衰减大等缺点。

方案二：采用实时 DSP 数字滤波技术，数字信号灵活性大，可以在不增加硬件成本的基础上对信号进行有效的滤波，但要进行滤波，需要 A/D、D/A 既有较高的转换速率，处理器具有较高的运算速度，成本高。

方案三：以集成运放为核心的 2 级放大器型（DABP）带通滤波电路，结构简单，所需元件少，对于实现窄带宽尖锐的 BPF 来说滤波效果较好。并且调整时可以使频率与 Q 值之间没有影响，可独立的进行调整。

所以根据实际情况，选择方案三作为系统的滤波方案。

3．移相电路设计方案

方案一：利用 RC 移相电路。RC 移相电路利用电容电流超前其电压 90°这一特性，构成 RC 滞后移相电路和 RC 超前移相电路。可通过改变 RC 的值来改变移相的度数，相移在 0°～90°或–90°～0°之间变化。然而，不同频率的信号经过 RC 移相电路后，其输出波形受输入波形影响，移相角度也受负载和时间等因素的影响，并且产生漂移。

方案二：利用运算放大器构成移相电路。此电路是利用电容的电流超前其电压 90°这一特性。但其不是纯无源电路，而是结合了集成运放的有源电路，其体积小、性能稳定、结构简单，输入阻抗高，输出阻抗低，由它组成的移相电路具有电路简单、成本低、波形好、适应性强，而且可以提供 180°的相移。

方案三：使用数字移相技术实现。主要分为三类：一类是运用直接数字式频率合成技术 DDS；二类是利用单片机计数延时的方法实现；三类是先将模拟信号或移相角数字化，经移相后再还原成模拟信号。DDS 技术的实现电路较为复杂；以 D/A 转换方式实现的移相，虽然所用元件少，但输出信号的频率难以微调，特别是移相的最小单位较大，只适合对频率要求不高，且移相角度固定的场合；以延时输出方波的方式实现的移相，输出信号的频率以参考信号的频率为准，而参考信号的频率则可以精确给定，可用于对频率要求高的场合，但其硬件电路比较复杂。

根据题目要求和分析后，选择简单的方案二。

4. 信号合成电路设计方案

方波信号经过波形变换和移相后，其输出幅度将有不同程度的衰减，合成前需要将各成分的信号幅度调整到规定比例，才能合成为新的合成信号。本设计采用反向比例运算电路实现幅度调整，然后采用反向加法运算实现信号合成。

4.5.3 设计说明与参考电路

1. 分频电路

由一片 CD4017 和一片 CD4013 芯片组成。先将 60kHz 的方波信号分别进行由 CD4013 进行二分频和 CD4017、CD4013 进行六分频，得到 30kHz、10kHz 的方波信号。

CD4017 不仅可以用于计数，还能用于分频，并且其分频可调。一片 CD4017 可构成最大进制计数器是十进制，若分频数大于 10，则要用两片或多片扩展级联实现，分频信号的占空比不是 50%，需要用 D 触发器对分频后的方波进行整形。CD4013 是含有 2 个相互独立的 D 触发器，每个触发器有独立的数据 D、置位 S、复位 R、时钟 CP 输入端和 Q 及 $\overline{Q}$ 输出端。由 D 触发器构成的二分频电路的接法是时钟 CP 接至外部输入信号，D 端接至 $\overline{Q}$，R、S 均接至高电平（也可以悬空），则 Q 输出二分频后的方波信号。该电路具有信号二分频功能，同时兼有整形输出方波功能，如图 4.5.4 所示。

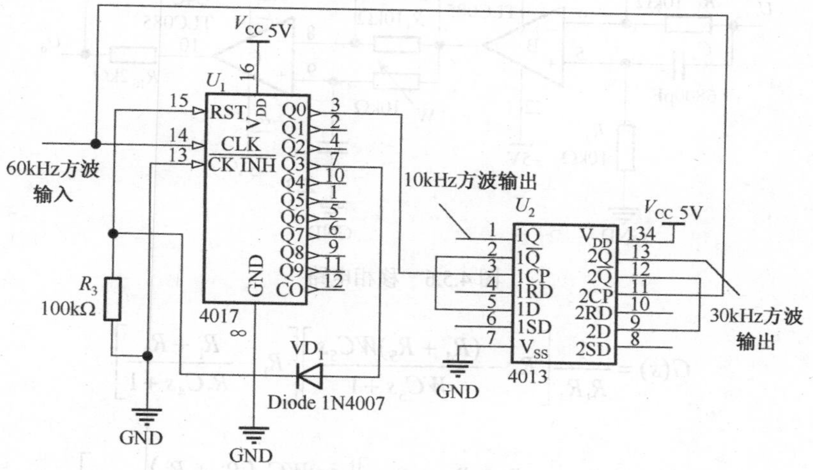

图 4.5.4　分频电路

2. 方波-正弦波变换电路

根据前述方案设计，采用运放 TL072 搭建二阶巴特沃斯有源低通滤波电路，如图 4.5.5 所示。由图可见，它是由两节 RC 滤波电路和同相比例放大电路组成的，其特点是输入阻抗高，输出阻抗低。当 $R_5 = R_6 = R$，$C_2 = C_3 = C$ 时，其 3dB 截止频率为 $f_c = 1/(2\pi RC)$。图 4.5.5 中采用 2kHz 电位器调节截止频率，当 2kΩ电阻全部接入时，其 3dB 截止频率约为 8kHz，减小电阻值可以提高截止频率。10kHz、30kHz 的正弦波均由该结构滤波电路经调节获得。

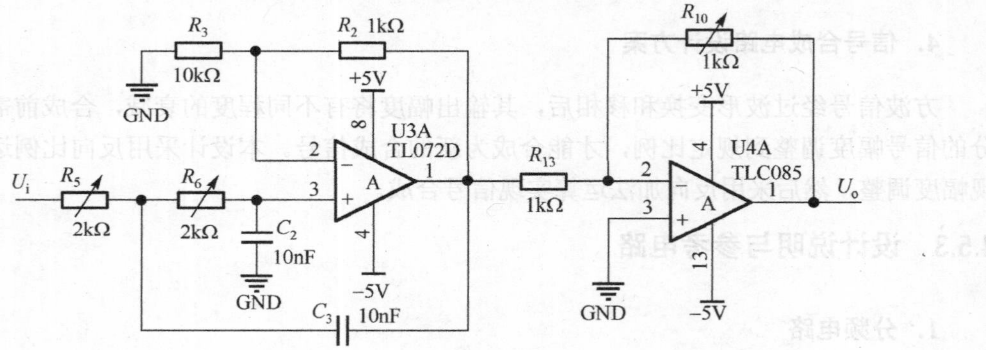

图 4.5.5　方波正弦波转换电路

3. 移相电路

采用有源 RC 移相电路，通过合理设计，可以实现信号幅度增益恒为 1、相位可调功能。根据前述方案设计，采用有源 RC 移相电路，如图 4.5.6 所示。根据电路图可求得该电路的闭环增益：

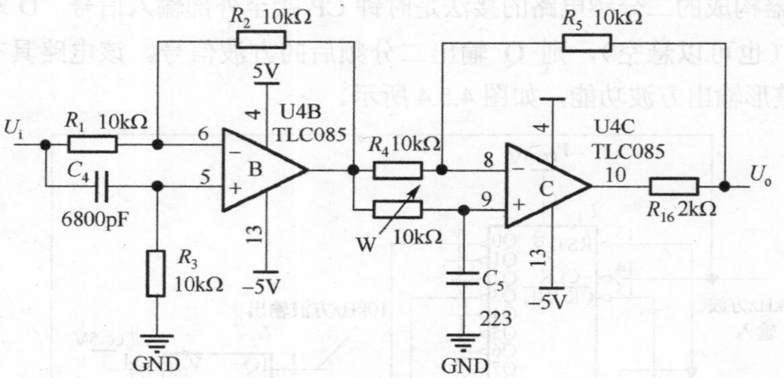

图 4.5.6　移相电路

$$G(s)=\frac{1}{R_1R_4}\left[R_4-\frac{(R_4+R_5)WC_5s}{WC_5s+1}\right]\left[R_1-\frac{R_1+R_2}{R_3C_4s+1}\right]$$

即

$$G(\mathrm{j}\omega)=\frac{1}{R_1R_4}\left[\frac{R_1+R_2}{\mathrm{j}\omega R_3C_4+1}-R_1\right]\left[\frac{\mathrm{j}\omega WC_5\left(R_4+R_5\right)}{\mathrm{j}\omega WC_5+1}-R_4\right]$$

当 $R_1=R_2=R_3=R_4=R_5=R=10\mathrm{k\Omega}$ 时有

$$G(\mathrm{j}\omega)=\frac{1-\mathrm{j}\omega RC_4}{1+\mathrm{j}\omega RC_4}\frac{\mathrm{j}\omega WC_5-1}{\mathrm{j}\omega WC_5+1}$$

则，$|G(\mathrm{j}\omega)|=1$，$G(\mathrm{j}\omega)$是一个全通函数。

$$\varphi=-2\tan^{-1}(RC_4\omega)-2\tan^{-1}(WC_5\omega)$$

即通过调节电位器 W 的值，可以改变相移，且不改变波形的幅度。

4. 比例运算和合成电路的分析和计算

设计要求是将一个 60kHz 方波信号转换成一个由 10kHz 和 30kHz 的正弦波组成的合成波，则两个频率分量要满足傅里叶变换系数的比例要求，这里就需要系数矫正电路，即比例运算电路，通过比例调节后加到一个加法器组成的叠加电路中，实现所要达到的相应的波形。示意电路见图 4.5.7 所示。

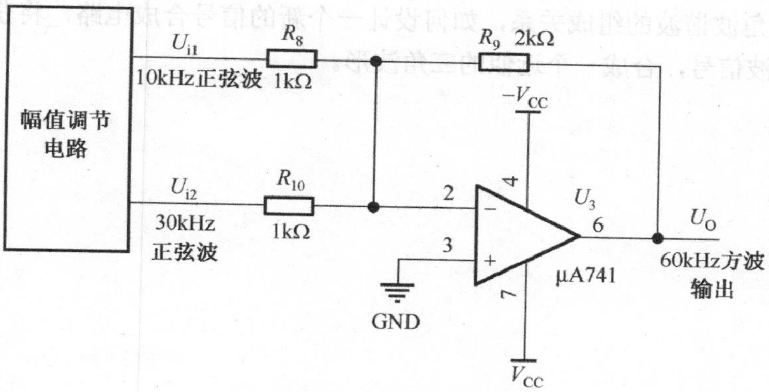

图 4.5.7　波形合成电路

在进行信号合成前，各波形（基波 10kHz、三次谐波 30kHz）的幅度和相位均按合成要求调节好，以下探讨信号叠加前各波形之间的相位和关系。

由傅里叶级数对方波予以分解可得

$$f(t)=\frac{4a}{\pi}\left(\sin\omega t+\frac{1}{3}\sin 3\omega t+\frac{1}{5}\sin 5\omega t+\cdots+\frac{1}{n}\sin nt+\cdots\right)$$

可见 3 次谐波与基波的系数比为$1:\frac{1}{3}$。合成方波时，故 10kHz 正弦波的峰峰值为 6V，30kHz 正弦波的峰峰值为 2V。另外，要求这些谐波初相位相同，由式可知，初相位均为零。各谐波所需幅值可通过幅值调节电路获得，初相可通过相位调节电路调整获得。

实验数据及波形填入表 4.5.1 中。

表 4.5.1　实验数据及波形

数据 / 谐波	f（理论）	f（实际）	Vp-p（理论）	Vp-p（实际）	移相波形	合成波形
基　波	10kHz					
三次谐波	30kHz					

4.5.4　选用器材及测量仪表

（1）稳压电源。

（2）数字式万用表。

（3）信号发生器。

（4）运算放大器 μA741，NE5534，TLC085，计数器 CD4017，D 触发器 CD4013。

（5）电阻、电容若干。

4.5.5　思考题

（1）如何在此电路的基础上获得 50kHz 的正弦信号作为 5 次谐波，参与信号合成，使合成的波形更接近于方波。

（2）根据三角波谐波的组成关系，如何设计一个新的信号合成电路，将获取的 10kHz、30kHz 等各次谐波信号，合成一个近似的三角波形。

第 5 章　常用电子仪器简介

5.1　TDS1002 型数字式存储示波器

TDS1002 型数字式存储示波器是一种小巧、轻便、便携式的可以进行以接地电平为参考点测量的双踪示波器，在使用示波器之前需要了解示波器的面板结构，前面板分为若干功能区，使用和寻找都很方便。图 5.1.1 为 TDS1002 型示波器的面板图。

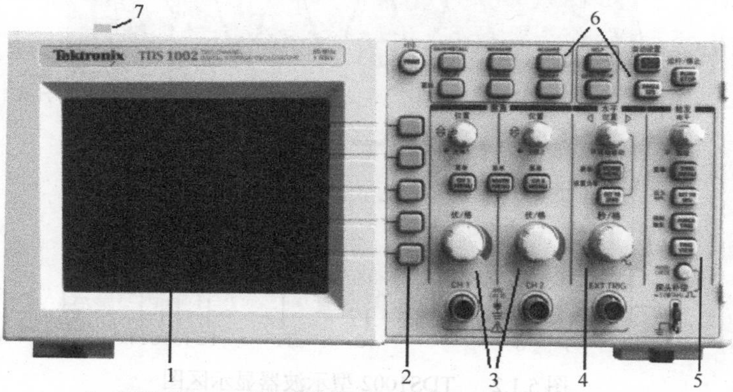

1—显示区域；2—类型选项按钮；3—垂直控制；4—水平控制；
5—触发控制；6—菜单和控制按钮；7—电源开关

图 5.1.1　TDS1002 型示波器的面板图

5.1.1　主要性能

（1）60MHz 的可选带宽限制。
（2）每个通道都具有 1GS/s 取样率和 2500D 点记录长度。
（3）光标具有读出功能。
（4）五项自动测量功能。
（5）带温度补偿和可更换高分辨率和高对比度的液晶显示。
（6）设置和波形的存储/调出。
（7）提供快速设置的自动设定功能。
（8）波形的平均值和峰值检测。
（9）数字式存储示波器。
（10）双时基。
（11）视频触发功能。

（12）不同的持续显示时间。

（13）配备 10 种语言的用户接口，由用户自选。

5.1.2 基本操作简介

显示区除了显示波形以外，还包括波形和示波器控制设置的详细信息，如图 5.1.2 所示。

1．显示图标表示采集模式。

（1）取样模式。

（2）峰值检测模式。

（3）均值模式。

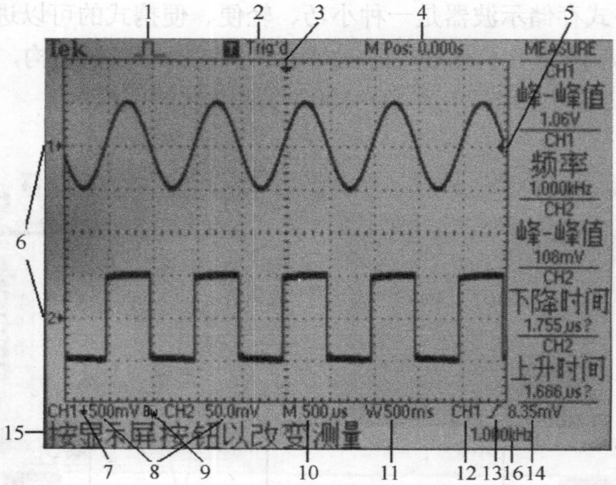

图 5.1.2　TDS1002 型示波器显示区图

2．触发状态显示如下。

（1）□已配备，示波器正在采集预触发数据，在此状态下忽略所有触发。

（2）R准备就绪，示波器已采集所有预触发数据并准备接受触发。

（3）T已触发，示波器已发现一个触发并正在采集触发后的数据。

（4）●停止，示波器已停止采集波形数据。

（5）●采集完成，示波器已完成一个“单次序列”采集。

（6）R自动，示波器处于自动模式并在无触发状态下采集波形。

（7）□扫描，在扫描模式下示波器连续采集并显示波形。

3．使用标记显示水平触发位置，旋转“水平位置”旋钮调整标记位置。

4．用读数显示中心刻度线的时间，触发时间为零。

5．使用标记显示“边沿”脉冲宽度触发电平，或选定的视频线或场。

6．使用屏幕标记表明显示波形的接地参考点，如没有标记，不会显示通道。

7．箭头图标表示波形是反相的。

8．以读数显示通道的垂直刻度系统。

9．BW 图标表示通道是带宽限制的。

10．以读数显示主时基设置。

11．如使用窗口时基，以读数显示窗口时基设置。

12．以读数显示触发使用的触发源。

13．显示区域中将暂时显示“帮助向导”信息。采用图标显示以下选定的触发类型。

（1）上升沿的“边沿”触发。

（2）下升沿的“边沿”触发。

（3）行同步的“视频”触发。

（4）场同步的“视频”触发。

（5）“脉冲宽度”触发，正极性。

（6）“脉冲宽度”触发，负极性。

14．用读数表示“边沿”脉冲宽度触发电平。

15．显示区有用信息，有用信息仅显示 3s。如果调出某个存储的波形，读数就显示基准波形的信息，如 RefS1.00V 500μs。

16．以读数显示触发频率。

5.1.3　菜单系统的使用

TDS1002 示波器的用户界面可使用户通过菜单结构简便地实现各项专门功能，按前面板的某一菜单按钮，则与之相应的菜单标题将显示在屏幕的右上方，菜单标题下可能有多达 5 个菜单项。使用每个菜单项右方的 BEZEL 按钮可改变菜单设置。共有 4 种类型的菜单项可共改变设置选择，如图 5.1.3 所示。

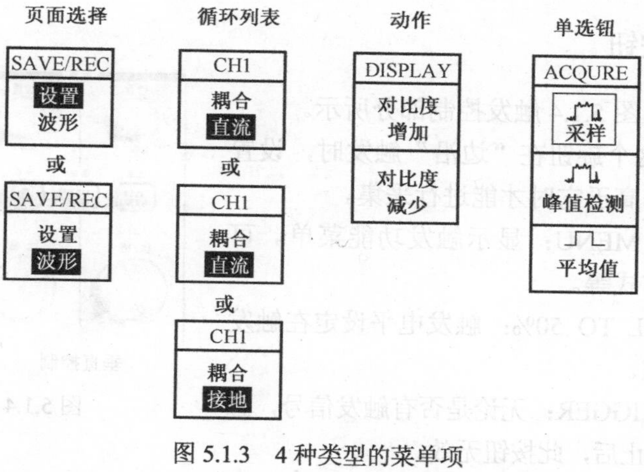

图 5.1.3　4 种类型的菜单项

（1）页（子菜单）选择：对于某些菜单，可使用顶端的选项按钮来选择两个或三个子菜单，每次按下顶端按钮时，选项都会随之改变。例如，按下“保存/调出”菜单内的顶端按钮，示波器将在“设置”和“波形”子菜单间进行切换。

（2）循环列表：每次按下选项按钮时，示波器都会将参数设定为不同的值。例如，可按下“CH1”菜单按钮，然后按下顶端的选项按钮在“垂直（通道）耦合”各选项间切换。

（3）动作：示波器显示按下“动作选项”。

（4）单选按钮：示波器为每一选项使用不同的按钮，当前选择的选项被加亮显示。例如，当按下“采集菜单”按钮时，示波器会显示不同的采集模式选项，可按下相应的按钮。

5.1.4　垂直控制系统

垂直控制系统如图 5.1.4 垂直控制部分所示。

（1）CH1、CH2、光标 1 及光标 2 位置。可垂直定位波形。当光标被打开且光标菜单被显示时，这些旋钮用来定位光标。

（2）通道 1、通道 2 菜单。显示通道输入菜单并打开或关闭通道显示，选择输入耦合方式、探头衰减比例等。

（3）电压/格（通道 1，通道 2）选择已校正的标尺系数。显示屏上纵坐标每格所表示的电压值。

（4）MATH 菜单。显示波形数学操作菜单并可用来打开或关闭数学波形。

5.1.5　水平控制系统

水平控制系统如图 5.1.4 水平控制部分所示。

（1）POSITON：调整所有通道及数学波形的水平位置。这个控制按钮的解析度根据时基变化。

（2）秒/格旋钮：为主时基或窗口时基选择水平标尺系数。显示屏上水平坐标每格所表示的时间值。例如，“窗口区”被激活，通过更改窗口时基可以改变窗口宽度。

5.1.6　触发控制按钮

触发控制按钮如图 5.1.4 触发控制部分所示。

（1）LEVEL：这个旋钮在“边沿”触发时，设置触发电平，信号必需高于它时才能进行采集。

（2）TRIGGER MENU：显示触发功能菜单。可选择触发源及触发方式等。

（3）SET LEVEL TO 50%：触发电平设定在触发信号幅值的垂直中点。

（4）FORCE TRIGGER：无论是否有触发信号，强制启动采样。采样停止后，此按钮无效。

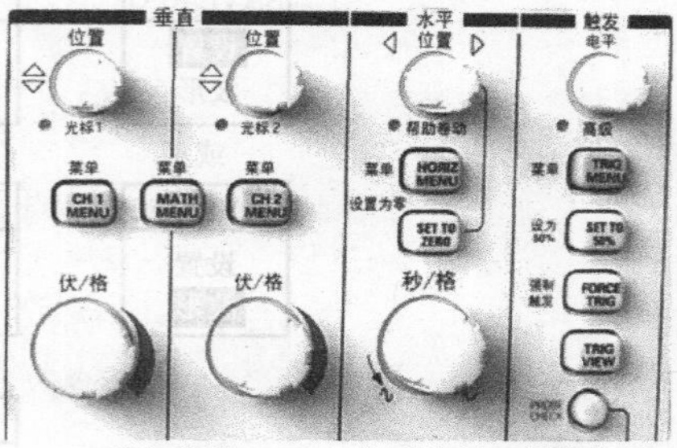

垂直控制　　　水平控制　触发控制

图 5.1.4　局部面板图

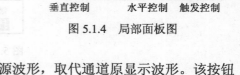

（5）TRIGGER VIEW：触发源观察钮，显示触发源波形，取代通道原显示波形。该按钮可用来查看触发设置，如触发耦合等，对触发信号的影响。

5.1.7　菜单和控制按钮

菜单和控制按钮如图 5.1.5 所示。

（1）SAVE/RECALL：显示存储/调出功能菜单，用于仪器设置或波形的存储/调出。

（2）MEASURE：显示自动测量功能菜单。

（3）ACQUIRE：显示采集功能菜单。按此按钮来设定采集方式。

（4）DISPLAY：显示功能菜单。此按钮可选择波形显示方式和改变整个显示对比度。

（5）CURSOR：显示光标功能菜单。光标打开并且显示光标功能菜单时，垂直位置按钮调整光标位置，离开光标功能菜单后，光标仍保持显示（除非关），但不能调整。

（6）UTILITY：显示辅助功能菜单。

（7）AUTOSET：自动设定仪器各项控制值，以产生适宜观察的输入信号显示。

（8）PRINT：启动打印操作。

（9）DEFAUL SETUP：调出厂家默认设置。

（10）HELP：显示“帮助菜单”。

（11）SINGLE SEQ：采集单个波形，然后停止。

（12）RUN/STOP：启动/停止波形获取。

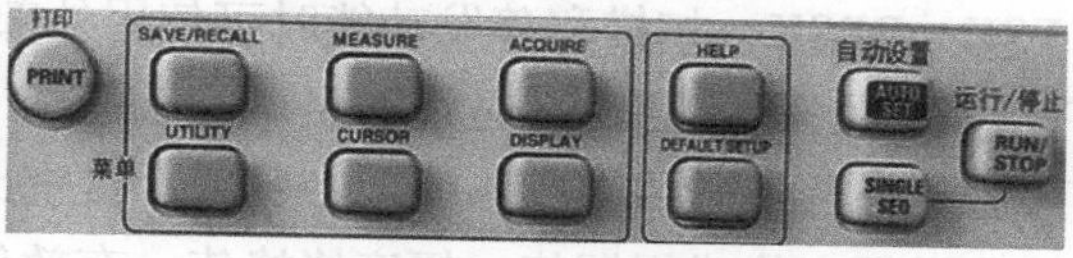

图 5.1.5 菜单和控制按钮

5.1.8 连接器

连接器如图 5.1.6 所示。

（1）PROBE COMP：探头补偿器，用来补偿校准探头。

（2）CH1（通道 1）、CH2（通道 2）：通道波形观测所需的输入连接器。

（3）EXT TRIG：外部触发源所需的输入连接器。使用触发功能菜单选择该触发源。

图 5.1.6 探头连接器

5.2 TFG6920A 函数/任意波形发生器

TFG6900A 系列函数/任意波形发生器采用直接数字合成技术（DDS）、大规模集成电路（FPGA）、软核嵌入式系统（SOPC）构成，具有优异的技术指标和强大的功能特性，能够快速输出各种测量信号。大屏幕彩色液晶显示界面可以显示出波形图和多种工作参数，键盘和旋钮操作简便。

5.2.1 主要特性

（1）双通道输出：具有 A、B 两个独立的输出通道，两通道特性相同。

（2）双通道操作：两通道频率、幅度和偏移可联动输入，两通道输出可叠加。

（3）波形特性：具有 5 种标准波形，5 种用户波形和 50 种内置任意波形。

（4）波形编辑：可使用键盘编辑或计算机波形编辑软件下载用户波形。

（5）频率特性：频率精度 50ppm，分辨率 1μHz。

（6）幅度偏移特性：幅度和偏移精度 1%，分辨率 0.2mV。

（7）方波锯齿波：可以设置精确的方波占空比和锯齿波对称度。

（8）脉冲波：可以设置精确的脉冲宽度。

（9）相位特性：可设置两路输出信号的相位和极性。

（10）调制特性：可输出 FM、AM、PM、PWM、FSK、BPSK、SUM 调制信号。

（11）频率扫描：可输出线性或对数频率扫描信号，频率列表扫描信号。

（12）猝发特性：可输出设置周期数的猝发信号和门控输出信号。

（13）存储特性：可存储和调出 5 组仪器工作状态参数，5 个用户任意波形。

（14）同步输出：在各种功能时具有相应的同步信号输出。

（15）外部调制：在调制功能时可使用外部调制信号。

（16）外部触发：在 FSK、BPSK、扫描和猝发功能时可使用外部触发信号。

（17）外部时钟：具有外部时钟输入和内部时钟输出。

（18）计数器功能：可测量外部信号的频率、周期、脉宽、占空比和周期数。

（19）计算功能：可以选用频率值或周期值、幅度峰峰值、有效值或 dBm 值。

（20）操作方式：全部按键操作、彩色液晶显示屏、键盘设置或旋钮调节。

（21）通讯接口：配置 RS232 接口、USB 设备接口、U 盘存储器接口。

（22）高可靠性：大规模集成电路，表面贴装工艺，可靠性高，使用寿命长。

5.2.2　基本操作简介

1. 使用准备

接通电源：带有接地线的电源插座中，按下后面板上电源插座下面的电源总开关，仪器前面板上的电源按钮开始缓慢地闪烁，表示已经与电网连接，但此时仪器仍处于关闭状态。按下前面板上的电源按钮，电源接通，仪器进行初始化，装入上电设置参数，进入正常工作状态。输出连续的正弦波形，并显示出信号的各项工作参数。

2. 前后面板

TFG6920A 函数/任意波形发生器前、后面板图分别如图 5.2.1 与图 5.2.2 所示。

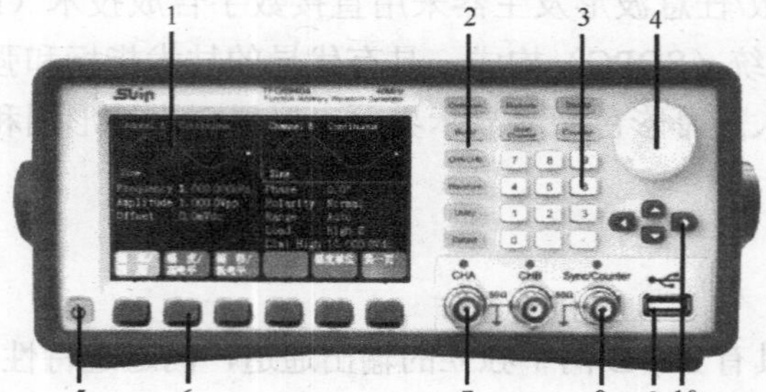

1—显示屏；2—功能键；3—数字键；4—调节旋钮；5—电源按钮；
6—菜单软键；7—CHA、CHB 输出；8—同步输出/计数输入；9—U 盘插座；10—方向键

图 5.2.1　TFG6920A 函数/任意波形发生器前面板图

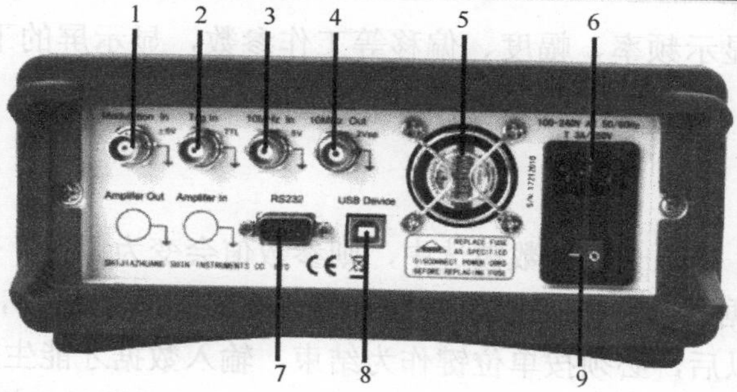

1—外调制输入；2—外触发输入；3—外时钟输入；4—内时钟输出；5—排风扇；
6—电源插座；7—RS232 接口；8—USB 接口；9—电源总开关

图 5.2.2　TFG6920A 函数/任意波形发生器后面板图

3. 键盘显示

（1）键盘说明：本仪器共有 32 个按键，26 个按键有固定的含义，用符号【】表示。其中 10 个大按键用作功能选择，小键盘 12 个键用作数据输入，2 个箭头键【<】、【>】用于左右移动旋钮调节的光标。2 个箭头键【∧】、【∨】用作频率和幅度的步进操作。显示屏的下边还有 6 个空白键，称为操作软键，用符号〖〗表示，其含义随着操作菜单的不同而变化。键盘说明如下。

【0】【1】【2】【3】【4】【5】【6】【7】【8】【9】键：数字输入键。

【.】键：小数点输入键。

【-】键：负号输入键，在输入数据允许负值时输入负号，其他时候无效。

【<】键：白色光标位左移键，数字输入过程中的退格删除键。

【>】键：白色光标位右移键。

【∧】键：频率和幅度步进增加键。

【∨】键：频率和幅度步进减少键。

【Continuous】键：选择连续模式。

【Modulate】键：选择调制模式。

【Sweep】键：选择扫描模式。

【Burst】键：选择猝发模式。

【Dual Channel】键：选择双通道操作模式。

【Counter】键：选择计数器模式。

【CHA/CHB】键：通道选择键。

【Waveform】键：波形选择键。

【Utility】键：通用设置键。

【Output】键：输出端口开关键。

〖　〗〖　〗〖　〗〖　〗〖　〗〖　〗空白键：操作软键，用于菜单和单位选择。

（2）显示说明：仪器的显示屏分为 4 个部分，左上部为 A 通道的输出波形示意图和输出模式、波形和负载设置，右上部为 B 通道的输出波形示意图和输出模式、波形和负载设置。显示屏的中部显示频率、幅度、偏移等工作参数，显示屏的下部为操作菜单和数据单位显示。

4．数据输入

（1）键盘输入：如果一项参数被选中，则参数值会变为绿色，使用数字键、小数点键和负号键可以输入数据。在输入过程中如果有错，在按单位键之前，可以按【<】键退格删除。数据输入完成以后，必须按单位键作为结束，输入数据才能生效。如果输入数字后又不想让其生效，可以按单位菜单中的〖Cancel〗软键，本次数据输入操作即被取消。

（2）旋钮调节：在实际应用中，有时需要对信号进行连续调节，这时可以使用数字调节旋钮。当一项参数被选中，除了参数值会变为绿色外，还有一个数字会变为白色，称为光标位。按移位键【<】或【>】，可以使光标位左右移动，面板上的旋钮为数字调节旋钮，向右转动旋钮，可使光标位的数字连续加 1，并能向高位进位。向左转动旋钮，可使光标指示位的数字连续减 1，并能向高位借位。使用旋钮输入数据时，数字改变后即刻生效，不用再按单位键。光标位向左移动，可以对数据进行粗调，向右移动则可以进行细调。

（3）步进输入：如果需要一组等间隔的数据，可以使用步进键输入。在连续输出模式菜单中，按〖电平限制/步进〗软键，如果选中 Step Freq 参数，可以设置频率步进值，如果选中 Step Ampl 参数，可以设置幅度步进值。步进值设置之后，当选中频率或幅度参数时，每按一次【∧】键，可以使频率或幅度增加一个步进值，每按一次【∨】键，可使频率或幅度减少一个步进值，而且数据改变后即刻生效，不用再按单位键。

（4）输入方式选择：对于已知的数据，使用数字键输入最为方便，而且不管数据变化多大都能一次到位，没有中间过渡性数据产生。对于已经输入的数据进行局部修改，或者需要输入连续变化的数据进行观测时，使用调节旋钮最为方便。对于一系列等间隔数据的输入，则使用步进键更加快速准确。操作者可以根据不同的应用要求灵活选择。

5．基本操作实例

（1）通道选择：按【CHA/CHB】键可以循环选择两个通道，被选中的通道，其通道名称、工作模式、输出波形和负载设置的字符变为绿色显示。使用菜单可以设置该通道的波形和参数，按【Output】键可以循环开通或关闭该通道的输出信号。

（2）波形选择：按【Waveform】键，显示出波形菜单，按〖第 x 页〗软键，可以循环显示出 15 页 60 种波形。按菜单软键选中一种波形，波形名称会随之改变，在“连续”模式下，可以显示出波形示意图。按〖返回〗软键，恢复到当前菜单。

（3）占空比设置：如果选择了方波，要将方波占空比设置为 20%，可按下列步骤操作：

① 按〖占空比〗软键，占空比参数变为绿色显示。

② 按数字键【2】【0】输入参数值，按〖%〗软键，绿色参数显示 20%。

③ 仪器按照新设置的占空比参数输出方波，也可以使用旋钮和【<】【>】键连续调节输出波形的占空比。

（4）频率设置：如果要将频率设置为 2.5kHz，可按下列步骤操作。

① 按〖频率/周期〗软键，频率参数变为绿色显示。

② 按数字键【2】【·】【5】输入参数值，按〖kHz〗软键，绿色参数显示为 2.500 000kHz。

③ 仪器按照设置的频率参数输出波形，也可以使用旋钮和【<】【>】键连续调节输出波形的频率。

（5）幅度设置：如果要将幅度设置为 1.6Vrms，可按下列步骤操作：

① 按〖幅度/高电平〗软键，幅度参数变为绿色显示。

② 按数字键【1】【·】【6】输入参数值，按〖Vrms〗软键，绿色参数显示为 1.600 0Vrms。

③ 仪器按照设置的幅度参数输出波形，也可以使用旋钮和【<】【>】键连续调节输出波形的幅度。

（6）偏移设置：如果要将直流偏移设置为−25mVdc，可按下列步骤操作。

① 按〖偏移/低电平〗软键，偏移参数变为绿色显示。

② 按数字键【-】【2】【5】输入参数值，按〖mVdc〗软键，绿色参数显示为−25.0mVdc。

③ 仪器按照设置的偏移参数输出波形的直流偏移，也可以使用旋钮和【<】【>】键连续调节输出波形的直流偏移。

（7）幅度调制：如果要输出一个幅度调制波形，载波频率 10kHz，调制深度 80%，调制频率 10Hz，调制波形为三角波，可按下列步骤操作。

① 按【Modulate】键，默认选择频率调制模式，按〖调制类型〗软键，显示出调制类型菜单，按〖幅度调制〗软键，工作模式显示为 AM Modulation，波形示意图显示为调幅波形，同时显示出 AM 菜单。

② 按〖频率〗软键，频率参数变为绿色显示。按数字键【1】【0】，再按〖kHz〗软键，将载波频率设置为 10.000 00kHz。

③ 按〖调幅深度〗软键，调制深度参数变为绿色显示。按数字键【8】【0】，再按〖%〗软键，将调制深度设置为 80%。

④ 按〖调制频率〗软键，调制频率参数变为绿色显示。按数字键【1】【0】，再按〖Hz〗软键，将调制频率设置为 10.000 00Hz。

⑤ 按〖调制波形〗软键，调制波形参数变为绿色显示。按【Waveform】键，再按〖锯齿波〗软键，将调制波形设置为锯齿波。按〖返回〗软键，返回到幅度调制菜单。

⑥ 仪器按照设置的调制参数输出一个调幅波形，也可以使用旋钮和【<】【>】键连续调节各调制参数。

（8）叠加调制：如果要在输出波形上叠加噪声波，叠加幅度为 10%，可按下列步骤操作。

① 按【Modulate】键，默认选择频率调制模式，按〖调制类型〗软键，显示出调制类型菜单，按〖叠加调制〗软键，工作模式显示为 Sum Modulation，波形示意图显示为叠加波形，同时显示出叠加调制菜单。

② 按〖叠加幅度〗软键，叠加幅度参数变为绿色显示。按数字键【1】【0】，再按〖%〗软键，将叠加幅度设置为 10%。

③ 按〖调制波形〗软键，调制波形参数变为绿色显示。按【Waveform】键，再按〖噪声波〗软键，将调制波形设置为噪声波。按〖返回〗软键，返回到叠加调制菜单。

④ 仪器按照设置的调制参数输出一个叠加波形，也可以使用旋钮和【<】【>】键连续调节叠加噪声的幅度。

（9）频移键控：如果要输出一个频移键控波形，跳变频率为 100Hz，键控速率为 10Hz，可按下列步骤操作。

① 按【Modulate】键，默认选择频率调制模式，按〖调制类型〗软键，显示出调制类型菜单，按〖频移键控〗软键，工作模式显示为 FSK Modulation，波形示意图显示为频移键控波形，同时显示出频移键控菜单。

② 按〖跳变频率〗软键，跳变频率变为绿色显示。按数字键【1】【0】【0】，再按〖Hz〗软键，将跳变频率设置为 100.000 0Hz。

③ 按〖键控速率〗软键，键控速率参数变为绿色显示。按数字键【1】【0】，再按〖Hz〗软键，将键控速率设置为 10.000 00Hz。

④ 仪器按照设置的调制参数输出一个 FSK 波形，也可以使用旋钮和【<】【>】键连续调节跳变频率和键控速率。

（10）频率扫描：如果要输出一个频率扫描波形，扫描周期时间为 5s，对数扫描，可按下列步骤操作。

① 按【Sweep】键进入扫描模式，工作模式显示为 Frequency Sweep，并显示出频率扫描波形示意图，同时显示出频率扫描菜单。

② 按〖扫描时间〗软键，扫描时间参数变为绿色显示。按数字键【5】，再按〖s〗软键，将扫描时间设置为 5.000s。

③ 按〖扫描模式〗软键，扫描模式变为绿色显示。将扫描模式选择为对数扫描。

④ 仪器按照设置的扫描时间参数输出扫描波形。

（11）猝发输出：如果要输出一个猝发波形，猝发周期 10ms，猝发计数 5 个周期，连续或手动单次触发，可按下列步骤操作。

① 按【Burst】键进入猝发模式，工作模式显示为 Burst，并显示出猝发波形示意图，同时显示出猝发菜单。

② 按〖猝发模式〗软键，猝发模式参数变为绿色显示。将猝发模式选择为触发模式 Triggered。

③ 按〖猝发周期〗软键，猝发周期参数变为绿色显示。按数字键【1】【0】，再按〖ms〗软键，将猝发周期设置为 10.000ms。

④ 按〖猝发计数〗软键，猝发计数参数变为绿色显示。按数字键【5】，再按〖Ok〗软键，将猝发计数设置为 5。

⑤ 仪器按照设置的猝发周期和猝发计数参数连续输出猝发波形。

⑥ 按〖触发源〗软键，触发源参数变为绿色显示。将触发源选择为外部源 External，猝发输出停止。

⑦ 按〖手动触发〗软键，每按一次，仪器猝发输出 5 个周期波形。

（12）频率耦合：如果要使两个通道的频率相耦合（联动），可按下列步骤操作。

① 按【Dual Channel】键选择双通道操作模式，显示出双通道菜单。

② 按〖频率耦合〗软键，频率耦合参数变为绿色显示。将频率耦合选择为 On。

③ 按【Continuous】键选择连续工作模式，改变 A 通道的频率值，B 通道的频率值也随着变化，两个通道输出信号的频率联动同步变化。

（13）存储和调出：如果要将仪器的工作状态存储起来，可按下列步骤操作。

① 按【Utility】键，显示出通用操作菜单。

② 按〖状态存储〗软键，存储参数变为绿色显示。按〖用户状态 0〗软键，将当前的工作状态参数存储到相应的存储区，存储完成后显示出 Stored。

③ 按〖状态调出〗软键，调出参数变为绿色显示。按〖用户状态 0〗软键，将相应存储区的工作状态参数调出，并按照调出的工作状态参数进行工作。

（14）计数器：如果要测量一个外部信号的频率，可按下列步骤操作。

① 按【Counter】键，进入计数器工作模式，显示出波形示意图，同时显示出计数器菜单。

② 在仪器前面板的《Sync/Counter》端口输入被测信号。

③ 按〖频率测量〗软键，频率参数变为绿色显示。仪器测量并显示出被测信号的频率值。

④ 如果输入信号为方波，按〖占空比〗软键，仪器测量并显示出被测信号的占空比值。

5.2.3　安全事项

1. 输出保护

仪器具有 50Ω 输出电阻，输出端瞬间短路不会造成损坏，仪器还具有防倒灌措施，当输出端不慎接入比较大的反灌电压时，保护电路立刻使输出关闭，同时显示出报警信息《输出端口 x 超载，自动关闭。》，并有声音报警。操作者必须对端口负载进行检查，在故障排除以后，才能按【Output】键开启输出。虽然仪器具有一定程度的保护措施，但保护功能并不是万无一失的。而且如果反灌电压过高，在保护电路动作之前的瞬间，就可能已经造成了仪器的损坏。所以，必须禁止输出端口长时间短路或者反灌电压。

2. 数据超限

前面已经叙述过，频率，幅度等参数都有各自的数据允许范围，当设置数据超出范围时，仪器会自动修改设置值，或者修改与设置参数相关的其他参数值。同时显示出报警信息《数据超出范围，限制到允许值。》，并有声音报警。设置数据超出范围，虽然不会对仪器造成损坏，但是仪器的输出结果可能与操作者的预期不一致，也必须报警，提请操作者注意，以便重新设置合适的数据。

5.3　S3323 可跟踪直流稳定电源

可跟踪直流稳定电源是稳压、稳流连续可调，稳压及稳流两种方式可随负载的变化自动切换，两路或多路输出可自动实现串、并联工作，使输出电压和电流达到额定的两倍。具有双数字电表显示电压和电流值，具有过载和反向极性保护功能。能输出二路 0～30V 3A 和一路 3～6V 3A 低纹波及噪声的直流稳定电源。S3323 可跟踪直流稳定电源面板如图 5.3.1 所示。

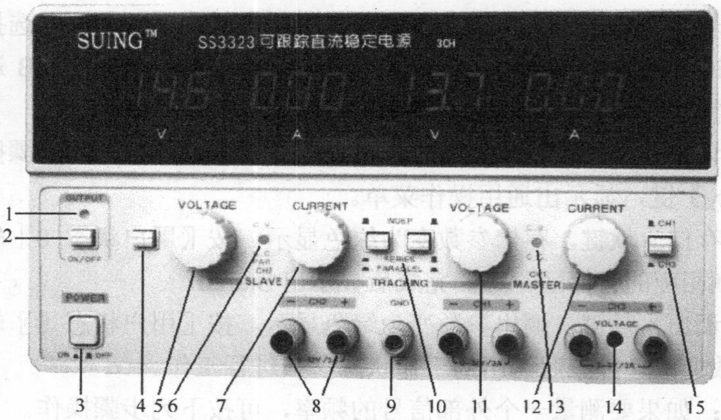

图 5.3.1　S3323 可跟踪直流稳定电源面板图

5.3.1　面板使用说明

1．OUTPUT 指示灯：输出状态下指示灯。

2．OUTPUT 开关：打开或关闭输出。

3．POWER：电源开关。置 ON 电源接通可正常工作，置 OFF 电源关断。

4．CH2/CH4 显示转换开关：SS3323 没有 CH4 路电压，开关无用。

5．VOLTAGE（SLAVE）：独立模式时，调整 CH2 输出电压。

6．C.V./C.C（SLAVE）：当 CH2 稳压输出时，C.V.灯（绿灯）亮。在并联跟踪方式或 CH2 稳流输出时，C.C.灯（红灯）亮。

7．CURRENT（SLAVE）：独立模式时，调整 CH2 输出电流。

8．“+” 输出端子（红色）和“-”输出端子（黑色）：为三路电压的输出端子。

9．GND 端子：大地和电源接地端子（绿色），接机壳。

10．TRACKING：两个键可选择 IDEF（独立）、SERIES（串联）或 PARALLEL（并联）的跟踪模式。

（1）当两个按键都未按下时，电源工作在 INDEP（独立）模式。CH1 和 CH2 输出完全独立。

（2）只按下左键，不按下右键时，电源工作在 SERIES（串联）跟踪模式。CH1 输出端子的负端与 CH2 的输出端子的正端自动连接，此时 CH1 和 CH2 的输出电压和输出电流完全由主路调节旋钮控制，电源输出电压为 CH1 和 CH2 两路输出电压之和。

（3）两键同时按下时，电源工作在 PARALLEL（并联）跟踪模式。CH1 输出端子与 CH2 输出端子自动并联，输出电压与输出电流完全由主路 CH1 控制，电源输出电流为 CH1 与 CH2 两路之和。

11．VOLTAGE（MASTER）：调整 CH1 输出电压，在并联或串联模式时调整输出电压。

12．CURRENT（MASTER）：调整 CH2 输出电流。并在并联模式时调整整体输出电流。

13．C.V./C.C.（MASTER）：当 CH1 稳压输出时，或在并联或串联跟踪模式 CH1 和 CH2 稳压输出时，C.V.灯（绿灯）亮；当 CH1 稳流输出时，C.C.灯（红灯）亮。

14．VOLTAGE（CH3）：调整 CH3 输出电压。

15．CH1/CH3 显示转换开关：用于选择显示 CH1 或 CH3 两路的输出电压和电流。

5.3.2　操作说明

1. 独立输出操作模式

CH1 和 CH2 两路电源在额定电流时，分别可供给 0～30V 额定值的电压输出。当设定在独立模式时，CH1 和 CH2 为完全独立的两组电源，可单独或两组同时使用，由于模电实验中使用 12V 电压供电的情况较多，操作实例就以 CH1、CH2 两组电源均为 12V 来说明 S3323 电源的不同输出模式。

（1）打开电源，确定 OUTPUT 开关置于关断状态。

（2）同时将两个 TRACKING 选择按键按出，将电源供应器设定在独立操作模式。

（3）调整电压和电流旋钮至所需电压和电流。

（4）将红色测试导线插入输出端的正极。

（5）将黑色测试导线插入输出端的负极。

（6）连接负载后，打开 OUTPUT 开关。接线如图 5.3.2 所示。

2. 串联跟踪输出模式

当选择串联跟踪模式时，CH2 输出端将自动与 CH1 输出端子的负极相连接。而其最大输出电压（串联）由二组（CH1 和 CH2）输出电压串联成一组连续可调的直流电压，调整 CH1 电压控制旋钮即可实现 CH2 输出电压与 CH1 输出电压同时变化。其操纵程序如下。

（1）打开电源，确定 OUTPUT 开关置于关断状态。

（2）按下 TRACKING 左边的选择按键，松开右边按键，将电源设定在串联跟踪模式。

（3）将 CH2 电流控制旋钮顺时针旋转到最大，CH2 的最大电流的输出随 CH1 电流设定值而改变。根据所需工作电流调整 CH1 调流旋钮，合理设定 CH1 的限流点（过载保护）。（实际输出电流值则为 CH1 或 CH2 电流表头读数。）

（4）使用 CH1 电压控制旋钮调整所需的输出电压（实际的输出电压值为 CH1 表头与 CH2 表头显示的电压之和）。

（5）假如只需单电源供应，则将测试导线一条接到 CH2 的负极，另一条接 CH1 的正极，而此两端可以提供 2 倍主控输出电压显示值。接线如图 5.3.3 所示。

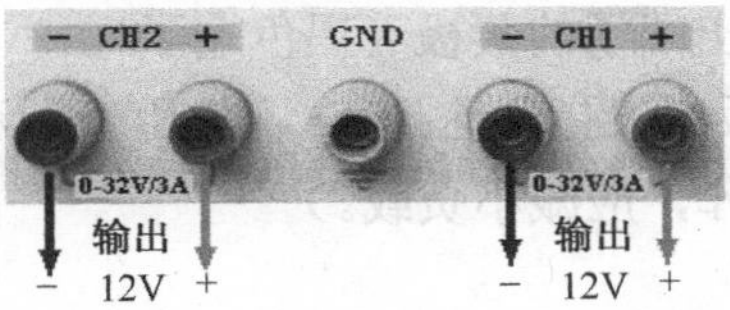

图 5.3.2　独立输出模式接线图

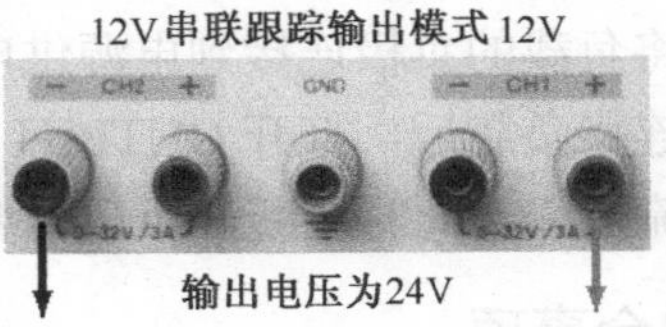

图 5.3.3　串联跟踪输出单电源模式接线图

（6）假如想得到一组共地的正负对称直流电源，将 CH1 输出负端（黑色端子）当作共地点，则 CH1 输出端正极对共地点，可得到正电压（CH1 表头显示值）及正电流（CH1 表头显示值），而 CH2 输出负极对共地点，则可得到与 CH1 输出电压值相同的负电压，即所谓跟踪式串联电压。接线如图 5.3.4 所示。

（7）连接负载后，打开 OUTPUT 开关，即可正常工作。

3．并联跟踪输出模式

在并联跟踪模式时，CH1 输出端正极和负极会自动的和 CH2 输出端正极和负极两两相互连接在一起。

（1）打开电源，确定 OUTPUT 开关置于关断状态。

（2）将 TRACKING 的两个按钮都按下，设定为并联模式。

（3）在并联模式时，CH2 的输出电压完全由 CH1 的电压旋钮控制，并且跟踪于 CH1 输出电压，因此从 CH1 电压表或 CH2 电压表可读出输出电压值。

（4）在并联模式时，CH2 的输出电流完全由 CH1 的电流旋钮控制，并且跟踪于 CH1 输出电流，用 CH1 的电流旋钮来设定并联输出的限流点（过载保护）。电源的实际输出电流为 CH1 和 CH2 两个电流表指示值之和。

（5）使用 CH1 电压控制旋钮调整所需的输出电压。

（6）将装置的正极连接到电源的 CH1 输出端子的正极（红色端子）。

（7）将装置的负极连接到电源的 CH1 输出端子的负极（黑色端子）。接线如图 5.3.5 所示。

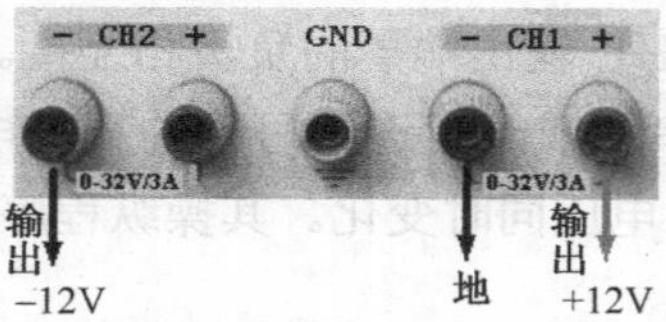

图 5.3.4　串联跟踪输出正负电源模式接线图

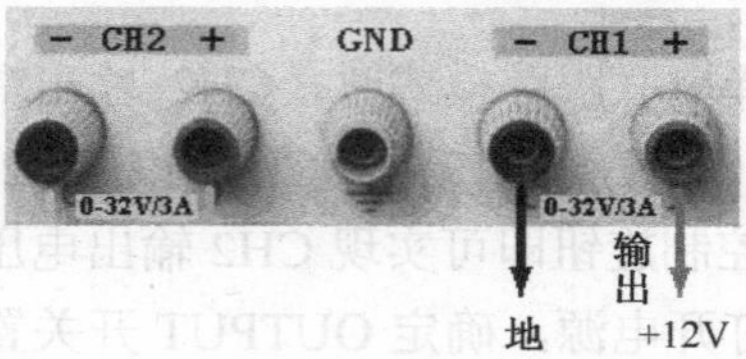

图 5.3.5　并联跟踪输出模式接线图

（8）连接负载后，打开 OUTPUT 开关。

4．CH3 输出操作

CH3 输出端可提供 3～6V 直流电压及 3A 输出电流。

（1）打开电源，确定 OUTPUT 开关置于关断状态。

（2）根据电路需要调整 CH3 调压旋钮，将 CH1/CH3 按下，使电压表显示值为所需电压。

（3）将负载的正极连接到电源供电器的 CH3 输出端子的正极（红色端子）。

（4）将负载的负极连接到电源供电器的 CH3 输出端子的负极（黑色端子）。

（5）连接负载后，打开 OUTPUT 开关。（如面板电表指示达到 3A，电压表指示值会下降则表明电流过载，此时应断开负载。要 CH3 恢复工作，应减小负载。）

5.3.3　安全事项

S3323 可跟踪直流稳压电源的工作特性为稳压/稳流自动转换：即当输出电流达到预定值时，自动将电源的稳压特性变为稳流特性。反之亦然。这就提醒学生不能出现电路的短路情况，长时间大电流会使电源环境温度迅速升高，这时散热风扇启动，应迅速切断电源的输出，检查电路，排出故障。

第 6 章 常用电子元器件

6.1 部分电气图形符号

6.1.1 电阻器、电容器、电感器和变压器

电阻器、电容器、电感器和变压器的图形符号及说明如表 6.1.1 所示。

表 6.1.1 电阻器、电容器、电感器和变压器的图形符号及说明

图形符号	名称与说明	图形符号	名称与说明
	电阻器一般符号		电感器、线圈、绕组或扼流圈 注：符号中半圆数不得少于 3 个
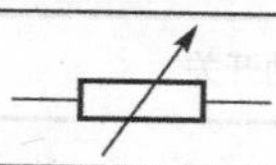	可变电阻器或可调电阻器	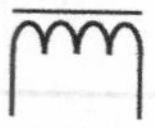	带磁芯、铁芯的电感器
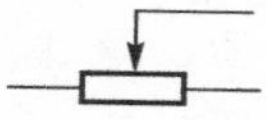	滑动触点电位器		带磁芯连续可调的电感器
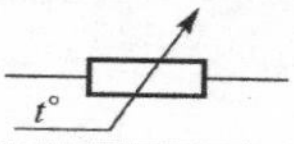	热敏电阻		双绕组变压器 注：可增加绕组数目
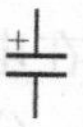	极性电容	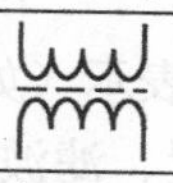	绕组间有屏蔽的双绕组变压器 注：可增加绕组数目
	双联同调可变电容器 注：可增加同调联数		在一个绕组上有抽头的变压器
	微调电容器		可变电容器或可调电容器

6.1.2 半导体管

半导体管的图形符号及说明如表 6.1.2 所示。

表 6.1.2 半导体管的图形符号及说明

图形符号	名称与说明	图形符号	名称与说明
	普通二极管	(1) (2) 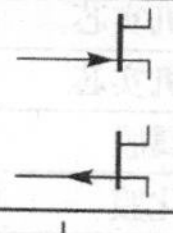	JFET 结型场效应管 （1）N 沟道 （2）P 沟道
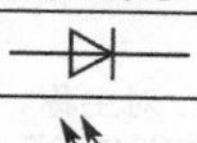	发光二极管		
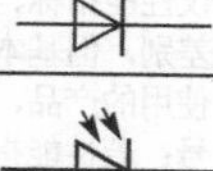	光电二极管		PNP 型晶体三极管
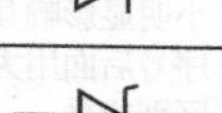	稳压二极管	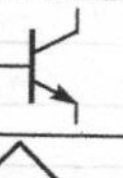	NPN 型晶体三极管
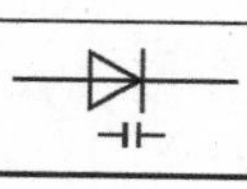	变容二极管	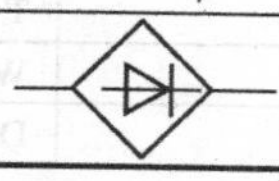	全波桥式整流堆

6.1.3 其他电气图形符号

其他电气图形符号及说明如表 6.1.3 所示。

表 6.1.3 其他电气图形符号及说明

图形符号	名称与说明	图形符号	名称与说明
	具有两个电极的压电晶体 注：电极数目可增加	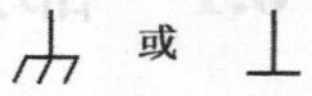	接机壳或底板
	熔断器	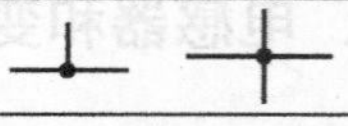	导线的连接
	指示灯及信号灯	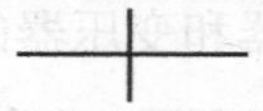	导线的不连接
	扬声器	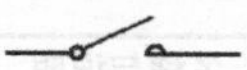	动合（常开）触点开关
	蜂鸣器		动断（常闭）触点开关
	接大地	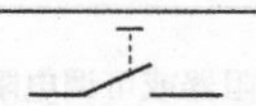	手动开关

6.2 电阻器、电容器、电感器

6.2.1 电阻器和电位器

电阻在电路中用“R”加数字表示（如 R12 表示编号为 12 的电阻）。电阻在电路中的主要作用为分流、限流、分压、偏置、滤波（与电容器组合使用）和阻抗匹配等。分为固定电阻器、可变电阻（电位器）、敏感电阻器三大类。

1. 电阻器和电位器的型号命名方法

电阻器型号命名方法如表 6.2.1 所示。

表 6.2.1 电阻器型号命名方法

第一部分：主称		第二部分：材料		第三部分：特征分类			第四部分：序号
符号	意义	符号	意义	符号	意义		
					电阻器	电位器	
R	电阻器	T	碳膜	1	普通	普通	对主称、材料相同，仅性能指标、尺寸大小有差别，但基本不影响互换使用的产品，给予同一序号；若性能指标、尺寸大小明显影响互换时，则在序号后面用大写字母作为区别代号
W	电位器	H	合成膜	2	普通	普通	
		S	有机实芯	3	超高频	—	
		N	无机实芯	4	高阻	—	
		J	金属膜	5	高温	—	
		Y	氧化膜	6	—	—	
		C	沉积膜	7	精密	精密	
		I	玻璃釉膜	8	高压	特殊函数	
		P	硼碳膜	9	特殊	特殊	
		U	硅碳膜	G	高功率	—	
		X	线绕	T	可调	—	
		M	压敏	W	—	微调	
		G	光敏	D	—	多圈	

续表

第一部分：主称		第二部分：材料		第三部分：特征分类			第四部分：序号
符号	意义	符号	意义	符号	意义		
					电阻器	电位器	
		R	热敏	B	温度补偿用	—	
				C	温度测量用	—	
				P	旁热式	—	
				W	稳压式	—	
				Z	正温度系数	—	

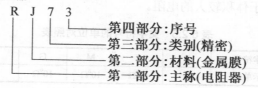

示例：精密金属膜电阻器

R J 7 3
- 3 —— 第四部分：序号
- 7 —— 第三部分：类别(精密)
- J —— 第二部分：材料(金属膜)
- R —— 第一部分：主称(电阻器)

2. 电阻器的主要技术指标

1）额定功率

电阻器在电路中长时间连续工作不损坏，或不显著改变其性能所允许消耗的最大功率称为电阻器的额定功率。在电路中电阻器的实际功耗不得超过其额定功率。不同类型的电阻具有不同系列的额定功率，如表 6.2.2 所示。

表 6.2.2　电阻器的功率等级

名　称	额定功率（W）
实芯电阻器	0.25；0.5；1；2；5
线绕电阻器	0.5；1；2；6；10；15；25；35；50；75；100；150
薄膜电阻器	0.025；0.05；0.125；0.25；0.5；1；2；5；10；25；50；100

2）标称阻值

阻值是电阻的主要参数之一，不同类型的电阻，阻值范围不同，不同精度的电阻其阻值系列亦不同。根据国家标准，常用的标称电阻值系列如表 6.2.3 所示。E24、E12 和 E6 系列也适用于电位器和电容器。

表 6.2.3　标称值系列

标称值系列	精　度	电阻器（Ω）、电位器（Ω）、电容器标称值（pF）											
E24	±5%	1.0 3.3	1.1 3.6	1.2 3.9	1.3 4.3	1.5 4.7	1.6 5.1	1.8 5.6	2.0 6.2	2.2 6.8	2.4 7.5	2.7 8.2	3.0 9.1
E12	±10%	1.0	1.2	1.5	1.8	2.2	2.7	3.3	3.9	4.7	5.6	6.8	8.2
E6	±20%	1.0	1.5	2.2	3.3	4.7	6.8	8.2	—	—	—	—	—

表中数值再乘以 10^n，其中 n 为正整数或负整数。

3）允许误差等级（表 6.2.4）

表 6.2.4　电阻的精度等级

等级符号	E	X	Y	H	U	W	B	C	D	F	G	J(I)	K(II)	M(III)
误差（%）	±0.001	±0.002	±0.005	±0.01	±0.02	±0.05	±0.1	±0.2	±0.5	±1	±2	±5	±10	±20

3．电阻器的参数识别

电阻的参数标注方法有 4 种，即直标法、数标法、色标法、SMT 精密电阻表示法。

（1）直标法：用阿拉伯数字和文字符号两者有规律的组合来表示标称阻值，额定功率、允许误差等级等。符号前面的数字表示整数阻值，后面的数字依次表示第一位小数阻值和第二位小数阻值，其文字符号所表示的单位如表 6.2.5 所示。如 1R5 表示 1.5Ω，2K7 表示 2.7kΩ。该标注法主要用于体积较大的电阻。

表 6.2.5　文字符号的单位对照表

文字符号	R	K	M	G	T
表示单位	Ω	$10^3\Omega$	$10^6\Omega$	$10^9\Omega$	$10^{12}\Omega$

例如：RJ71－0.125－5k1－Ⅱ

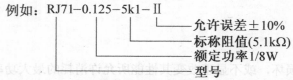

- Ⅱ：允许误差±10%
- 5k1：标称阻值(5.1kΩ)
- 0.125：额定功率1/8W
- RJ71：型号

由标号可知，它是精密金属膜电阻器，额定功率为 1/8W，标称阻值为 5.1kΩ，允许误差为±10%。

（2）数标法：主要用于贴片等小体积的电路，如 472 表示 $47\times10^2\Omega$（4.7kΩ）；　104 则表示 100kΩ

（3）色标法：色标法是将电阻器的类别及主要技术参数的数值用颜色（色环或色点）标注在它的外表面上。色标电阻（色环电阻）器可分为三环、四环、五环标法。图 6.2.1 给出了四环、五环标注的图例，表 6.2.6 给出了色标位置与有效数、倍率、允许误差的对照表。

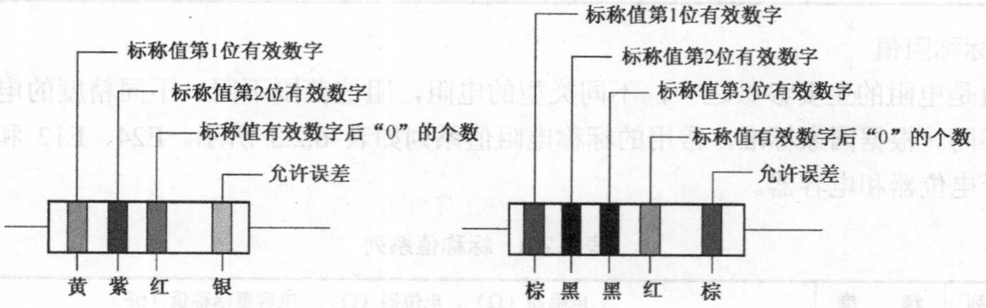

图 6.2.1　色环电阻标注示图

表 6.2.6　电阻的色标位置与有效数、倍率、误差对照表

颜　色	棕	红	橙	黄	绿	蓝	紫	灰	白	黑	金	银	无色
有效数字	1	2	3	4	5	6	7	8	9	0	–	–	–
倍率	10^1	10^2	10^3	10^4	10^5	10^6	10^7	10^8	10^{10}	10^0	10^{-1}	10^{-2}	–
误差（%）	±1	±2	–	–	±0.5	±0.25	±0.1	–	–20～50	–	±5	±10	±20

三环标注为：3 个标称值色（二位有效数字），无精度色（表示误差均为±20%）。例如，色环为棕黑红，表示 $10\times10^2 = 1.0\text{k}\Omega\pm20\%$的电阻器。

四环如图 6.2.1 所示：为 3 个标称值色（2 位有效数字，1 位倍率），1 个精度色。例如，色环为棕绿橙金表示 $15\times10^3 = 15\text{k}\Omega\pm5\%$的电阻器。

五环如图 6.2.1 所示：为 4 个标称值色（3 位有效数字，1 位倍率），1 个精度色。例如，色环为红紫绿黄棕表示 $275\times10^4 = 2.75\text{M}\Omega\pm1\%$的电阻器。

四色环和五色环电阻器表示允许误差的色环的特点是该环离其他环的距离较远。较标准的表示应是表示允许误差的色环的宽度是其他色环的（1.5～2）倍。有些色环电阻器由于厂家生产不规范，无法用上面的特征判断，这时只能借助万用表判断。

（4）SMT 精密电阻表示法：通常也是用 3 位标注。一般是 2 位数字和 1 位字母表示，两个数字是有效数字（表 6.2.7），字母表示 10 的倍幂（表 6.2.8），但是要根据实际情况到精密电阻查询表里查找。

表 6.2.7　SMT 电阻有效数查询表

代码	阻值	代码	阻值	代码	阻值	代码	阻值	代码	阻值	代码	阻值	代码	阻值	代码	阻值	代码	阻值	代码	阻值
1	100	11	127	21	162	31	205	41	261	51	332	61	422	71	536	81	681	91	866
2	102	12	130	22	165	32	210	42	267	52	340	62	432	72	549	82	698	92	887
3	105	13	133	23	169	33	215	43	274	53	348	63	442	73	562	83	715	93	909
4	107	14	137	24	174	34	221	44	280	54	357	64	453	74	576	84	732	94	931
5	110	15	140	25	178	35	226	45	287	55	365	65	464	75	590	85	750	94	981
6	113	16	143	26	182	36	232	46	294	56	374	66	475	76	604	86	768	95	953
7	115	17	147	27	187	37	237	47	301	57	383	67	487	77	619	87	787	96	976
8	118	18	150	28	191	38	243	48	309	58	392	68	499	78	634	88	806	96	976
9	121	19	154	29	196	39	249	49	316	59	402	69	511	79	649	89	825		
10	124	20	153	30	200	40	255	50	324	60	412	70	523	80	665	90	845		

表 6.2.8　SMT 电阻倍幂查询表

符号	A	B	C	D	E	F	G	H	X	Y	Z
倍幂	10^0	10^1	10^2	10^3	10^4	10^5	10^6	10^7	10^{-1}	10^{-2}	10^{-3}

4. 电位器的主要技术指标

1）额定功率

电位器的两个固定端上允许耗散的最大功率为电位器的额定功率。使用中应注意额定功率不等于中心抽头与固定端的功率。

2）标称阻值

标在产品上的名义阻值，其系列与电阻的系列类似。

3）允许误差等级

实测阻值与标称阻值误差范围根据不同精度等级可允许±20%、±10%、±5%、±2%、±1%的误差。精密电位器的精度可达 0.1%。

4）阻值变化规律

阻值变化规律指阻值随滑动片触点旋转角度（或滑动行程）之间的变化关系，这种变化关系可以是任何函数形式，常用的有直线式、对数式和指数式。

在使用中，直线式电位器适合于作分压器；指数式电位器适合于作收音机、录音机、电唱机、电视机中的音量控制器。维修时若找不到同类品，可用直线式代替，但不宜用对数式代替。对数式电位器只适合于作音调控制等。

5．电位器的一般标志方法

示例：

WT－2－3.3k－±10%

允许误差±10%

标称阻值3.3kΩ

额定功率2W

碳膜电位器

6.2.2 电容器

1．电容器的分类

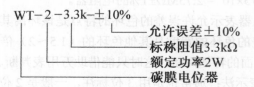

电容是一种储能元件，是电子产品中不可缺少的基本元件，在电路中一般用“C”加数字表示（如C15表示编号为15的电容）。它是由两片金属膜紧靠，中间用绝缘材料隔开而组成的元件。电容的特性主要是隔直流通交流。

按结构可分为固定电容、可变电容、微调电容。

固定电容按其绝缘介质的不同可分为电解电容、瓷片电容、贴片电容、独石电容、钽电容和涤纶电容等。

2．电容器型号命名法

电容器型号命名法如表6.2.9所示。

表6.2.9 电容器型号命名法

第一部分：主称		第二部分：材料		第三部分：特征、分类						第四部分：序号
符号	意义	符号	意义	符号	意义					
					瓷介	云母	玻璃	电解	其他	
	电容器	C	瓷介	1	圆片	非密封	—	箔式	非密封	对主称、材料相同，仅尺寸、性能指标略有不同，但基本不影响互使用的产品，给予同一序号；若尺寸性能指标的差别明显；影响互换使用时，则在序号后面用大写字母作为区别代号
		Y	云母	2	管形	非密封	—	箔式	非密封	
		I	玻璃釉	3	迭片	密封	—	烧结粉固体	密封	
		O	玻璃膜	4	独石	密封	—	烧结粉固体	密封	
		Z	纸介	5	穿心	—	—	—	穿心	
		J	金属化纸	6	支柱	—	—	—	—	
		B	聚苯乙烯	7	—	—	—	无极性	—	
		L	涤纶	8	高压	高压	—	—	高压	
		Q	漆膜	9	—	—	—	特殊	特殊	
		S	聚碳酸酯	J	金属膜					
		H	复合介质	W	微调					
		D	铝							
		A	钽							
		N	铌							
		G	合金							
		T	钛							
		E	其他							

示例：铝电解电容器。

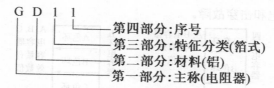

G D 1 1
- 第四部分：序号
- 第三部分：特征分类(箔式)
- 第二部分：材料(铝)
- 第一部分：主称(电阻器)

3．电容器的主要技术指标

（1）电容器的耐压：常用固定式电容的直流工作电压系列为 6.3V、10V、16V、25V、40V、63V、100V、160V、250V、400V。

（2）电容器容许误差等级：常见的有 7 个等级如表 6.2.10 所示。

表 6.2.10　电容器容许误差等级

容许误差	±0.1%	±0.25%	±0.5%	±1%	±2%	±5%	±10%	±20%	±30%
级别	B	C	D	F	G	J	K	M	N

（3）电容的标注与识别方法。

电容的识别方法与电阻的识别方法基本相同，分直标法、色标法和数标法 3 种。其标称容量与误差也有 E24、E12、E6 三个系列（表 6.2.11）。电容的基本单位用法拉（F）表示，其他单位还有毫法（mF）、微法（μF）、纳法（nF）、皮法（pF）。

其中：$1\text{F} = 10^3\text{mF} = 10^6\mu\text{F} = 10^9\text{nF} = 10^{12}\text{pF}$。

表 6.2.11　固定式电容器标称容量系列和容许误差

系列代号	E24	E12	E6
容许误差	±5%（I）或（J）	±10%（II）或（K）	±20%（III）或（m）
标称容量对应值	10,11,12,13,15,16,18,20,22,24,27,30,33,36,39,43,47,51,56,62,68,75,82,91	10,12,15,18,22,27,33,39,47,56,68,82	10,15,22,23,47,68

直标法：主要用于大容量电容标注，如 10μF/16V；

对于小容量电容则用字母标注，如 4n7 表示 4.7nF，1m 表示 1000μF，1P2 表示 1.2pF。

用小于 1 的数字表示单位为 μF 的电容，如 0.22 表示 0.22μF。

数标法：一般用三位数字表示容量大小，单位为 pF。前两位表示有效数字，第三位数字是倍率，即乘以 10^i，i 为第三位数字，若第三位数字 9，则乘 10^{-1}。例如，102J 表示 $10\times10^2\text{pF} = 1000\text{pF}$，误差为±5%；229K 表示 $22\times10^{-1}\text{pF} = 2.2\text{p F}$，误差为±10%

色标码法：与电阻器的色环表示法类似，也有三环、四环、五环标注法。颜色从电容器顶端向引线排列，如图 6.2.2 所示。色码一般只有三种颜色，前两环为有效数字，第三环为倍率，单位为 pF。有时色环较宽，如红红橙，两个红色环涂成一个宽的，表示 22000pF。

4．电容器的故障特点

实际应用中，电容器的故障主要表现为以下几个方面。

（1）引脚腐蚀致断的开路故障。

（2）脱焊和虚焊的开路故障。

（3）漏液后造成容量小或开路故障。

（4）漏电、严重漏电和击穿故障。

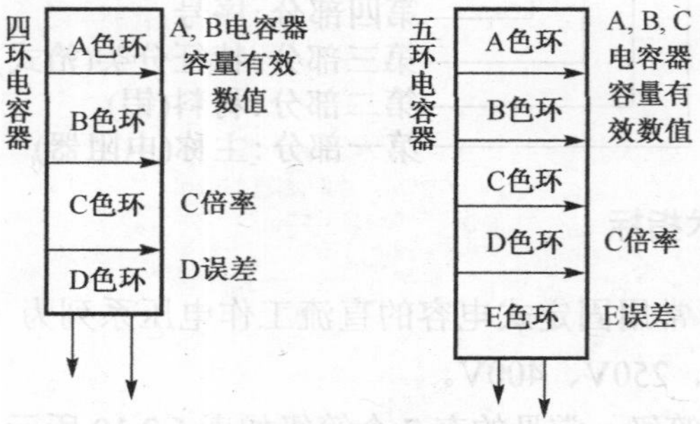

图 6.2.2　色标电容标注示图

6.2.3　电感器

电感在电路中常用“L”加数字表示（如 L6 表示编号为 6 的电感）。电感线圈是将绝缘的导线在绝缘的骨架上按一定方向和顺序绕一定数量的匝数制成。

1．电感器的分类

常用的电感器有固定电感器、微调电感器、色码电感器等。变压器、阻流圈、振荡线圈、偏转线圈、天线线圈、中周、继电器以及延迟线和磁头等，都属电感器种类。

2．电感器的主要技术指标

（1）电感量:在没有非线性导磁物质存在的条件下，一个载流线圈的磁通量与线圈中的电流成正比其比例常数称为自感系数，用 L 表示，简称为电感。

（2）固有电容：线圈各层、各匝之间、绕组与底板之间都存在着分布电容。统称为电感器的固有电容。

（3）线圈的损耗电阻：线圈的直流损耗电阻。

（4）额定电流：线圈中允许通过的最大电流。

3．电感器电感量的标注方法

（1）直标法。单位 H（亨利）、mH（毫亨）、μH（微亨）。

（2）数码表示法。方法与电容器的表示方法相同。

（3）色码表示法。这种表示法也与电阻器的色标法相似。例如，棕黑金金表示 1μH（误差 5%）的电感。

6.3　半导体分立器件

1．半导体分立器件的命名方法

1）我国半导体分立器件的命名法

国产半导体分立器件型号命名法如表 6.3.1 所示。

表 6.3.1　国产半导体分立器件型号命名法

第一部分		第二部分		第三部分				第四部分	第五部分
用数字表示器件电极的数目		用汉语拼音字母表示器件的材料和极性		用汉语拼音字母表示器件的类型					
符号	意义	符号	意义	符号	意义	符号	意义		
2	二极管	A	N 型，锗材料	P	普通管	D	低频大功率管（$f_\alpha<3$MHz，$P_C\geq1$W）	用数字表示器件序号	用汉语拼音表示规格的区别代号
		B	P 型，锗材料	V	微波管				
		C	N 型，硅材料	W	稳压管				
		D	P 型，硅材料	C	参量管	A	高频大功率管（$f_\alpha\geq3$MHz，$P_C\geq1$W）		
				Z	整流管				
3	三极管	A	PNP 型，锗材料	L	整流堆				
		B	NPN 型，锗材料	S	隧道管	T	半导体闸流管（可控硅整流器）		
		C	PNP 型，硅材料	N	阻尼管				
		D	NPN 型，硅材料	U	光电器件	Y	体效应器件		
		E	化合物材料	K	开关管	B	雪崩管		
				X	低频小功率管（$f_\alpha<3$MHz，$P_C<1$W）	J	阶跃恢复管		
						CS	场效应器件		
						BT	半导体特殊器件		
				G	高频小功率管（$f_\alpha\geq3$MHz，$P_C<1$W）	FH	复合管		
						PIN	PIN 型管		
						JG	激光器件		

示例：锗材料 PNP 型低频大功率三极管

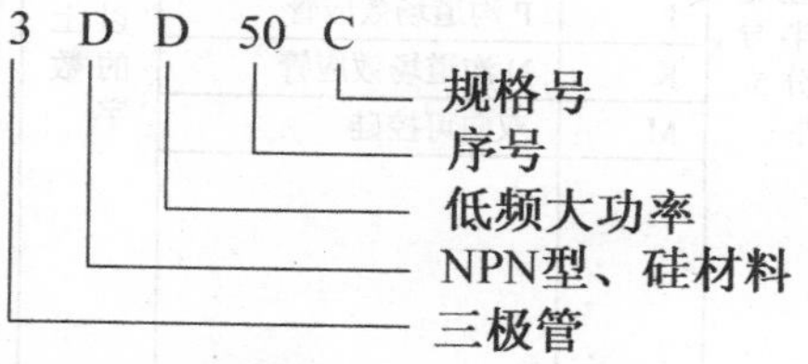

2）美国晶体管标准型号（EIA）命名法

这里介绍的是美国晶体管标准型号命名法，即美国电子工业协会（EIA）规定的晶体管分立器件型号的命名法，如表 6.3.2 所示。

表 6.3.2　美国电子工业协会半导体器件型号命名法

第一部分		第二部分		第三部分		第四部分		第五部分	
符号表示用途		表示 PN 结数目		EIA 注册标志		EIA 登记顺序号		字母表示分档	
符号	意义	数字	意义	符号	意义	数字	意义	符号	意义
JAN 或 J	军用品	1	二极管	N	该器件已在美国电子工业协会注册登记	多位数字	该器件在 EIA 登记的顺序号；序号数大表示产品越新	A B C D …	同一型号的不同档别
		2	三极管						
无	非军用品	3	3 个 PN 结器件						
		n	n 个 PN 结器件						

示例：（1）JAN2N2904 （2）1N4001

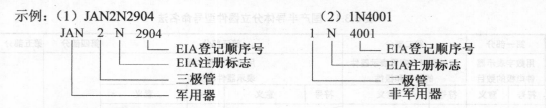

JAN 2 N 2904
- 2904 —— EIA登记顺序号
- N —— EIA注册标志
- 2 —— 三极管
- JAN —— 军用器

1 N 4001
- 4001 —— EIA登记顺序号
- N —— EIA注册标志
- 1 —— 二极管
- （无JAN）—— 非军用器

3）日本半导体器件型号命名法

日本半导体分立器件（包括晶体管）或其他国家按日本专利生产的这类器件，都是按日本工业标准（JIS）规定的命名法（JIS－C－702）命名的。在日本电子工业协会（EIAJ）规定的半导体分立器件的型号，由五至七部分组成。通常只用到前五部分。前五部分符号及意义如表 6.3.3 所示。第六、七部分的符号及意义通常是各公司自行规定的。第六部分的符号表示特殊的用途及特性。第七部分的符号，常被用来作为器件某个参数的分档标志。

表 6.3.3 日本半导体器件型号命名法

第一部分 用数字表示类型或有效电极数		第二部分 S表示在EIAJ注册的产品		第三部分 用字母表示器件的极性及类型		第四部分 数字表示在EIAJ登记顺序号		第五部分 用字母表示对原来型号的改进产品	
符号	意义	符号	意义	符号	意义	符号	意义	符号	意义
0	光敏二极管、晶体管及其组合管	S	表示在EIAJ注册登记的半导体分立器件	A	PNP 型高频管	四位以上的数字	从 11 开始，表示在 EIAJ 注册登记的顺序号，不同公司性能相同的器件可以使用同一顺序号，其数字越大越是近期产品	ABCDEF···	用字母表示对原来型号的改进产品
				B	PNP 型低频管				
				C	NPN 型高频管				
				D	NPN 型低频管				
1	二极管			F	P 控制极可控硅				
2	三极管 场效应管			G	N 控制极可控硅				
				H	N 基极单结晶体管				
				J	P 沟道场效应管				
				K	N 沟道场效应管				
3	有 4 个极或有 3 个 PN 结的晶体管			M	双向可控硅				
n−1	有 n 个极或有 n−1 个 PN 结的晶体管								

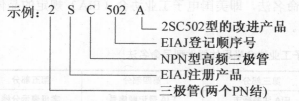

示例：2 S C 502 A
- A —— 2SC502型的改进产品
- 502 —— EIAJ登记顺序号
- C —— NPN型高频三极管
- S —— EIAJ注册产品
- 2 —— 三极管(两个PN结)

2. 常用半导体二极管的主要参数

常用半导体二极管的主要参数如表 6.3.4～表 6.3.7 所示。

表 6.3.4 部分半导体二极管的参数（$T_a = 25°C$）

类型	参数 / 型号	最大整流电流(mA)	正向电流(mA)	正向压降(V)	最高反向工作电压(V)	反向电流(μA)	零偏压电容(pF)	反向恢复时间(ns)
检波二极管	2AP9	≤16	≥2.5	≤1	≤20	≤250	≤1	f_H(MHz) 150
	2AP7		≥5		≤100			

续表

类型	参数／型号	最大整流电流(mA)	正向电流(mA)	正向压降(V)	最高反向工作电压(V)	反向电流(μA)	零偏压电容(pF)	反向恢复时间(ns)
整流二极管	2CZ56	65	3	≤0.8	25～1000			
	1N4001～4007	30	1	1.1	50～1000	5		
	1N5391～5399	50	1.5	1.4	50～1000	10		
	1N5400～5408	200	3	1.2	50～1000	10		

表 6.3.5　几种红色发光二极管的参数（$T_a = 25°C$）

型号	极限参数			电参数				光参数		
	最大功率	最大正向电流(mA)	反向击穿电压(V)	正向电流(mA)	正向压降(V)	反向电流(μA)	结电容(pF)	发光主波波长	带宽	光强分布角
FG112001	100	50	≥5	10	≤2	≤100	≤100	6500	200	15
FG112002	100	50		20						
FG112004	30	20		5						
FG112005	100	70		10						

表 6.3.6　砷化镓红外发光二极管的参数（$T_a = 25±2℃$）

型号	I_{FM} (mA)	正向脉冲电流 I_{FP},测试条件:占空比 20:1	V_R(V),测试条件: $I_R = 100μA$	P_D (mW)	输出光功率 P(mW)	T_{OPr}(℃)	V_F		I_R		P_O		$λ_p$		Δλ (nm)
							V	I_F(mA)	μA	V_R (V)	mW	I_F(mA)	nm	I_F (mA)	
IR21	20	0.5A	≥6	30	≥1	—	≤1.3	10	≤10	5	≥3	20	940	100	40
IR 31	30	—	—	45	—	—									
IR 51	50	—	—	100	—	—					≥5				
IR 52	50	—	5	150	—	−25～80		30	≤50		≥2			—	—
IR 101	100	—	—	150	—	−25～60	≤1.25	50	≤0.01	3	≥3	30		30	

表 6.3.7　光电传感器 EE-SX1108 参数（$T_a = 25°C$）

参数		符号	特性值 MIN.	TYP.	MAX.	条件
发光侧	正向电压(V)	V_F	—	1.1	1.3	$I_F = 5mA$
	反向电流(μA)	I_R	—	—	10	$V_R = 5V$
	最大发光波长(nm)	$λ_P$	—	940	—	$I_F = 20mA$
	正向电流(mA)	I_F			25	*1
	正向脉冲电流(mA)	I_{FP}			100	*2
	反向电压(V)	V_R			5	
受光侧	光电流(μA)	I_L	50	150	500	$I_F = 5mA$，$V_{CE} = 5V$
	暗电流(nA)	I_D	—	—	100	$V_{CE} = 10V$，0ℓx
	集射之间饱和电压(V)	V_{CE}(sat)	—	0.1	0.4	$I_F = 20mA$，$I_L = 50μA$
	最大光谱灵敏度波长(nm)	$λ_P$	—	900	—	—
	集射之间的电压(V)	V_{CEO}			20	
	射集极之间的电压(V)	V_{ECO}			5	
	集电极电流(mA)	I_C			20	
	集电极损耗(mW)	P_C			75	*1
上升时间(μs)		t_r	—	10	—	$V_{CC} = 5V$，$R_L = 1kΩ$，$I_L = 100μA$
下降时间(μs)		t_f	—	10	—	$V_{CC} = 5V$，$R_L = 1kΩ$，$I_L = 100μA$

注：*1 环境温度超过 25℃时，请参阅温度额定值图。

*2 占空比 1%、脉冲宽度 0.1ms

3. 常用整流桥的主要参数

几种单相桥式整流器的参数如表 6.3.8 所示。

表 6.3.8　几种单相桥式整流器的参数

参数型号	不重复正向浪涌电流(A)	整流电流(A)	正向电压降(V)	反向漏电(μA)	反向工作电压(V)	最高工作结温(°C)
QL1	1	0.05	≤1.2	≤10	常见的分挡为：25，50，100，200，400，500，600，700，800，900，1000	130
QL2	2	0.1				
QL4	6	0.3				
QL5	10	0.5				
QL6	20	1				
QL7	40	2		≤15		
QL8	60	3				

4. 常用稳压二极管的主要参数

部分稳压二极管的主要参数如表 6.3.9 所示。

表 6.3.9　部分稳压二极管的主要参数

测试条件 / 参数型号	工作电流为稳定电流 稳定电压(V)	稳定电压下 稳定电流(mA)	环境温度<50°C 最大稳定电流(mA)	反向漏电流(μA)	稳定电流下 动态电阻(Ω)	稳定电流下 电压温度系数(10^{-4}/°C)	环境温度<10°C 最大耗散功率(W)
2CW51	2.5～3.5	10	71	≤5	≤60	≥-9	0.25
2CW52	3.2～4.5		55	≤2	≤70	≥-8	
2CW53	4～5.8		41	≤1	≤50	-6～4	
2CW54	5.5～6.5		38		≤30	-3～5	
2CW56	7～8.8		27		≤15	≤7	
2CW57	8.5～9.8		26	≤0.5	≤20	≤8	
2CW59	10～11.8	5	20		≤30	≤9	
2CW60	11.5～12.5		19		≤40	≤9	
2CW103	4～5.8	50	165	≤1	≤20	-6～4	1
2CW110	11.5～12.5	20	76	≤0.5	≤20	≤9	
2CW113	16～19	10	52	≤0.5	≤40	≤11	

5. 常用半导体三极管的主要参数

(1) 常用塑封硅三极管的参数如表 6.3.10 所示。

表 6.3.10　中小功率塑封硅三极管的参数

型号		(3DG) 9011	(3CX) 9012	(3DX) 9013	(3DG) 9014	(3CG) 9015	(3DG) 9016	(3DG) 9018	(3DA) PE8050	(3CA) PE8550
极限参数	P_{CM}(mW)	200	300	300	300	300	200	200	1100	1100
	I_{CM}(mA)	20	300	300	100	100	25	20	1500	1500
	BV_{CBO}(V)	20	20	20	25	25	25	30	40	45
	BV_{CEO}(V)	18	18	18	20	20	20	20	25	25
	BV_{EBO}(V)	5	5	5	4	4	4	4	5	5

续表

型号		(3DG) 9011	(3CX) 9012	(3DX) 9013	(3DG) 9014	(3CG) 9015	(3DG) 9016	(3DG) 9018	(3DA) PE8050	(3CA) PE8550
直流参数	I_{CBO}(μA)	0.01	0.5	0,5	0.05	0.05	0.05	0.05		
	I_{CEO}(μA)	0.1	1	1	0.5	0.5	0.5	0.5		
	I_{EBO}(μA)	0.01	0.5	0,5	0.05	0.05	0.05	0.05		
	V_{CES}(V)	0.5	0.5	0.5	0.5	0.5	0.5	0.35		
	V_{BES}(V)		1	1	1	1	1	1		
	h_{FE}	30	30	30	30	30	30	30		
交流参数	f_T(MHz)	100			80	80	500	600	100	100
	C_{ob}(pF)	3.5			2.5	4	1.6	4		
	K_P(dB)							10		
h_{FE}色标分档		（红）30～60 （绿）50～110 （蓝）90～160 （白）>150							B:80-160， C:120-200, D:160-300	
引 脚									一般为 EBC，有少量 ECB 分布	

（2）功放管参数如表 6.3.11 所示。

表 6.3.11 TIP41,TIP42 功放管参数

型号		TIP41 TIP42	TIP41A TIP42A	TIP41B TIP42B	TIP41C TIP42C
极限参数	P_{CM}(W)（25°C）	2（无加散热片），65（加散热片）			
	I_{CM}(A)	6			
	I_{BM}(A)	2			
	BV_{CBO}(V)	40	60	80	100
	BV_{CEO}(V)	40	60	80	100
	BV_{EBO}(V)	5			
直流参数	I_{CEO}(mA)	0.7			
	I_{EBO}(mA)	1			
	V_{CES}(V)	1.5（$I_C=6A$，$I_B=600mA$）			
	V_{BES}(V)	2（$V_{CE}=4V$，$I_C=6A$）			
	h_{FE}	75			
	f_T(MHz)	3（$I_C=500mA$）			
TO-220 封装引脚图		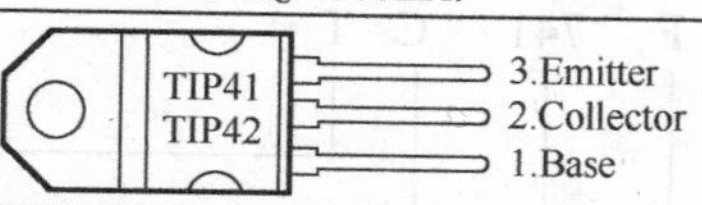			

注：TIP41A/B/C 为 NPN 硅管，TIP42A/B/C 为 PNP 硅管

6. 常用场效应管主要参数

常用场效应三极管主要参数如表 6.3.12 所示。

表 6.3.12 常用场效应三极管主要参数

参数名称	N 沟道结型				MOS 型 N 沟道耗尽型		
	3DJ2	3DJ4	3DJ6	3DJ7	3D01	3D02	3D04
	D～H	D～H	D～H	D～H	D～H	D～H	D～H
饱和漏源电流 I_{DSS}(mA)	0.3～10	0.3～10	0.3～10	0.35～1.8	0.35～10	0.35～25	0.35～10.5
夹断电压 V_{GS}(V)	<|1～9|	<|1～9|	<|1～9|	<|1～9|	≤|1～9|	≤|1～9|	≤|1～9|

续表

参数名称	N 沟道结型				MOS 型 N 沟道耗尽型		
	3DJ2	3DJ4	3DJ6	3DJ7	3D01	3D02	3D04
	D～H	D～H	D～H	D～H	D～H	D～H	D～H
正向跨导 $g_m(\mu V)$	>2000	>2000	>1000	>3000	≥1000	≥4000	≥2000
最大漏源电压 $BV_{DS}(V)$	>20	>20	>20	>20	>20	>12～20	>20
最大耗散功率 $P_{DNI}(mW)$	100	100	100	100	100	25～100	100
栅源绝缘电阻 $r_{GS}(\Omega)$	≥10^8	≥10^8	≥10^8	≥10^8	≥10^8	≥ 10^8 ～ 10^9	≥100
引脚	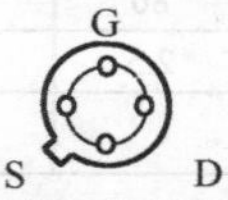 或 						

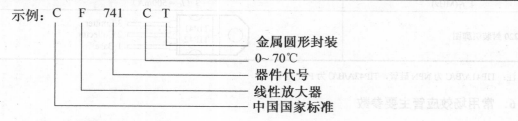

6.4 模拟集成电路

1. 模拟集成电路命名方法（国产）

国产器件型号的组成如表 6.4.1 所示。

表 6.4.1　国产器件型号的组成

第 0 部分		第一部分		第二部分	第三部分		第四部分	
用字母表示器件符合国家标准		用字母表示器件的类型		用阿拉伯数字表示器件的系列和品种代号	用字母表示器件的工作温度范围		用字母表示器件的封装	
符号	意义	符号	意义		符号	意义	符号	意义
		T	TTL		C	0～70℃	W	陶瓷扁平
		H	HTL		E	-40～85℃	B	塑料扁平
		E	ECL		R	-55～85℃	F	全封闭扁平
C	中国制造	C	CMOS				D	陶瓷直插
		F	线性放大器				P	塑料直插
		D	音响、电视电路		M	-55～125℃	J	黑陶瓷直插
		W	稳压器		…	…	K	金属菱形
		J	接口电路				T	金属圆形

示例：C　F　741　C　T

- T —— 金属圆形封装
- C —— 0～70℃
- 741 —— 器件代号
- F —— 线性放大器
- C —— 中国国家标准

2. 国外部分公司及产品代号

国外部分公司及产品代号如表 6.4.2 所示。

表 6.4.2　国外部分公司及产品代号

公司名称	代号	公司名称	代号
美国无线电公司(BCA)	CA	美国悉克尼特公司(SIC)	NE
美国国家半导体公司 (NSC)	LM	日本电气工业公司(NEC)	μPC

续表

公司名称	代号	公司名称	代号
美国莫托洛拉公司(MOTA)	MC	日本日立公司(HIT)	RA
美国仙童公司(PSC)	μA	日本东芝公司(TOS)	TA
美国德克萨斯公司(TII)	TL	日本三洋公司(SANYO)	LA，LB
美国模拟器件公司(ANA)	AD	日本松下公司	AN
美国英特西尔公司(INL)	IC	日本三菱公司	M

3．部分模拟集成电路引脚排列

（1）运算放大器 μA741、LM324 引脚图 6.4.1 所示。

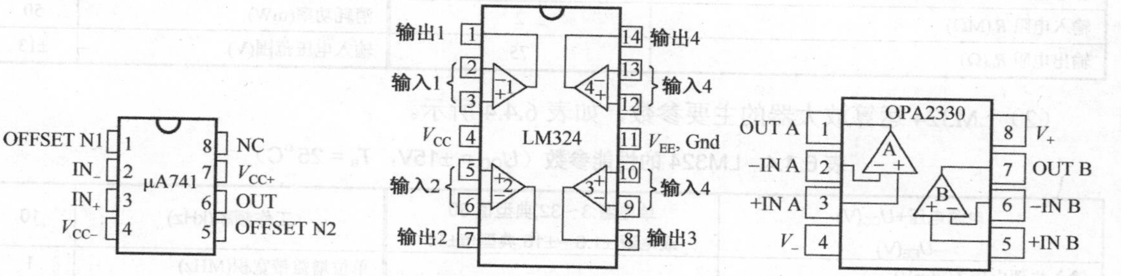

图 6.4.1　运算放大器 μA741、LM324、OPA2330 引脚图

（2）集成稳压器，如图 6.4.2 所示。

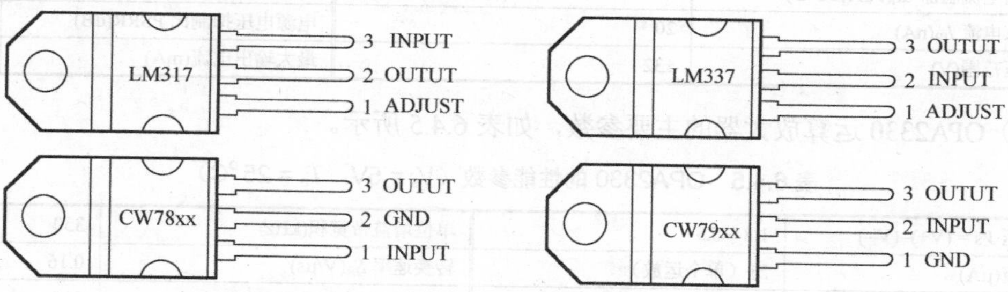

图 6.4.2　LM337、LM317、CW78xx、CW79xx 引脚图

（3）音频功率放大器，如图 6.4.3 所示。

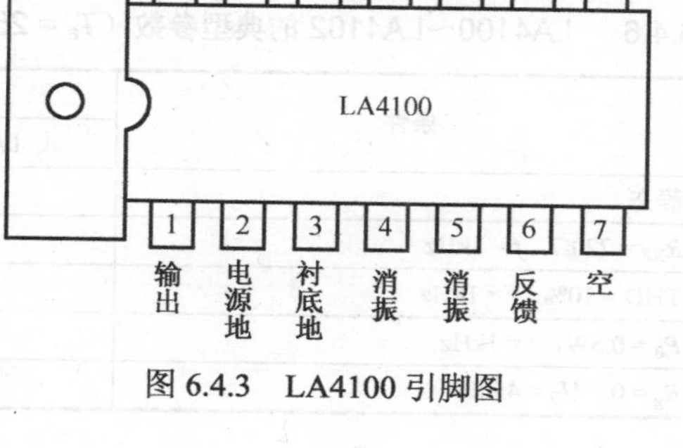

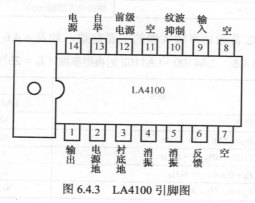

图 6.4.3　LA4100 引脚图

4．部分模拟集成电路主要参数

（1）μA741 运算放大器的主要参数，如表 6.4.3 所示。

表 6.4.3　μA741 的性能参数（U_{CC} = ±15V，T_a = 25°C）

电源电压+U_{CC}(V) $-U_{EE}$(V)	+3～+18，典型值+15 −3～−18，典型值−15	工作频率(kHz)	10
输入失调电压 U_{IO}(mV)	2	单位增益带宽积(MHz)	1
输入失调电流 I_{IO}(nA)	20	转换速率 S_R(V/μs)	0.5
开环电压增益 A_{uo}(dB)	106	共模抑制比 CMRR(dB)	90
静态输入电流 I_{IB}(nA)	80	电源电压抑制比(μV/V)	30
输入电阻 R_i(MΩ)	2	消耗功率(mW)	50
输出电阻 R_o(Ω)	75	输入电压范围(V)	±13

（2）LM324 运算放大器的主要参数，如表 6.4.4 所示。

表 6.4.4　LM324 的性能参数（U_{CC} = ±15V，T_a = 25°C）

电源电压+U_{CC}(V) $-U_{EE}$(V)	单电源:3～32,典型值 30 双电源:±1.5～±16,典型值±15	工作频率(kHz)	10
输入失调电压 U_{IO}(mV)	3	单位增益带宽积(MHz)	1
输入失调电流 I_{IO}(nA)	2	转换速率 S_R/(V/μs)	0.5
输入失调电压温漂 dU_{IO}/dT(μV/℃)	7	开环电压增益 A_{uo}(dB)	100
输入失调电流温漂 dI_{IO}/dT(pA/℃)	10	共模抑制比 CMRR(dB)	80
静态输入电流 I_{IB}(nA)	20	电源电压抑制比 PSRR(dB)	100
输入电压范围(V)	±32	最大输出电流(mA)	20

（3）OPA2330 运算放大器的主要参数，如表 6.4.5 所示。

表 6.4.5　OPA2330 的性能参数（V_s = 5V，T_a = 25°C）

电源电压 Vs = (V+)−(V−)	1.8～5.5	单位增益带宽积(kHz)	350
静态电流(μA)	21（单个运放）	转换速率 S_R(V/μs)	0.16
输入电压范围(V)	(V−)−0.1 ～ (V+)+0.1	共模抑制比 CMRR(dB)	115
输入失调电压 U_{os}(μV)	8	输入失调电压温漂(μV/°C)	0.02
输入失调电流 I_{os}(pA)	±200	电源电压抑制比(μV/V)	1
开环电压增益 A_{uo}(dB)	115	输出电压摆幅(mV)	30

（4）LA4100、LA4102 音频功率放大器的主要参数，如表 6.4.6 所示。

表 6.4.6　LA4100～LA4102 的典型参数（T_a = 25°C）

参数名称/单位	条件	典型值	
		LA4100	LA4102
耗散电流(mA)	静态	30.0	26.1
电压增益(dB)	R_{NF} = 220Ω，f = 1kHz	45.4	44.4
输出功率(W)	THD = 10%，f = 1kHz	1.9	4.0
总谐波失真(%)	P_0 = 0.5W，f = 1kHz	0.28	0.19
输出噪声电压(mV)	R_g = 0，U_G = 45dB	0.24	0.21

注：+U_{CC} = +6V(LA4100) +U_{CC} = +9V(LA4102)　R_L = 8Ω。

（5）CW7805、CW7812、CW7912、CW317 集成稳压器的主要参数，如表 6.4.7 所示。

表 6.4.7　CW78××，CW79××，CW317，CW337 参数（$T_j = 25^{\circ}C$）

参数名称/单位	CW7805	CW7812	CW7912	CW317	CW337
输入电压(V)	+10	+19	−19	≤40	−40
输出电压范围(V)	+4.75～+5.25	+11.4～+12.6	−11.4～−12.6	+1.2～+37	−1.2～−37
最小输入电压(V)	+7	+14	−14	$+3 \leqslant V_i - V_o \leqslant +40$	$-40 \leqslant V_i - V_o \leqslant -3$
最大输入电压(V)	+35	+35	−35	+40	−40
电压调整率(mV)	+7.0	+17	+17	5	15
纹波抑制比(dB)	53	49	49	66	77
最大输出电流(A)	加散热片可达 1A			1.5	1.5

注：最小输入输出电压差为 3V。

6.5　运算放大器的分类与选择

6.5.1　模拟运放的分类及特点

1．根据制造工艺分类

通常，集成运放有 2 个输入端（同相端、反相端），1 个输出端；有的还有辅助调零端。根据其制造工艺，可以分为标准硅工艺（又称为双极型工艺）运算放大器、结型场效应管工艺的运算放大器、MOS 工艺的运算放大器。

标准硅工艺的集成运放特点是内部全部采用 NPN-PNP 管的电流型器件制造，开环输入阻抗低，输入噪声低、增益稍低、成本低，精度不太高，功耗较高。典型开环输入阻抗在 1MΩ 数量级，总增益偏小，一般在 80～110dB 之间。典型代表是 LM324。

结型场效应管工艺的运放主要是将标准硅工艺的集成模拟运算放大器的输入级改为结型场效应管，大大提高运放的开环输入阻抗，同时提高通用运放的转换速度，其他与标准硅工艺的集成模拟运算放大器类似。典型开环输入阻抗在 10^3MΩ 数量级。典型代表是 TL084。

MOS 场效应管工艺的运放分为三类，一类是将标准硅工艺的集成模拟运算放大器的输入级改为 MOS 场效应管，比结型场效应管大大提高运放的开环输入阻抗，同时提高通用运放的转换速度，其他与标准硅工艺的集成模拟运算放大器类似。典型开环输入阻抗在 10^6MΩ 数量级。典型代表是CA3140。

第二类是采用全 MOS 场效应管工艺的模拟运算放大器，它大大降低了功耗，但是电源电压降低，功耗大大降低，它的典型开环输入阻抗在 10^6MΩ 数量级。

第三类是采用全 MOS 场效应管工艺的模拟数字混合运算放大器，采用所谓斩波稳零技术，主要用于改善直流信号的处理精度，输入失调电压可以达到 0.01μV，温度漂移指标目前可以达到 0.02ppm。在处理直流信号方面接近理想运放特性。它的典型开环输入阻抗在 10^6MΩ 数量级。典型产品是ICL7650。

2．按照功能/性能分类

按照功能/性能分类，模拟运算放大器一般可分为通用运放、低功耗运放、精密运放、高输入阻抗运放、高速运放、宽带运放、高压运放，另外还有一些特殊运放，如程控运放、电流运放、电压跟随器等。需要说明的是，随着技术的进步，上述分类的门槛一直在变化。例如，以前的 LM108 最初是归入精密运放类，现在只能归入通用运放了。另外，有些运放同时具有低功耗和高输入阻抗，或者与此类似，这样就可能同时归入多个类中。

通用运放实际就是具有最基本功能的运放。这类运放用途广泛，使用量最大。

低功耗运放是在通用运放的基础上降低了功耗，主要用于对功耗有限制的场所，如手持设备。它具有低静态功耗、低工作电压。低功耗运放的静态功耗一般低于 1mW。

精密运放是指漂移和噪声非常低、增益和共模抑制比非常高的集成运放，也称为低漂移运放或低噪声运放。这类运放的温度漂移一般低于 1μV/℃。精密运放的失调电压可以达到 0.1mV；采用斩波稳零技术的精密运放的失调电压可以达到 0.005mV。精密运放主要用于对放大处理精度有要求的地方，如自控仪表等。

高输入阻抗运放一般是指采用结型场效应管或是 MOS 管做输入级的集成运放，包括全 MOS 管集成运放。高输入阻抗运放的输入阻抗一般大于 10^9MΩ。其附带特性就是转换速度高。高输入阻抗运放用途十分广泛，如采样保持电路、积分器、对数放大器、测量放大器、带通滤波器等。

高速运放是指转换速度较高的运放。一般转换速度在 100V/μs 以上。高速运放用于高速 AD/DA 转换器、高速滤波器、高速采样保持、锁相环电路、模拟乘法器、机密比较器、视频电路中。目前最高转换速度已经可以做到 6000V/μs。

宽带运放是指 3dB 带宽（$BW_{0.7}$）比通用运放宽得多的集成运放。很多高速运放都具有较宽的带宽，也称为高速宽带运放。主要用于处理输入信号带宽较宽的电路。

高压运放是为了解决高输出电压或高输出功率要求而设计。在设计中，主要解决电路的耐压、动态范围和功耗问题。高压运放的电源电压可以高于±20VDC，输出电压可以高于±20VDC。

6.5.2　运放的主要参数

集成运放的参数较多，其中主要参数分为直流指标和交流指标。其中，主要直流指标有输入失调电压、输入失调电压的温度漂移（简称输入失调电压温漂）、输入偏置电流、输入失调电流、输入偏置电流的温度漂移（简称输入失调电流温漂）、差模开环直流电压增益、共模抑制比、电源电压抑制比、输出峰-峰值电压、最大共模输入电压、最大差模输入电压。

主要交流指标有开环带宽、单位增益带宽、转换速率 S_R、全功率带宽、建立时间、等效输入噪声电压、差模输入阻抗、共模输入阻抗、输出阻抗。

1．直流指标

（1）输入失调电压 V_{IO}：定义为集成运放输出端电压为零时，两个输入端之间所加的补偿电压。它反映了运放内部的电路对称性，对称性越好，V_{IO} 越小。它是精密运放或是用于直流放大时的一个十分重要的需求指标。

（2）输入失调电压温漂 dV_{IO}/dT：定义为在给定的温度范围内，输入失调电压的变化与温度变化的比值。该参数是对 V_{IO} 的补充，便于计算在给定工作范围内，放大电路由于温度变化造成的漂移大小。一般运放的输入失调电压温漂在±10～20μV/℃之间，精密运放的输入失调电压温漂小于±1μV/℃。

（3）输入偏置电流 I_{IB}：定义为当运放的输出直流电压为零时，其两输入端的偏置电流平均值。I_{IB} 对进行高阻信号放大、积分电路等对输入阻抗有要求电路有较大影响。输入偏置电流与制造工艺有一定关系，其中，标准硅工艺的 I_{IB} 在±10nA～1μA 之间；采用场效应管做输入级的，I_{IB} 一般低于 1nA。

（4）输入失调电流 I_{IO}：定义为当运放的输出直流电压为零时，其两输入端偏置电流的差值。I_{IO} 同样反映了运放内部的电路对称性，对称性越好，I_{IO} 越小。它也是精密运放或是用于直流放大时的一个十分重要的需求指标。当输入端外部接较大阻抗时，I_{IO} 对精度的影响可能超过 V_{IO} 对精度的影响。

（5）输入失调电流温漂 dI_{IO}/dT：定义为在给定的温度范围内，输入失调电流的变化与温度变化的比值。该参数也是对 I_{IO} 的补充，便于计算在给定的工作范围内，放大电路由于温度变化造成的漂移大小。I_{IO} 一般只是在精密运放参数中给出，而且是在处理直流信号或小信号时才需要关注。

（6）差模开环直流电压增益 A_{vo}：定义为当运放工作于线性区时，运放输出电压与差模电压输入电压的比值。一般运放的差模开环直流电压增益在 80～120dB 之间。实际运放的差模开环电压增益是频率的函数。

（7）共模抑制比 K_{CMR}：定义为当运放工作于线性区时，运放差模增益与共模增益的比值。K_{CMR} 是一个极为重要的指标，它能够抑制差模输入中的共模干扰信号。一般运放的共模抑制比在 80～120dB 之间。

（8）电源电压抑制比 PSRR（dV_{IO}/dV_{cc}）（单位：μV/V）：定义为当运放工作于线性区时，V_{IO} 随电源电压的变化比值。PSRR 反映了电源变化对运放输出的影响。目前，PSRR 只能做到 80dB 左右。所以用作直流信号处理或是小信号处理模拟放大时，运放的电源需要作认真细致的处理。当然，共模抑制比高的运放，能够补偿一部分电源电压抑制比，另外在使用双电源供电时，正负电源的 PSRR 可能不相同。

（9）最大输出电压幅值 V_{om}：当运放工作于线性区时，在指定的负载下，运放在当前大电源电压供电时，运放能够输出的最大电压幅度。一般运放的 V_{om} 不能达到电源电压，这是由于输出级设计造成的，现代部分低压运放的输出级做了特殊处理，使得接近到电源电压的 50mV 以内，称为满幅输出运放，又称为轨到轨（raid-to-raid）运放。注意：运放的 V_{om} 与负载有关，负载不同，输出 V_{om} 也不同；运放的正负 V_{om} 不一定相同。对于实际应用，V_{om} 越接近电源电压越好，这样可以简化电源设计。但是现在的满幅输出运放只能工作在低压，而且成本较高。

（10）最大共模输入电压 V_{icmax}：当运放工作于线性区时，在运放的共模抑制比特性显著变坏时的共模输入电压。一般定义为当共模抑制比下降 6dB 时所对应的共模输入电压作为最大共模输入电压。V_{icmax} 限制了输入信号中的最大共模输入电压范围，在有干扰的情况下，在电路设计中需要注意这个问题。

（11）最大差模输入电压 V_{idmax}：当运放两输入端允许加的最大输入电压差。当运放两输入端允许加的输入电压差超过最大差模输入电压时，可能造成运放输入级损坏。

2．主要交流指标

（1）开环带宽 $BW_{0.7}$：将一个恒幅正弦小信号输入到运放的输入端，从运放的输出端测得开环电压增益从运放的直流增益下降 3dB（或是相当于运放的直流增益的 0.707）所对应的信号频率。主要用于小信号处理中运放选型。

（2）单位增益带宽 GB：运放的闭环增益为 1 倍条件下，将一个恒幅正弦小信号输入到运放的输入端，从运放的输出端测得闭环电压增益下降 3dB（或是相当于运放输入信号的 0.707）所对应的信号频率。GB 是一个很重要的指标，对正弦小信号放大时，GB 等于输入信号频率与该频率下最大增益的乘积，换句话说，当知道待放大信号频率和信号需要的增益后，可以计算出放大该信号所需求的 GB，以此选择合适的运放。主要用于处理小信号中运放选型。

（3）转换速率（也称为压摆率）S_R：运放接成闭环条件下，将一个大信号（含阶跃信号）输入到运放的输入端，从运放的输出端测得运放的输出上升速率。由于在转换期间，运放的输入级处于开关状态，所以运放的反馈回路不起作用，也就是转换速率与闭环增益无关。S_R 对于大信号处理是一个很重要的指标，对于一般运放 $S_R \leqslant 10V/\mu s$，高速运放的 $S_R > 10V/\mu s$。目前的高速运放最高 S_R 达到 6000V/μs。主要用于大信号处理中运放选型。

（4）全功率带宽 BW：在额定的负载时，运放的闭环增益为 1 倍条件下，将一个恒幅正弦大信号输入到运放的输入端，使运放输出幅度达到最大（允许一定失真）的信号频率。这个频率受到运放转换速率的限制。近似地，$BW = S_R/(2\pi V_{om})$。BW 是用于大信号处理中运放选型的一个很重要的指标。

（5）建立时间 t_s：在额定的负载时，运放的闭环增益为 1 倍条件下，将一个阶跃大信号输入到运放的输入端，使运放输出由 0 增加到某一给定值的所需要的时间。由于是阶跃大信号输入，输出信号达到给定值后会出现一定抖动，这个抖动时间称为稳定时间。稳定时间+上升时间（t_r）= 建立时间。对于不同的输出精度，稳定时间有较大差别，精度越高，稳定时间越长。建立时间是用于大信号处理中运放选型的一个很重要的指标。

（6）等效输入噪声电压：屏蔽良好、无信号输入的运放，在其输出端产生的任何交流无规则的干扰电压。这个噪声电压折算到运放输入端时，就称为运放输入噪声电压（有时也用噪声电流表示）。对于宽带噪声，普通运放的输入噪声电压有效值为 10～20μV。

（7）差模输入阻抗 R_{id}（也称为输入阻抗）：运放工作在线性区时，两输入端的电压变化量与对应的输入端电流变化量的比值。差模输入阻抗包括输入电阻和输入电容，在低频时仅指输入电阻。一般产品也仅仅给出输入电阻。

（8）共模输入阻抗 R_{ic}：运放两输入端输入同一个信号，共模输入电压的变化量与对应的输入电流变化量之比。在低频情况下，它表现为共模电阻。通常，运放的共模输入阻抗比差模输入阻抗高很多，典型值在 $10^8\Omega$ 以上。

（9）输出阻抗 R_o：运放工作在线性区时，从运放的输出端向运放看入的等效信号源内阻。

6.5.3　运算放大器的对信号放大的影响和运放的选型

由于运放芯片型号众多，即使按照上述办法分类，种类也不少，细分就更多了。为此，通过几个实际分析，明确运放性能指标对信号放大的影响，最后总结如何选择运放。

1．运算放大器的对直流小信号放大的影响

这里的直流小信号指的是信号幅度低于 200mV 的直流信号。为了便于介绍，这里采用标准差分电路，运放采用双电源供电，如图 6.5.1 所示。放大器增益 $A_v = 10(U_2-U_1)$。运放的同相端和反相端的等效输入电阻 $R_e = R_1||R_2 = 9.09\text{k}\Omega$。

这里假定工作温度范围是 0～50℃，所以假定调零温度为 25℃，这样实际有效变化范围只有 25℃，可以减小一半的变化范围。还假定输入信号来自于一个无内阻的信号源，为了突出运放的影响，这里暂时不考虑线路噪声、电阻噪声和电源变动等的影响。

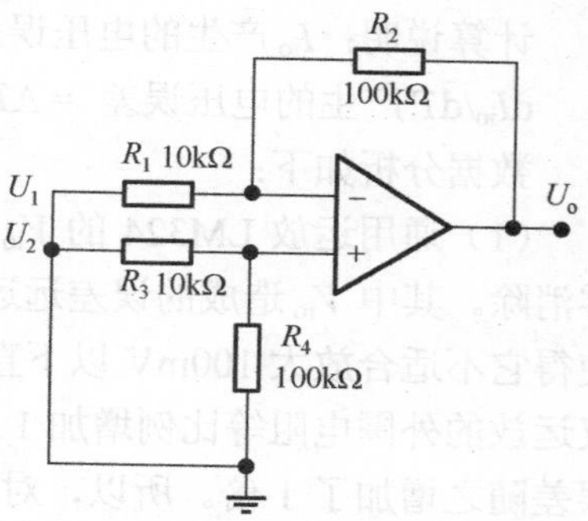

图 6.5.1　差分电路

这里选用通用运放 LM324、高阻运放 CA3140、精密运放 OP07D、低功耗运放 LF441 等 4 种运放来比较运算放大器的对直流小信号放大的影响。由于不同厂家的同种运放的指标不尽相同，所选运放部分指标如表 6.5.1 所示。

表 6.5.1　运放指标参数影响放大器误差分析表（参数为 25℃时的数值）

项目		单位	LM324	CA3140	OP07D	LF441
V_{io}		μV	9000	5000	85	7500
dV_{io}/dT		μV/℃	7	8	0.7	10
I_{io}		nA	7	0.5 pA	1.6	1.5
dI_{io}/dT		pA/℃	10	0.005	12	15
25℃的误差	V_{io}产生	μV	9000	5000	85	7500
	I_{io}产生	μV	63.6	0.0045	14.5	13.6
	合计	μV	9063	5000	99.5	7513
25℃相对误差	$U_i = 200\text{mV}$	%	4.5	2.5	0.05	3.8
	$U_i = 100\text{mV}$	%	9.1	5	0.1	7.5
	$U_i = 25\text{mV}$	%	36.3	20	0.4	30.1
	$U_i = 10\text{mV}$	%	90.6	50	1.0	75.1
	$U_i = 1\text{mV}$	%	906	500	10	751
25℃温漂误差	dV_{io}/dT产生	μV	175	200	17.5	250
	dI_{io}/dT产生	μV	2.3	0.001	2.7	3.4
	合计	μV	177.3	200	20.2	253
25℃温漂相对误差	$U_i = 200\text{mV}$	%	0.09	0.1	0.01	0.1
	$U_i = 100\text{mV}$	%	0.18	0.2	0.02	0.25
	$U_i = 25\text{mV}$	%	0.71	0.8	0.08	1.01
	$U_i = 10\text{mV}$	%	1.77	2	0.2	2.53
	$U_i = 1\text{mV}$	%	17.7	20	2.0	25.3

续表

项目		单位	LM324	CA3140	OP07D	LF441
外围电阻等比增加1倍	V_{io}产生	μV	9000		85	7500
	I_{io}产生	μV	127.3		29.1	27.3
	合计	μV	9127		114.1	7527
	dV_{io}/dT产生	μV	175		17.5	250
	dI_{io}/dT产生	μV	4.5		5.5	6.8
	合计	μV	179.5		23	257

计算说明：I_{io}产生的电压误差 $=I_{io}\times R_e$。

dI_{io}/dT产生的电压误差 $=\Delta T\times R_e\times(dI_{io}/dT)$。

数据分析如下：

（1）通用运放LM324的V_{io}和I_{io}的误差较大，但是可以在工作范围的中心温度处通过调零消除。其中V_{io}造成的误差远远超过I_{io}造成的误差。由于dV_{io}/dT较大，造成的影响较大，使得它不适合放大100mV以下直流信号。若以上两项误差合计将更大。若其他条件不变，仅仅运放的外围电阻等比例增加1倍，由V_{io}和dV_{io}/dT造成误差不变，而由I_{io}和dI_{io}/dT造成的误差随之增加了1倍。所以，对于高阻信号源或是运放外围的电阻较高时，由I_{io}和dI_{io}/dT造成的误差会很快增加，甚至有可能超过V_{io}和dV_{io}/dT造成的误差，所以这时需要考虑采用高阻运放或是低失调运放。

（2）高阻运放CA3140的I_{io}很小，它造成的误差远远不及V_{io}造成的误差，可以忽略；而V_{io}造成的误差仍然不小，但是可以在工作范围的中心温度处通过调零消除。初步结论是：高阻运放的dI_{io}/dT很小，它造成的误差远远不及dV_{io}/dT造成的误差，可以忽略；在使用高阻运放时，由于dV_{io}/dT较大，造成的影响较大，使得它不适合放大100mV以下直流信号。若以上两项误差合计将更大。由于高阻运放的I_{io}只有通用运放的千分之一，因此若其他条件不变，仅仅运放的外围电阻等比例增加一倍，几乎不会造成可明显察觉的误差。

（3）精密运放OP07D的V_{io}和I_{io}造成的误差不太大，而且可以在工作范围的中心温度处通过调零消除。其中V_{io}造成的误差大于I_{io}造成的误差。由于dV_{io}/dT不大，造成的影响不大，使得它能够放大10mV以上的直流信号。若其他条件不变，仅仅运放的外围电阻等比例增加一倍，运放的V_{io}和dV_{io}/dT造成误差不变，而I_{io}和dI_{io}/dT造成的误差随之增加了一倍。所以，对于高阻信号源或是运放外围的电阻较高时，由I_{io}和dI_{io}/dT造成的误差会很快增加，甚至有可能超过V_{io}和dV_{io}/dT造成误差，所以这时需要考虑采用增加运放输入电阻或是降低运放输入失调电流。

（4）低功耗运放LF441的V_{io}和I_{io}造成的误差较大，但是可以在工作范围的中心温度处通过调零消除。其中V_{io}造成的误差远远超过I_{io}造成的误差。由于dV_{io}/dT较大，造成的影响较大，使得它不适合放大100mV以下直流信号。若以上两项误差合计将更大。若其他条件不变，仅仅运放的外围电阻等比例增加1倍，运放的V_{io}和dV_{io}/dT造成误差不变，而I_{io}和dI_{io}/dT造成的误差随之增加了1倍。所以，对于高阻信号源或是运放外围的电阻较高时，由I_{io}和dI_{io}/dT造成的误差会很快增加，甚至有可能超过V_{io}和dV_{io}/dT造成误差，因此这时需要考虑采用高阻运放或是低失调运放。

2．运算放大器的外部电路对直流小信号放大的影响

这里的电路条件与前面所讲相同。本例主要讨论共模抑制比、电源变动抑制、外部电阻不对称等的影响。这里仍然选用精密运放 OP07D。

OP07D 的主要指标如表 6.5.2 所示。

表 6.5.2　OP07D 的主要指标

项目	单位	参数
电源变动抑制 PSRR	μV/V	10
输入偏置电流 I_{iB}	nA	3
共模抑制比 K_{CMR}	dB	106

由 PSRR = 10μV/V 可知，在其他条件不变的情况下，电源电压变化幅度达到 1V 时造成输入失调电压增加 10μV。可见，在低于 10mV 的微信号的放大中，对精度至少会造成 0.1%的影响。

由 K_{CMR} = 106dB 换算为 2×10^5。在其他条件不变的情况下，共模输入电压幅度达到 1V 时造成的等效差模输入电压增加 5μV。可见，在低于 10mV 的微信号的放大中，对精度至少会造成 0.05%的影响。

运放应用电路依然如图 6.5.1 所示，其中，R_1 = 30kΩ，R_2 = 300kΩ，R_3 = 10kΩ，R_4 = 100kΩ，由运放 I_{iB} 造成的影响为：

运放的同相端由 I_{iB} 产生的电压 = 3nA×9.09kΩ = 27.27μV

运放的反相端由 I_{iB} 产生的电压 = 3nA×27.27kΩ = 81.81μV

这样，对于输入端造成的误差等于输入偏置电流分别在运放的同相端与反相端等效电阻上的电压的差值（54.54μV）。可见，当运放的同相端与反相端等效电阻不同时，输入偏置电流将产生一定的影响，其中对于高阻运放的影响较小（它的输入偏置电流比普通运放小 3 个数量级），而对非高阻运放影响较大，特别是在低于 10mV 的微信号的放大中，对精度至少会造成 0.2%的影响。

因此，对于同一个直流小信号放大时，通用运放、高阻运放、高速运放、低功耗运的性能接近，可以互换，但是从成本和采购角度来说，建议选用通用运放；但是若信号源内阻较大（如大于 10kΩ）时，采用高阻运放能够减小运放输入失调造成的误差。

若不做精度要求时，选用通用运放或是高阻运放。

通用运放或是高阻运放只能精密放大 100mV 以上直流信号。

若要求精密放大 100mV 以下信号时，需要选用精密运放甚至高精度运放。

以上未考虑的影响精度因素太多，实际条件下，精度会更低。因此，运放选型需要综合考虑各因素的影响，包括性价比。

3．运算放大器选型时需要考虑的几个问题

（1）通用运算放大器：能适用大多数场合，但是满足不了一些特殊场合的要求。

（2）缓冲放大器：要求有非常高的输入阻抗和非常低的输出阻抗。

（3）差模或差分放大器：差模放大电路有外部电阻和电容，所以它们的输入阻抗不高。但是能有效地抑制共模噪声。当信号电路的输出电阻与差模电路的输入电阻相当时差模放大电路不再适用。

（4）仪表放大器：仪表放大器具有非常高的输入阻抗与共模抑制比，不存在电阻匹配问题。仪表放大器的缺点：成本较高，引入了额外的信号延时，减小了输入共模电压范围。

（5）电流反馈型放大器（CFA）

特点：有很宽的带宽，能达到吉赫兹。（VFA 最高频率一般只能达到 400MHz）

缺点：输入阻抗低，最大电压低，性能不稳定，对寄生电容敏感。

（6）高频放大器（WFGA）：高频放大器往往是固定增益放大器，适用了固定的结构，带宽能达到 10GHz。

（7）全差分放大器（FDA）：将一个离散的单端信号变换为差分信号。

优点：（相对传统电路）元器件减少，降低了成本，为 ADC 提供了一个共模输出电压（公共参考地）。

（8）功率放大器（PA）：当一个运放输出一定电压，并提供超过几百毫安的驱动电流的时候，就要考虑使用 PA。

（9）音频放大器：特殊的功率放大器。

4. 模拟集成运算放大器型号与功能简表

模拟集成运算放大器型号与功能简表如表 6.5.3 所示。

表 6.5.3　模拟集成运算放大器型号与功能简表

器件名称	制造商	简介
μA741	TI	单路通用运放
μA747	TI	双路通用运放
AD515A	ADI	低功耗 FET 输入运放
AD605	ADI	低噪声，单电源，可变增益双运放
AD644	ADI	高速，注入 BiFET 双运放
AD648	ADI	精密的，低功耗 BiFET 双运放
AD704	ADI	输入微微安培电流双极性四运放
AD705	ADI	输入微微安培电流双极性运放
AD706	ADI	输入微微安培电流双极性双运放
AD707	ADI	超低漂移运放
AD708	ADI	超低偏移电压双运放
AD711	ADI	精密，低成本，高速 BiFET 运放
AD712	ADI	精密，低成本，高速 BiFET 双运放
AD713	ADI	精密，低成本，高速 BiFET 四运放
AD741	ADI	低成本，高精度 IC 运放
AD743	ADI	超低噪声 BiFET 运放
AD744	ADI	高精度，高速 BiFET 运放
AD745	ADI	超低噪声，高速 BiFET 运放
AD746	ADI	超低噪声，高速 BiFET 双运放
AD795	ADI	低功耗，低噪声，精密的 FET 运放
AD797	ADI	超低失真，超低噪声运放
AD8022	ADI	高速低噪，电压反馈双运放
AD8047	ADI	通用电压反馈运放
AD8048	ADI	通用电压反馈运放
AD810	ADI	带禁用的低功耗视频运放
AD811	ADI	高性能视频运放
AD812	ADI	低功耗电流反馈双运放

续表

器件名称	制造商	简介
AD813	ADI	单电源，低功耗视频三运放
AD818	ADI	低成本，低功耗视频运放
AD820	ADI	单电源，FET 输入，满幅度低功耗运放
AD822	ADI	单电源，FET 输入，满幅度低功耗运放
AD823	ADI	16MHz，满幅度，FET 输入双运放
AD824	ADI	单电源，满幅度低功耗，FET 输入运放
AD826	ADI	高速，低功耗双运放
AD827	ADI	高速，低功耗双运放
AD828	ADI	低功耗，视频双运放
AD829	ADI	高速，低噪声视频运放
AD830	ADI	高速，视频差分运放
AD840	ADI	宽带快速运放
AD841	ADI	宽带，固定单位增益，快速运放
AD842	ADI	宽带，高输出电流，快速运放
AD843	ADI	34MHz，CBFET 快速运放
AD844	ADI	60MHz，2000V/μs 单片运放
AD845	ADI	精密的 16MHz CBFET 运放
AD846	ADI	精密的 450V/μs 电流反馈运放
AD847	ADI	高速，低功耗单片运放
AD848	ADI	高速，低功耗单片运放
AD849	ADI	高速，低功耗单片运放
AD8519	ADI	满幅度运放
AD8529	ADI	满幅度运放
AD8551	ADI	低漂移，单电源，满幅度输入/输出运放
AD8552	ADI	低漂移，单电源，满幅度输入/输出双运放
AD8554	ADI	低漂移，单电源，满幅度输入/输出四运放
AD8571	ADI	零漂移，单电源，满幅度输入/输出单运放
AD8572	ADI	零漂移，单电源，满幅度输入/输出双运放
AD8574	ADI	零漂移，单电源，满幅度输入/输出四运放
AD8591	ADI	带关断的单电源满幅度输入/输出运放
AD8592	ADI	带关断的单电源满幅度输入/输出运放
AD8594	ADI	带关断的单电源满幅度输入/输出运放
AD8601	ADI	低偏移，单电源，满幅度输入/输出单运放
AD8602	ADI	低偏移，单电源，满幅度输入/输出双运放
AD8604	ADI	低偏移，单电源，满幅度输入/输出四运放
AD9610	ADI	宽带运放
AD9617	ADI	低失真，精密宽带运放
AD9618	ADI	低失真，精密宽带运放
AD9631	ADI	超低失真，宽带电压反馈运放
AD9632	ADI	超低失真，宽带电压反馈运放
C54DSKplus	TI	低噪高速去补偿双路运放
L165	ST	3A 功率运放
L272	ST	双通道功率运放

续表

器件名称	制造商	简介
L2720	ST	低压差双通道功率运放
L2722	ST	低压差双通道功率运放
L2724	ST	低压差双通道功率运放
L2726	ST	低压差双通道功率运放
L2750	ST	低压差双通道功率运放
LF147	ST	宽带四 J-FET 运放
LF151	ST	宽带单 J-FET 运放
LF153	ST	宽带双 J-FET 运放
LF155	ST	宽带 J-FET 单运放
LF156	ST	宽带 J-FET 单运放
LF157	ST	宽带 J-FET 单运放
LF247	ST	宽带四 J-FET 运放
LF251	ST	宽带单 J-FET 运放
LF253	ST	宽带双 J-FET 运放
LF255	ST	宽带 J-FET 单运放
LF256	ST	宽带 J-FET 单运放
LF257	ST	宽带 J-FET 单运放
LF355	ST	宽带 J-FET 单运放
LF356	ST	宽带 J-FET 单运放
LF357	ST	宽带 J-FET 单运放
LM101A	TI	高性能运放
LM124A(ST)	ST	低功耗四运放
LM146	ST	可编程四双极型运放
LM158/A	ST	低功耗双运放
LM224A(st)	ST	低功耗四运放
LM246	ST	可编程四双极型运放
LM258/A	ST	低功耗双运放
LM324A	ST	低功耗四运放
LM346	ST	可编程四双极型运放
LM358/A	ST	低功耗双运放
LMV321	TI	低电压单运放
LMV324	TI	低电压四运放
LMV358	TI	低电压双运放
LS204	ST	高性能双运放
LS404	ST	高性能四运放
LT1013	TI	双通道精密型运放
LT1014	TI	四通道精密型运放
MC1558	TI	双路通用运放
MC33001	ST	通用单 JFET 运放
MC33002	ST	通用双 JFET 运放
MC33004	ST	通用四 JFET 运放
MC3303	TI	四路低功率运放
MC33078	ST	低噪双运放

续表

器件名称	制造商	简介
MC33079	ST	低噪声四运放
MC33171	ST	低功耗双极型单运放
MC33172	ST	低功耗双极型双运放
MC33174	ST	低功耗双极型四运放
MC34001	ST	通用单 JFET 运放
MC34002	ST	通用双 JFET 运放
MC34004	ST	通用四 JFET 运放
MC3403	TI	四路低功率通用运放
MC35001	ST	通用单 JFET 运放
MC35002	ST	通用双 JFET 运放
MC35004	ST	通用四 JFET 运放
MC3503	ST	低功耗双极型四运放
MC35171	ST	低功耗双极型单运放
MC35172	ST	低功耗双极型双运放
MC35174	ST	低功耗双极型四运放
MC4558	ST	宽带双极型双运放
MCP601	Microchip	2.7V～5.5V 单电源单运放
MCP602	Microchip	2.7V～5.5V 单电源双运放
MCP603	Microchip	2.7V～5.5V 单电源单运放
MCP604	Microchip	2.7V～5.5V 单电源四运放
NE5532	TI	双路低噪高速音频运放
NE5534	TI	低噪高速音频运放
OP-04	ADI	高性能双运放
OP-08	ADI	低输入电流运放
OP-09	ADI	741 型运放
OP-11	ADI	741 型运放
OP-12	ADI	精密的低输入电流运放
OP-14	ADI	高性能双运放
OP-15	ADI	精密的 JFET 运放
OP-16	ADI	精密的 JFET 运放
OP-17	ADI	精密的 JFET 运放
OP-207	ADI	超低 Vos 双运放
OP-215	ADI	高精度双运放
OP-22	ADI	可编程低功耗运放
OP-220	ADI	低功耗双运放
OP-221	ADI	低功耗双运放
OP-227	ADI	低噪低偏移双测量运放
OP-260	ADI	高速，电流反馈双运放
OP-27	ADI	低噪声精密运放
OP-270	ADI	低噪声精密双运放
OP-271	ADI	高速双运放
OP-32	ADI	高速可编程微功耗运放
OP-37	ADI	低噪声，精密高速运放

续表

器件名称	制造商	简介
OP-400	ADI	低偏置，低功耗四运放
OP-42	ADI	高速，精密运放
OP-420	ADI	微功耗四运放
OP-421	ADI	低功耗四运放
OP-471	ADI	低噪声，高速四运放
OP07	ADI	超低偏移电压运放
OP07C	TI	高精度，低失调，电压型运放
OP07D	TI	高精度，低失调，电压型运放
OP07Y	TI	高精度，低失调，电压型运放
OP113	ADI	低噪声，低漂移，单电源运放
OP162	ADI	15MHz 满幅度运放
OP176	ADI	音频运放
OP177	ADI	超高精度运放
OP181	ADI	超低功耗，满幅度输出运放
OP183	ADI	5MHz 单电源运放
OP184	ADI	精密满幅度输入/输出运放
OP186	ADI	满幅度运放
OP191	ADI	微功耗单电源满幅度运放
OP193	ADI	精密的微功率运放
OP196	ADI	微功耗，满幅度输入/输出运放
OP200	ADI	超低偏移，低功耗运放
OP213	ADI	低噪声，低漂移，单电源运放
OP249	ADI	高速双运放
OP250	ADI	单电源满幅度输入/输出双运放
OP262	ADI	15MHz 满幅度运放
OP27	TI	低噪声精密高速运放
OP275	ADI	音频双运放
OP279	ADI	满幅度高输出电流运放
OP281	ADI	超低功耗，满幅度输出运放
OP282	ADI	低功耗，高速双运放
OP283	ADI	5MHz 单电源运放
OP284	ADI	精密满幅度输入/输出运放
OP285	ADI	9MHz 精密双运放
OP290	ADI	精密的微功耗双运放
OP291	ADI	微功耗单电源满幅度运放
OP292	ADI	双运放
OP293	ADI	精密的微功率双运放
OP295	ADI	满幅度双运放
OP296	ADI	微功耗，满幅度输入/输出双运放
OP297	ADI	低偏置电流精密双运放
OP37	TI	低噪声精密高速运放
OP413	ADI	低噪声，低漂移，单电源运放
OP450	ADI	单电源满幅度输入/输出四运放

续表

器件名称	制造商	简介
OP462	ADI	15MHz 满幅度运放
OP467	ADI	高速四运放
OP470	ADI	低噪声四运放
OP481	ADI	超低功耗，满幅度输出运放
OP482	ADI	低功耗，高速四运放
OP484	ADI	精密满幅度输入/输出运放
OP490	ADI	低电压微功率四运放
OP491	ADI	微功耗单电源满幅度运放
OP492	ADI	四运放
OP493	ADI	精密的微功率四运放
OP495	ADI	满幅度四运放
OP496	ADI	微功耗，满幅度输入/输出四运放
OP497	ADI	微微安培输入电流四运放
OP77	ADI	超低偏移电压运放
OP80	ADI	超低偏置电流运放
OP90	ADI	精密的微功耗运放
OP97	ADI	低功耗，高精度运放
PM1012	ADI	低功耗精密运放
PM155A	ADI	单片 JFET 输入运放
PM156A	ADI	单片 JFET 输入运放
PM157A	ADI	单片 JFET 输入运放
RC4136	TI	四路通用运放
RC4558	TI	双路通用运放
RC4559	TI	双路高性能运放
RM4136	TI	通用型四运放
RV4136	TI	通用型四运放
SE5534	TI	低噪运放
SSM2135	ADI	单电源视频双运放
SSM2164	ADI	低成本，电压控制四运放
TDA9203A	ST	IIC 总线控制 RGB 前置运放
TDA9206	ST	IIC 总线控制宽带音频前置运放
TEB1033	ST	精密双运放
TEC1033	ST	精密双运放
TEF1033	ST	精密双运放
THS4001	TI	超高速低功耗运放
TL022	TI	双组低功率通用型运放
TL031	TI	增强型 JFET 低功率精密运放
TL032	TI	双组增强型 JFET 输入，低功耗，高精度运放
TL034	TI	四组增强型 JFET 输入，低功耗，高精度运放
TL051	TI	增强型 JFET 输入，高精度运放
TL052	TI	双组增强型 JFET 输入，高精度运放
TL054	TI	四组增强型 JFET 输入，高精度运放
TL061	TI	低功耗 JFET 输入运放

续表

器件名称	制造商	简介
TL061A	ST	低功耗 JFET 单运放
TL061B	ST	低功耗 JFET 单运放
TL062	TI	双路低功耗 JFET 输入运放
TL062A/B	ST	低功耗 JFET 双运放
TL064	TI	四路低功耗 JFET 输入运放
TL064A/B	ST	低功耗 JFET 四运放
TL070	TI	低噪 JFET 输入运放
TL071	TI	低噪声 JFET 输入运放
TL071A/B	ST	低噪声 JFET 单运放
TL072	ST	低噪声 JFET 双运放
TL072A	TI	双组低噪声 JFET 输入运放
TL072A/B	ST	低噪声 JFET 双运放
TL074	TI	四组低噪声 JFET 输入运放
TL074A/B	ST	低噪声 JFET 四运放
TL081	TI	JFET 输入运放
TL081A/B	ST	通用 JFET 单运放
TL082	TI	双组 JFET 输入运放
TL082A/B	ST	通用 JFET 双运放
TL084	TI	四组 JFET 输入运放
TL084A/B	ST	通用 JFET 四运放
TL087	TI	JFET 输入单运放
TL088	TI	JFET 输入单运放
TL287	TI	JFET 输入双运放
TL288	TI	JFET 输入双运放
TL322	TI	双组低功率运放
TL33071	TI	单路，高转换速率，单电源运放
TL33072	TI	双路，高转换速率，单电源运放
TL33074	TI	四路，高转换速率，单电源运放
TL34071	TI	单路，高转换速率，单电源运放
TL34072	TI	双路，高转换速率，单电源运放
TL34074	TI	四路，高转换速率，单电源运放
TL343	TI	低功耗单运放
TL3472	TI	高转换速率，单电源双运放
TL35071	TI	单路，高转换速率，单电源运放
TL35072	TI	双路，高转换速率，单电源运放
TL35074	TI	四路，高转换速率，单电源运放
TLC070	TI	宽带，高输出驱动能力，单电源单运放
TLC071	TI	宽带，高输出驱动能力，单电源单运放
TLC072	TI	宽带，高输出驱动能力，单电源双运放
TLC073	TI	宽带，高输出驱动能力，单电源双运放
TLC074	TI	宽带，高输出驱动能力，单电源四运放
TLC075	TI	宽带，高输出驱动能力，单电源四运放
TLC080	TI	宽带，高输出驱动能力，单电源单运放

续表

器件名称	制造商	简介
TLC081	TI	宽带，高输出驱动能力，单电源单运放
TLC082	TI	宽带，高输出驱动能力，单电源双运放
TLC083	TI	宽带，高输出驱动能力，单电源双运放
TLC084	TI	宽带，高输出驱动能力，单电源四运放
TLC085	TI	宽带，高输出驱动能力，单电源四运放
TLC1078	TI	双组微功率高精度低压运放
TLC1079	TI	四组微功率高精度低压运放
tlc2201	TI	低噪声，满电源幅度，精密型运放
TLC2202	TI	双组，低噪声，高精度满量程运放
TLC2252	TI	双路，满电源幅度，微功耗运放
TLC2254	TI	四路，满电源幅度，微功耗运放
TLC2262	TI	双路先进的 CMOS，满电源幅度运放
TLC2264	TI	四路先进的 CMOS，满电源幅度运放
TLC2272	TI	双路，低噪声，满电源幅度运放
TLC2274	TI	四路，低噪声，满电源幅度运放
TLC2322	TI	低压低功耗运放
TLC2324	TI	低压低功耗运放
TLC251	TI	可编程低功率运放
TLC252	TI	双组，低电压运放
TLC254	TI	四组，低电压运放
TLC25L2	TI	双组，微功率低压运放
TLC25L4	TI	四组，微功率低压运放
TLC25M2	TI	双组，低功率低压运放
TLC25M4	TI	四组，低功率低压运放
TLC2652	TI	先进的 LINCMOS 精密斩波稳定运放
TLC2654	TI	先进的 LINCMOS 低噪声斩波稳定运放
TLC271	TI	低噪声运放
TLC272	TI	双路单电源运放
TLC274	TI	四路单电源运放
TLC277	TI	双组精密单电源运放
TLC279	TI	双组精密单电源运放
TLC27L2	TI	双组，单电源微功率精密运放
TLC27L4	TI	四组，单电源微功率精密运放
TLC27L7	TI	双组，单电源微功率精密运放
TLC27L9	TI	四组，单电源微功率精密运放
TLC27M2	TI	双组，单电源低功率精密运放
TLC27M4	TI	四组，单电源低功率精密运放
TLC27M7	TI	双组，单电源低功率精密运放
TLC27M9	TI	四组，单电源低功率精密运放
TLC2801	TI	先进的 LinCMOS 低噪声精密运放
TLC2810Z	TI	双路低噪声，单电源运放
TLC2872	TI	双组，低噪声，高温运放
TLC4501	TI	先进 LINEPIC，自校准精密运放

续表

器件名称	制造商	简介
TLC4502	TI	先进 LINEPIC，双组自校准精密运放
TLE2021	TI	单路，高速，精密型，低功耗，单电源运放
TLE2022	TI	双路精密型，低功耗，单电源运放
TLE2024	TI	四路精密型，低功耗，单电源运放
TLE2027	TI	增强型低噪声高速精密运放
TLE2037	TI	增强型低噪声高速精密去补偿运放
TLE2061	TI	JFET 输入，高输出驱动，微功耗运放
TLE2062	TI	双路 JFET 输入，高输出驱动，微功耗运放
TLE2064	TI	JFET 输入，高输出驱动，微功耗运放
TLE2071	TI	低噪声，高速，JFET 输入运放
TLE2072	TI	双路低噪声，高速，JFET 输入运放
TLE2074	TI	四路低噪声，高速，JFET 输入运放
TLE2081	TI	单路高速，JFET 输入运放
TLE2082	TI	双路高速，JFET 输入运放
TLE2084	TI	四路高速，JFET 输入运放
TLE2141	TI	增强型低噪声高速精密运放
TLE2142	TI	双路低噪声，高速，精密型，单电源运放
TLE2144	TI	四路低噪声，高速，精密型，单电源运放
TLE2161	TI	JFET 输入，高输出驱动，低功耗去补偿运放
TLE2227	TI	双路低噪声，高速，精密型运放
TLE2237	TI	双路低噪声，高速，精密型去补偿运放
TLE2301	TI	三态输出，宽带功率输出运放
TLS21H62-3PW	TI	5V，2 通道低噪读写前置运放
TLV2221	TI	单路满电源幅度，5 脚封装，微功耗运放
TLV2231	TI	单路满电源幅度，微功耗运放
TLV2252	TI	双路满电源幅度，低压微功耗运放
TLV2254	TI	四路满电源幅度，低压微功耗运放
TLV2262	TI	双路满电源幅度，低电压，低功耗运放
TLV2264	TI	四路满电源幅度，低电压，低功耗运放
TLV2322	TI	双路低压微功耗运放
TLV2324	TI	四路低压微功耗运放
TLV2332	TI	双路低压低功耗运放
TLV2334	TI	四路低压低功耗运放
TLV2341	TI	电源电流可编程，低电压运放
TLV2342	TI	双路 LICMOS，低电压，高速运放
TLV2344	TI	四路 LICMOS，低电压，高速运放
TLV2361	TI	单路高性能，可编程低电压运放
TLV2362	TI	双路高性能，可编程低电压运放
TLV2422	TI	先进的 LINCMOS 满量程输出，微功耗双路运放
TLV2432	TI	双路宽输入电压，低功耗，中速，高输出驱动运放
TLV2442	TI	双路宽输入电压，高速，高输出驱动运放
TLV2450	TI	满幅度输入/输出单运放
TLV2451	TI	满幅度输入/输出单运放

续表

器件名称	制造商	简介
TLV2452	TI	满幅度输入/输出双运放
TLV2453	TI	满幅度输入/输出双运放
TLV2454	TI	满幅度输入/输出四运放
TLV2455	TI	满幅度输入/输出四运放
TLV2460	TI	低功耗，满幅度输入/输出单运放
TLV2461	TI	低功耗，满幅度输入/输出单运放
TLV2462	TI	低功耗，满幅度输入/输出双运放
TLV2463	TI	低功耗，满幅度输入/输出双运放
TLV2464	TI	低功耗，满幅度输入/输出四运放
TLV2465	TI	低功耗，满幅度输入/输出四运放
TLV2470	TI	高输出驱动能力，满幅度输入/输出单运放
TLV2471	TI	高输出驱动能力，满幅度输入/输出单运放
TLV2472	TI	高输出驱动能力，满幅度输入/输出双运放
TLV2473	TI	高输出驱动能力，满幅度输入/输出双运放
TLV2474	TI	高输出驱动能力，满幅度输入/输出四运放
TLV2475	TI	高输出驱动能力，满幅度输入/输出四运放
TLV2711	TI	先进的 LINCMOS 满量程输出，微功耗单路运放
TLV2721	TI	先进的 LINCMOS 满量程输出，极低功耗单路运放
TLV2731	TI	先进的 LINCMOS 满量程输出，低功耗单路运放
TLV2770	TI	2.7V 高转换速率，满幅度输出带关/断单运放
TLV2771	TI	2.7V 高转换速率，满幅度输出带关/断单运放
TLV2772	TI	2.7V 高转换速率，满幅度输出带关/断双运放
TLV2773	TI	2.7V 高转换速率，满幅度输出带关/断双运放
TLV2774	TI	2.7V 高转换速率，满幅度输出带关/断四运放
TLV2775	TI	2.7V 高转换速率，满幅度输出带关/断四运放
TS271	ST	可编程 CMOS 单运放
TS272	ST	高速 CMOS 双运放
TS274	ST	高速 CMOS 四运放
TS27L2	ST	低功耗 CMOS 双运放
TS27L4	ST	低功耗 CMOS 四运放
TS27M2	ST	低功耗 CMOS 双运放
TS27M4	ST	低功耗 CMOS 四运放
TS321	ST	低功率单运放
TS3V902	ST	3V 满幅度 CMOS 双运放
TS3V904	ST	满幅度四运放
TS3V912	ST	3V 满幅度 CMOS 双运放
TS3V914	ST	满幅度四运放
TS461	ST	单运放
TS462	ST	双运放
TS512	ST	高速精密双运放
TS514	ST	高速精密四运放
TS522	ST	精密低噪声双运放
TS524	ST	精密低噪声四运放

续表

器件名称	制造商	简介
TS902	ST	满幅度 CMOS 双运放
TS904	ST	满幅度四运放
TS912	ST	满幅度 CMOS 双运放
TS914	ST	满幅度四运放
TS921	ST	满幅度高输出电流单运放
TS922	ST	满幅度高输出电流双运放
TS924	ST	满幅度高输出电流四运放
TS925	ST	满幅度高输出电流四运放
TS942	ST	满幅度输出双运放
TS951	ST	低功耗满幅度单运放
TS971	ST	满幅度低噪声单运放
TSH10	ST	140MHz 宽带低噪声单运放
TSH11	ST	120MHz 宽带 MOS 输入单运放
TSH150	ST	宽带双极输入单运放
TSH151	ST	宽带和 MOS 输入的单运放
TSH22	ST	高性能双极双运放
TSH24	ST	高性能双极四运放
TSH31	ST	280MHz 宽带 MOS 输入单运放
TSH321	ST	宽带和 MOS 输入单运放
TSH93	ST	高速低功耗三运放
TSH94	ST	高速低耗四运放
TSH95	ST	高速低功耗四运放
TSM102	ST	双运放-双比较器和可调电压基准
TSM221	ST	满幅度双运放和双比较器
UA748	ST	精密单运放
UA776	ST	可编程低功耗单运放
X9430	Xicor	可编程双运放
LF347	NS	带宽四运算放大器 KA347
LF351	NS	BI-FET 单运算放大器
LF353	NS	BI-FET 双运算放大器
LF356	NS	BI-FET 单运算放大器
LF357	NS	BI-FET 单运算放大器
LF398	NS	采样保持放大器
LF411	NS	BI-FET 单运算放大器
LF412	NS	BI-FET 双运放大器
LM124	NS/TI	低功耗四运算放大器（军用）
LM1458	NS	双运算放大器
LM148	NS	四运算放大器
LM224J	NS/TI	低功耗四运算放大器（工业）
LM2902	NS/TI	四运算放大器
LM2904	NS/TI	双运算放大器
LM301	NS	运算放大器
LM308	NS	运算放大器

续表

器件名称	制造商	简介
LM308H	NS	运算放大器（金属封装）
LM318	NS	高速运算放大器
LM324	NS	四运算放大器 HA17324，/LM324N(TI)
LM348	NS	四运算放大器
LM358	NS	通用型双运算放大器 HA17358/LM358P(TI)
LM380	NS	音频功率放大器
LM386-1	NS	音频放大器 NJM386D，UTC386
LM386-3	NS	音频放大器
LM386-4	NS	音频放大器
LM3886	NS	音频大功率放大器
LM725	NS	高精度运算放大器
LM741	NS	通用型运算放大器 HA17741
NE5532	TI	高速低噪声双运算放大器
NE5534	TI	高速低噪声单运算放大器
OP07-CP	TI	精密运算放大器
OP07-DP	TI	精密运算放大器
TBA820M	ST	小功率音频放大器
TL061	TI	BI-FET 单运算放大器
TL062	TI	BI-FET 双运算放大器
TL064	TI	BI-FET 四运算放大器
TL072	TI	BI-FET 双运算放大器
TL074	TI	BI-FET 四运算放大器
TL081	TI	BI-FET 单运算放大器
TL082	TI	BI-FET 双运算放大器

参 考 文 献

[1] 华成英. 模拟电子技术基础教程[M]. 北京：清华大学出版社, 2006.

[2] 李学明. 模拟电子技术仿真实验教程[M]. 北京：清华大学出版社，2012.

[3] 张丽华，刘勤勤，吴旭华. 模拟电子技术基础——仿真、实验与课程设计[M]. 西安：西安电子科技大学出版社，2009.

[4] 罗杰，谢自美. 电子线路设计・实验・测试（第 4 版）[M]. 北京：电子工业出版社，2008.

[5] 曾浩. 电子电路实验教程[M]. 北京：人民邮电出版社，2008.

[6] 于卫. 模拟电子技术实验及综合实训教程[M]. 武汉：华中科技大学出版社，2008.

[7] 李万臣. 模拟电子技术基础实践教程[M]. 哈尔滨：哈尔滨工程大学出版社，2008.

[8] 张保华. 模拟电路实验基础[M]. 上海：同济大学出版社，2007.